"十四五"职业教育国家规划教材

"十三五"江苏省高等学校重点教材（编号：2019-1-051）

"十二五"江苏省高等学校重点教材（编号：2013-1-045）

☆ 获中国石油和化学工业优秀出版物奖·教材奖 ☆

流体输送与非均相分离技术

刘承先　主编　　李雪莲　杨　明　副主编

丁国忠　俞章毅　主审

LIUTI SHUSONG YU
FEIJUNXIANG FENLI JISHU

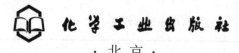
化学工业出版社

·北京·

内 容 简 介

　　《流体输送与非均相分离技术》是以化工物料输送岗位与非均相分离技术岗位的要求为主线，结合"化工总控工"职业标准的要求的工作手册式教材。本教材以工作任务为载体，以任务驱动的原则编写，以技术员完成技术方案的完整工作过程重组教材，主要内容包括"工作任务与工作要求""技术理论与必备知识""任务实施""技术评估""技术应用与知识拓展"，充分体现高职高专人才培养目标和落实教育部新颁布的化工技术类《专业教学标准》，倡导技能训练与技术应用，强调对学生职业素质及学习能力的培养，更好适应技术技能型人才的培养。本教材主要内容包括：液体物料、气体物料和固体物料输送技术与操作；液固物系、气固物系和液液非均相物系的技术与操作。对部分重要理论内容、设备工作原理，以微课、动画、视频等形式，用二维码形式植入教材，实现教材形式的创新，使教材更加情景化、动态化、形象化，以便于高职学生掌握理解所学内容。

　　本教材与《传热应用技术》和《传质分离技术》配套使用。适用于生物与化工技术、制药技术、环保及其相关专业的高职教材，也可用于其他各类化工及制药技术类职业学校参考教材和职工培训教材。可供化工及其相关专业工程应用型本科学生和其他相关工程技术人员参考阅读。

图书在版编目（CIP）数据

　　流体输送与非均相分离技术/刘承先主编. —3 版. —北京：化学工业出版社，2020.9（2024.2重印）
　　"十二五"职业教育国家规划教材
　　ISBN 978-7-122-37652-7

　　Ⅰ. ①流… Ⅱ. ①刘… Ⅲ. ①流体输送-化工过程-高等职业教育-教材②非均相-相分离-化工过程-高等职业教育-教材
　　Ⅳ. ①TQ022.1②TQ028

　　中国版本图书馆 CIP 数据核字（2020）第 165407 号

责任编辑：旷英姿　提　岩　窦　臻	文字编辑：林　丹
责任校对：李雨晴	装帧设计：王晓宇

出版发行：化学工业出版社（北京市东城区青年湖南街 13 号　邮政编码 100011）
印　　装：三河市延风印装有限公司
787mm×1092mm　1/16　印张 18　字数 449 千字　2024 年 2 月北京第 3 版第 3 次印刷

购书咨询：010-64518888　　　　　　　　售后服务：010-64518899
网　　址：http://www.cip.com.cn
凡购买本书，如有缺损质量问题，本社销售中心负责调换。

定　　价：49.00 元　　　　　　　　　　　　　　　版权所有　违者必究

    本教材是在 2008 年出版的《流体输送与非均相分离技术》《传热应用技术》和《传质分离技术》系列教材基础上修订的第三版教材。第一版以化工单元操作为主线，整合单元设备、参数测量与操作仪表的相关知识与技术形成的"模块化"教材；第二版体现"工作过程导向""项目驱动"的"项目化"教材。自 2008 年出版以来，承广大读者及全国众多兄弟职业院校师生的厚爱，被选作化工单元操作及其相关专业核心课程教材或参考书，至今已重印数次；2013 年以来分别被教育部和江苏省教育厅确定为"'十二五'职业教育国家规划教材"和"'十二五'江苏省高等学校重点教材""'十三五'江苏省高等学校重点教材"。

    第三版体现了《国家职业教育改革实施方案》所倡导的"工作手册式"教材，内容以化工物料输送岗位与非均相分离技术岗位工艺技术员的要求为主体，对接"化工总控工"等职业标准要求，编排上尽量做到简明扼要、重点突出。第三版仍采用第二版以工作任务为载体，以任务驱动的原则编写，根据完成岗位任务的工作过程重组教材，以工业案例为背景，提出"工作任务"，通过"技术理论与必备知识"为完成任务准备知识，在此基础上进行"任务实施"；第三版按完整工作过程，给出相关的技术规范、标准，技术原理进行任务完成的"技术评估"；完成任务过程中未涉及的理论知识、操作技能，新技术、新设备在"技术应用与知识拓展"进行补充；为便于教学和学生对所学内容的掌握理解，每个项目设立了岗位任职要求，配有相应的例题、复习思考题，更好地满足化工生产一线的技术技能型人才的培养目标。

    本教材在"项目导言"中融入我国在相应领域的伟大工程，在"技术评估"中提出了环保、安全的评估要求，体现了"教材思政"的新理念。用行业正在应用的新技术新设备更替落后的技术设备。对部分重要理论内容、设备工作原理，以微课、动画、视频等形式，用二维码直接植入教材，制成富媒体教材，实现教材形式的创新，使教材更加情景化、动态化、形象化，以便于高职学生掌握理解所学内容。

    本册教材由常州工程职业技术学院刘承先主编，常州工程职业技术学院李雪莲和华润化学材料科技股份有限公司生产技术总监杨明高级工程师任副主编，刘承先负责化工物料输送项目一及附录的编写和全书的统稿工作，杨明高级工程师负责企业岗位任职要求、岗位职业能力的调研、编制，项目二由常州工程职业技术学院李雪莲编写，项目三由常州工程职业技术学院张晓春编写；非均相分离技术项目四、五、六由健雄职业技术学院顾准编写。常州英力士复合材料有限公司丁国忠高级工程师和金华职业技术学院俞章毅担任本书的主审，并提出许多宝贵的修改意见。

    本教材第 2 次印刷融入党的二十大提出的"深入实施科教兴国战略、人才强国战略、创新驱动发展战略"及"树立和践行绿水青山就是金山银山的理念"精神，树立科学发展观，有助于培养学生的家国情怀，提高道德修养。

    本书在编写过程中，参考借鉴了大量国内各类院校的相关教材和文献资料，参考文献名录列于书后。北京东方仿真控制技术有限公司提供了本教材部分动画资源，在此谨向参考文献作者及北京东方仿真控制技术有限公司表示衷心感谢。

    由于编者水平有限，加之时间仓促，不妥之处在所难免，敬请读者批评指正。

编 者

　　本套教材是化工技术类专业模块化课程教学改革的产物，并在参照国内相关院校教材和工程手册的基础上编写而成的。全套书分《流体输送与非均相分离技术》、《传热应用技术》和《传质分离技术》三大模块，并以系列教材（共计 3 本）的形式出版。

　　整套教材以化工过程单元操作为主线，整合了化工设备、参数测量与控制仪表的相关知识与操作技术，以任务为导向，采用了"过程的认识"、"装备的感知"、"操作知识的准备"、"过程操作控制与设备维护"、"安全生产"及"技术应用与知识拓展"等全新的思路组织编写。教材依据高职高专人才培养目标，倡导能力本位，其教学内容的安排更注重与生产实际的结合，并将各类单元操作设备的工艺计算与安全操作等内容重点编入，更加突出了"实用、实际和实践"的高职特色。

　　全套教材力求强调学生能力、知识、素质培养的有机统一。以"能"做什么、"会"做什么明确学生的能力目标；以"掌握"、"理解"、"了解"三个层次明确学生的知识目标；并从注重学生的学习方法与创新思维的养成，情感价值观、职业操守的培养，安全节能环保意识的树立和团队合作精神的渗透等方面明确了学生的素质培养目标。

　　为便于教学和学生对所学内容的掌握、理解，在每个模块前设立了学习目标，每个模块后列出较多数量的习题与思考题。

　　整套教材中，除特别指明以外，计量单位统一使用我国的法定计量单位。物理量符号的使用是以在 GB 3100～3102—93 规定的基础上，尊重习惯表示方法为原则，并在每个模块开始前列有"本模块主要符号说明"以供查询。设备与材料的规格、型号尽可能采用最新标准，以利于实际应用。

　　本套教材适用于作为生物与化工技术、制药技术、环保及其相关专业的高职教材，也可作为与化工及制药技术类相关专业职业学校的参考教材和职工培训教材，还可供化工及其相关专业工程应用型本科学生和其他相关工程技术人员参考阅读。

　　本册内容包括以流体动力过程为主体的两大单元操作、三个模块，即流体输送技术模块、流体输送过程的电器及自动化模块和非均相分离技术模块。本册教材由常州工程职业技术学院刘承先、张裕萍主编。绪论，模块一的任务一、二，模块二及附录由刘承先编写；模块一的任务三和模块三的任务一由张裕萍编写；模块三的任务二由健雄职业技术学院顾准编写；模块一的任务四由刘承先和张裕萍共同编写；模块三的任务三由刘承先和顾准共同编写。南京化工职业技术学院汤立新担任本书的主审。常州工程职业技术学院化工原理教研室的蒋晓帆、李雪莲、姜春扬也参与了审稿。

　　本书在编写过程中，得到了编写学校领导和老师的大力支持与帮助，在此谨向他们表示衷心的感谢。

　　由于编者水平有限，加之时间仓促，不妥之处在所难免，敬请读者批评指正。

编者
2008 年 4 月

本教材是在 2008 年出版的《流体输送与非均相分离技术》、《传热应用技术》和《传质分离技术》"模块化"系列教材基础上修订的第二版教材。第一版自 2008 年出版以来，承广大读者及全国众多兄弟职业院校师生的厚爱，被选作化工单元操作及其相关专业核心课程教材或参考书，至今已重印数次；2013 年分别被教育部和江苏省教育厅确定为"'十二五'职业教育国家规划教材"和"'十二五'江苏省高等学校重点建设教材"。能为我国高等职业教育的发展和高职化工技术类及其相关专业的建设与发展贡献微薄力量，我们感到由衷欣慰。

第二版体现了"工作过程导向"、"项目驱动"等先进的高职教育教学改革特点，在内容上对接职业标准和岗位要求，编排上尽量做到简明扼要、重点突出。以工业案例为项目任务，通过"项目导言"阐述本项目在化工生产中的应用，通过"技术理论与必备知识"为完成任务准备知识，在此基础上进行"任务实施"，并给出"项目评估"相关考核内容给予参考，完成项目过程中未涉及的理论知识、操作技能，在"技术应用与知识拓展"进行补充，为便于教学和学生对所学内容的掌握理解，每个项目设立了学习目标，配有相应的例题、复习思考题，更好地满足了化工生产一线的技术技能型人才的培养目标。

仍沿用第一版方式，本系列教材分为《流体输送与非均相分离技术》、《传热应用技术》和《传质分离技术》三个分册，由常州工程职业技术学院薛叙明教授担任总主编，负责整套教材的编写协调工作。

本册教材为《流体输送与非均相分离技术》，考虑化工生产中除流体物料输送外，还涉及固体物料的输送，因此，在本次修订过程中增加了固体物料输送的选学内容（用"＊"号标出），删除了与本教材理论知识关系不大的电气方面内容。由于生产过程需要及时检测工艺参数、自动控制在化工生产中的广泛应用，本次修订保留了仪表及自控方面的基本内容，删除了部分对于高职高专化工技术类专业来说较深的内容。

本册教材由常州工程职业技术学院刘承先老师主编，刘承先老师负责化工物料输送项目一及附录的编写和全书的统稿工作，项目二由常州工程职业技术学院刘媛老师编写，项目三由常州工程职业技术学院张晓春老师编写；项目四、五、六由健雄职业技术学院顾准老师编写。亚什兰（常州）化学有限公司丁国忠高级工程师和金华职业技术学院俞章毅担任本书的主审，并提出了许多宝贵的修改意见。常州工程职业技术学院程进、蒋若愚等老师参与了审稿。

为方便教学，本书配套有电子教学资源，也可参照教育部高等职业教育教学资源中心（网址：www. cchve. com. cn/hep/portal/courseId-490）。

本书在编写过程中，还得到了化学工业出版社及有关单位领导和老师的大力支持与帮助，参考借鉴了大量国内各类院校的相关教材和文献资料，参考文献名录列于书后。在此谨向上述各位领导、专家及参考文献作者表示衷心的感谢。

由于编者水平所限，加之时间仓促，不妥之处在所难免，敬请读者批评指正。

编者

2014 年 1 月

目录

绪　　论

一、课程的性质和任务

以"流体输送与非均相分离技术、传热应用技术和传质分离技术"构成的"化工单元操作与控制"课程是化工技术类专业核心课程，具有很强的技术性、工程性及实用性，是培养学生工程技术观点与化工核心实践技能的重要课程。

本课程研究化工单元操作过程规律在化工生产中的应用，主要任务是使学生获得常见化工单元操作的基础知识，培养学生化工生产单元岗位技能和一定的分析与解决单元操作中常见故障的能力，使学生得到用工程技术观点观察问题、分析问题和解决问题的训练。使学生初步具备实施常规工艺、常规管理的能力，初步树立创新意识、安全生产意识、质量意识和环境保护意识，为学生学习后续课程和将来从事化工生产、建设、管理和服务作准备，为提高职业能力打下基础。

二、课程的主要内容

1. 化工生产过程与单元操作

以聚氯乙烯树脂生产为例，聚氯乙烯的生产是以乙炔和氯化氢为原料在催化剂作用下进行加成反应制取氯乙烯单体，然后在 8atm（1atm＝101325Pa）、55℃左右进行聚合反应获得聚氯乙烯。在进行反应前，必须将乙炔和氯化氢中所含的有害杂质除去，以免反应器中的催化剂中毒失活。反应生成物（氯乙烯单体）中含有未反应掉的氯化氢及其他反应副产物。氯化氢必须首先除去，以免对过程的设备、管道造成腐蚀，然后将反应后的气体进行压缩、冷凝并除去其他杂质，以达到聚合反应所需的纯度和聚集状态。聚合所得的物料是固、水悬浮物，经脱水、干燥后成为产品。这一生产过程可简要地用图 0-1 表示。

图 0-1　聚氯乙烯生产过程

在此生产过程中，除单体合成、聚合属化学反应过程外，原料的提纯和产物的精制等工序均属物理过程。

分析众多化工产品的生产过程，一个完整的化工生产过程如图 0-2 所示。

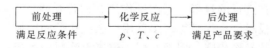

图 0-2　化工生产过程

除特定的化学反应过程外，前后处理过程所包含的物理过程并不是很多，而且有相似性。如流体输送不论用来输送何种物料，其目的都是将流体从一个设备输送至另一个设备；

加热或冷却的目的均是为了得到需要的工作温度；分离提纯的目的均是为了得到指定浓度的物质等等。包含在不同化工产品生产过程中，采用相似的设备，具有相同的功能，遵循相同的物理学规律的基本操作，称为单元操作。

单元操作为化学反应过程创造适宜条件，将反应产物分离，制得满足要求的产品，在生产过程中占有极其重要的地位。通常，它们在工厂的设备投资和操作费用中占主要的比例，决定了整个生产的经济效益。

2. 单元操作的分类与遵循的基本规律

按照操作的主要物理特征和基本原理，单元操作大致可分为 6 类，常见的化工单元操作如表 0-1 所示。

表 0-1　常见化工单元操作

类　别	名　称	目　　的
流体动力过程	流体输送	将流体从一个设备输送到另一个设备
	过滤	从气体或液体中分离悬浮的固体颗粒
	沉降	从气体或液体中分离悬浮的固体颗粒、液滴或气泡
传热过程	传热	升温、降温或改变相态
	蒸发	使非挥发性物质中的溶剂汽化，溶液增浓
传质过程	蒸馏	利用组分挥发度不同，通过汽化、冷凝，分离均相混合液体
	吸收	利用气体在液体(吸收剂)中溶解度不同，分离气相混合物
	萃取	利用液体在液体(萃取剂)中溶解度不同，分离液相混合物
	吸附	利用组分在固体吸附剂上吸附量不同，分离气相或液相混合物
	膜分离	利用固体或液体膜分离气体或液体混合物
热质传递过程	干燥	使固体湿物料中所含湿分部分汽化除去
	结晶	使溶液中某种溶质变成晶体析出
热力过程	冷冻	将物料温度冷却到环境温度以下
	压缩	提高气体的压力
机械过程	粉碎	用外力使固体物料变成尺寸更小的颗粒
	颗粒分级	将固体颗粒分成大小不同的部分

按照操作的目的，单元操作可以分为以下 3 类：

(1) 改变物料的状态　其目的是使物料满足实现化学反应或其他单元操作所需要的组成、压力、温度、粒度等条件和达到对产品要求的物理状态，如物料的升温或降温，空气的增湿与减湿，流体的升压与降压，固体物料的粉碎、分级与造粒等。

(2) 混合物的分离　其目的是实现原料、中间产品与产品的分离和纯化，如用沉降或过滤的方法分离非均相混合物，用蒸馏、吸收、萃取等方法分离气体或液体均相混合物。

(3) 物料的输送　包括流体的输送与固体的输送。

3. 单元操作的操作方式

根据操作过程参数的变化规律，单元操作可以分为定态操作状态（稳定操作）和非定态操作状态（非稳定操作）两种形式。

单元操作过程进行的方式主要有间歇操作方式与连续操作方式。

间歇操作方式即分批进行的过程。每次操作之初向设备投入一批原料，经过处理之后，排除全部产物，再重新投料。小规模生产多采用间歇操作。间歇操作的设备里，同一位置上在不同时刻进行着不同的操作步骤，因而，同一位置上物料的组成、温度、压力、流速等参数随时间而改变，属于不稳定操作状态。

连续操作方式恰似流水作业。原料不断地从设备一端送入，产品不断地从另一端排出。在连续操作的设备里，各个位置上物料的组成、温度、压力、流速等参数可互不相同，但在任一固定位置上，这些参数一般不随时间而变，属于稳定操作状态。多数化工生产过程是连续操作的，在正常情况下的操作状态是稳定的，但在开车、停车、发生波动与故障以及调节过程中属于暂时的不稳定操作状态。

除间歇操作和连续操作方式外，还存在半连续（半间歇）式操作。原料与产物只要其中的一种为连续输入或输出而其余则为分批加入或卸出的操作，均属半连续操作，半连续操作具有连续操作和间歇操作的某些特征。连续流动的物料与连续操作相似；有分批加入或卸出的物料，因而生产是间歇的，这反映了间歇操作的特点。由于这些原因，在半连续（半间歇）操作设备里，组成、温度、压力、流速等参数必然既随时间而改变，也随位置而改变。

三、课程解决问题的主要方法

本课程所要解决的问题均具有明显的工程性，主要原因是：①影响因素多（物性因素、操作因素及结构因素等）；②制约因素多（原辅材料来源、设备性能、自然条件等）；③评价指标多（经济、健康、安全、环保等评价指标）；④经验与理论并重。因此，解决单元操作问题仅仅通过解析的方法是难以实现的，常常需要理论与实践相结合。在解决相关单元操作问题时，主要运用物料衡算、能量衡算方法及平衡关系和过程速率。

1. 物料衡算

将质量守恒定律应用到化工生产过程，以确定过程中物料量及组成的分布情况，称为物料衡算。其通式为：

$$\sum F = \sum D + A$$

式中　$\sum F$——t 时间内输入系统的物料量；

$\qquad \sum D$——t 时间内输出系统的物料量；

$\qquad A$——t 时间内系统中物料的积累量。

衡算时，方程两边计量单位应保持一致。在物料衡算时，首先要选择衡算范围（可以用线框框出）和衡算基准（时间基准和物质基准），然后再列方程计算。

化工单元操作过程不涉及化学反应变化（由《化学反应过程及设备》专门讨论），全部物质的总量是平衡的，其中任何一个组分也是平衡的。

对于定态连续操作，过程中没有物质的积累，输入系统的物料量等于输出系统的物料量，在物料衡算时，物质的量通常以单位时间为计算基准；对于间歇操作，操作是周期性的，物料衡算时，常以一批投料作为计算基准。

在化工生产中，物料衡算是一切计算的基础，是保持系统物质平衡的关键，能够确定原料、中间产物、产品、副产品、废弃物中的未知量，分析原料的利用及产品的产出情况，寻求减少副产物、废弃物的途径，提高原料的利用率。

例0-1　某化肥厂在生产中副产含 10%（质量分数）KNO_3 的水溶液，为了充分利用资源，减少环境污染，提高经济效益，工厂准备采用连续蒸发工艺，浓缩 KNO_3 水溶液，然后冷却结晶得到 KNO_3 晶体。连续蒸发工艺将 10% 的 KNO_3 水溶液以 1000kg/h 的流量连续送入蒸发器，蒸发浓缩到 50%，再送入结晶器，冷却结晶得到含水 4% 的 KNO_3 晶体，并不断取走，浓度为 37.5% 的母液则返回蒸发器循环处理。试计算结晶产量 P、水的蒸发量 W 及循环母液量 R。

解　根据题意，画出流程示意图如下。

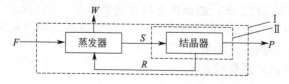

（1）求结晶产品量 P　以图中框 I 作为物料衡算的范围，以 KNO_3 为物质对象，以 1h 为衡算基准，则有物料衡算式：

$$Fx_{WF} = Px_{WP}$$

式中，$F = 1000kg/h$；$x_{WF} = 20\%$；$x_{WP} = 1 - 4\% = 96\%$。

代入得：

$$P = \frac{1000 \times 0.20}{0.96} = 208.3 \text{（kg/h）}$$

（2）求水分蒸发量 W　以图中框 I 作为物料衡算的范围，以水为物质对象，以 1h 为衡算基准，则有物料衡算式：

$$F = W + P$$

因此，

$$W = F - P = 1000 - 208.3 = 791.7 \text{（kg/h）}$$

（3）求循环母液量 R　以图中框 II 作为物料衡算的范围，并设进入结晶器的物料量为 S，单位为 kg/h。分别以总物料和 KNO_3 为物质对象，以 1h 为衡算基准，则有物料衡算式：

$$S = R + P$$

$$Sx_{WS} = Rx_{WR} + Px_{WP}$$

式中，$x_{WS} = 50\%$；$x_{WR} = 37.5\%$；其他同前。

两式联合解得：

$$R = 766.6 \text{（kg/h）}$$

从这个例题，可以体会如何根据需要取不同的系统和不同的衡算对象。

2. 热量衡算

在很多化工过程中主要涉及物料温度与热量的变化，所以热量衡算是化工计算中最常用的能量衡算。热量衡算的基础是能量守恒定律，通式为：

$$\sum H_F + q = \sum H_P + A_q$$

式中　$\sum H_F$——单位时间内输入系统的物料的焓总和；

$\sum H_P$——单位时间内输出系统的物料的焓总和；

q——单位时间内系统与环境交换的热量；

A_q——单位时间内系统中热量的积累量。

上式中，当系统获得热量时，系统与环境交换的热量取正值，否则取负值。

衡算时，方程两边计量单位应保持一致。与物料衡算相似，进行热量衡算时首先也要划定衡算系统和选取衡算基准。但是与物料衡算不同，进行热量衡算时除了选取时间基准外，还必须选取物态与温度基准，因为反映物料所含热量的焓值是温度与物态的函数。计算基准通常以简单方便为准，通常包括基准温度、压力和相态。比如，物料都是气态时，基准态应该选气态，都是液态时应该选择液态。基准温度常选 0℃，基准压力常选 100kPa。还要考虑数据来源，应尽量使基准与数据来源一致。

对于定态连续操作，过程中没有焓的积累，输入系统的物料的焓与输出系统的物料的焓之差等于系统与环境交换的热量，通常以单位时间为计算基准；对于间歇操作，操作是周期性的，热量衡算时，常以一批投料作为计算基准。

在化工生产中，热量衡算主要用于保持系统能量的平衡，能够确定热量变化、温度变化、热量分配、热量损失、加热或冷却剂用量等，寻求控制热量传递的办法，减少热量损失，提高热量利用率。

例0-2　在一列管式换热器中，用 373K 的饱和水蒸气加热某溶液，溶液流量为 1000kg/h。从 298K 加热到 353K，溶液的平均比热容为 3.56kJ/(kg·K)。

饱和水蒸气冷凝放热后以 373K 的水排出。换热器向四周的散热速率为 10000kJ/h。稳定操作。试计算所需的加热蒸汽用量。

解　首先根据题意画出过程示意图。

虚线所示的整个换热器为系统，时间基准为 1h，温度基准为273K，物态基准为液体。

设饱和水蒸气用量为 D（kg/h），查得373K 的饱和水蒸气的焓为2677kJ/kg，饱和水的焓为 418.68kJ/kg，故

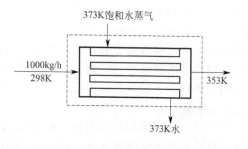

$$\sum H_F = 1000 \times 3.56 \times (298-273) + 2677D$$
$$\sum H_P = 1000 \times 3.56 \times (353-273) + 418.68D$$
$$q = -10000 (\text{kJ/h})$$

解得： $\qquad\qquad D = 90.8 \ (\text{kg/h})$

3. 平衡关系

平衡是过程进行的极限状态。平衡状态下，各参数不随时间变化而变化，并保持特定的关系。平衡时各参数之间的关系称为平衡关系。平衡是动态的，当条件发生变化时，旧的平衡将被打破，新的平衡将建立。

在化工生产中，平衡关系用于判断过程能否进行以及进行的方向和限度。操作条件确定后，可以通过平衡关系分析过程的进行情况，以确定过程方案、适宜设备等，明确过程限度和努力方向。

例如在传热过程中，当两物质温度不同时，热量就会从高温物质向低温物质传递，直到两物质的温度相等为止，此时过程达到平衡，两物质间再也没有热量的净传递。又如吸收过程，在一定条件下，含氨的空气与水接触，氨在两相间呈不平衡状态，空气中的氨将溶解进入水中，当水中的氨含量增加到一定值时，氨在气、液两相间达到平衡，氨在空气与水两相间再没有净传递，水吸收氨达到了极限；反过来，也能根据所要得到的氨水的浓度或尾气中氨的浓度，分析需要的吸收条件。

4. 过程速率

当实际状态偏离平衡状态时，就会发生从实际状态向平衡状态转化的过程，过程进行的快慢，称为过程速率。影响过程的因素很多，如物料性质、操作条件、设备结构及性能、自然条件等等，况且，不同过程影响因素也不一样，因此，没有统一的解析方法计算过程速率。工程上，仿照电学中的欧姆定律，认为过程速率正比于过程推动力，反比于过程阻力，即

$$过程速率 \propto \frac{过程推动力}{过程阻力}$$

过程推动力是实际状态偏离平衡状态的程度，如传热过程，过程推动力就是温度差，对传质来说，就是浓度差等。显然，在其他条件相同的情况下，推动力越大，过程速率越大。

过程阻力是阻碍过程进行的一切因素的总和，与过程机理有关。阻力越大，速率越小。

在化工生产中，过程速率用于确定过程需要的时间或需要的设备大小，也用于确定控制过程速率的办法。比如，通过研究影响过程速率的因素，可以确定改变哪些条件，以控制过程速率的大小，达到预期目的。这一点，对于一线操作人员来说非常重要。

四、单位的正确使用

《化工单元操作与控制》涉及大量物理量，物理量的正确表达是单位与数字统一的结果。因此，正确使用单位是正确表达物理量的前提。

由于各国使用的单位制不同给国际间的科学技术交流与贸易往来带来不便，1960年10月第11届国际计量大会制定了一种新的单位制，称为国际单位制，符号SI。国际单位制具有一贯性与通用性两大优点，世界各国都在积极推广SI制，我国也于1984年颁发了以SI制为基础的法定计量单位，读者应该自觉使用法定计量单位。

但是，由于长期使用的习惯，特别是以前出版的科技书籍、手册中大多使用旧的单位制，因此必须了解各种单位制，并能正确掌握不同单位制之间的换算。本课程涉及的公式有两种，一种是物理量方程，另一种是经验公式。前者是有严格的理论基础的，要么是某一理论或规律的数学表达式，要么是某物理量的定义式，这类公式中各物理量的单位只要统一采用同一单位制下的单位就可以了；而后者则是由特定条件下的实验数据整理得到的，经验公式中，物理量的单位均为指定单位，使用时必须采用指定单位，否则公式就不成立了。如果想把经验公式计算出的结果换算成 SI 制单位，最好的办法就是先按经验公式的指定单位计算，最后再把结果转换成 SI 制单位，不要在公式中换算。

单位换算是通过换算因子来实现的，换算因子就是两个相等量的比值。比如，1m＝100cm，当需要把"m"换算成"cm"时，换算因子为100cm/1m；当需要把 cm 换算成 m 时，换算因子为1m/100cm。在换算时只要用原来的量乘上换算因子，就可以得到期望的单位了。

▶ 例0-3　一个标准大气压（1atm）等于 1.033kgf/cm²，等于多少帕斯卡？

解　$1atm=1.033kgf/cm^2=1.033\times\dfrac{kgf}{cm^2}\times\dfrac{9.81N}{1kgf}\times\left(\dfrac{100cm}{1m}\right)^2=1.013\times10^5\ (Pa)$

五、本教材的特点

整套教材以"项目载体、任务驱动"的方式展开，通过"项目导言"情境设计、"工作任务要求"布置、"技术理论与必备知识"介绍、"项目任务实施"安排、"项目任务拓展"的思路组织教学内容，力求实现化工职业岗位典型工作任务与工作过程和课程教学内容与教学过程的有机融合，力求体现本课程教学目标和遵循学生职业成长规律。

按照单元操作的主要物理特征和基本原理，本教材共分为三册。第一册为《流体输送与非均相分离技术》，第二册为《传热应用技术》，第三册为《传质分离技术》。以工业案例为项目任务，通过"项目导言"阐述本项目在化工生产中的应用，通过"技术理论与必备知识"为完成任务准备知识，在此基础上进行"任务实施"，并给出"项目评估"相关考核内容给予参考，完成项目过程中未涉及的理论知识、操作技能，在"技术应用与知识拓展"进行补充，为便于教学和学生对所学内容的掌握理解，每个项目设立了学习目标，配有相应的例题、复习思考题，更好地满足化工生产一线的技术技能型人才的培养要求。

《流体输送与非均相分离技术》分册，考虑化工生产中除流体物料输送外，还涉及固体物料的输送，因此，在本次修订过程中增加了固体物料输送的内容。主要内容为：液体物料输送的操作与控制，包括动力输送、压料输送、真空抽料；气体物料输送的操作与控制，包括气体压缩输送、真空输送；固体物料输送的操作与控制，包括气力输送、螺旋输送；液固分离的操作与控制，包括过滤、沉降；气固分离的操作与控制，包括袋滤、旋风分离；液液非均相分离的操作与控制，包括沉降分离。

习题与思考题

0-1　单元操作与化工生产的关系如何？通过检索资料，了解单元操作的类型、发展及应用。

0-2　单元操作解决工程实际问题的主要方法有哪些？

0-3　过程速率的主要影响因素有哪些？过程速率的通式是什么？

0-4　试将通用气体常数 $R=82.06atm\cdot cm^3/(mol\cdot K)$ 换算成 SI 单位。

0-5　某容器内装有 1000L 质量分数为 0.95 的乙醇水溶液，其密度为 804kg/m³。现用纯水以 100kg/min 的速率进入容器置换，并以同样的速率放出乙醇溶液，假设容器内混合良好。试求要使容器内乙醇溶液的质量分数变为 0.05，需要多少时间？

项目一

液体物料输送技术与操作

 知识要求

　　掌握液体输送过程中常用储罐形式；常用阀门的性能特点；离心泵主要性能以及气缚、汽蚀现象产生的原因，离心泵的选型与安装高度；流体基本物理量及其相互关系，静力学方程，连续性方程，伯努利方程，流体阻力的形成及影响因素、流体的流动形态及其判定；液体输送过程的操作要领。

　　理解液体输送中常用材质性质；化工管路的构成，管道连接方式、布置原则等；输送机械的类型及特点；单一管路阻力的估算方法及减小流体阻力的途径；常见故障及其处理方法的理论基础。

　　了解输送机械的结构；安全装置的结构；管内流速的分布等；压力容器知识及试验方法。

 能力要求

　　能根据生产任务选择合适的储罐形式及材质；能正确选择液体输送方式及设备，正确使用离心泵；会选择合适的阀门等管件；会初步进行管路布置；会用流体静力学测定流体的压力、液位以及计算液封高度；能根据生产工艺的要求应用伯努利方程估算输送流体所需能量以便选用合适的输送机械；能进行离心泵、往复泵、齿轮泵等常用流体输送机械基本操作；能对输送过程中的常见故障进行分析处理；能根据生产任务和输送工艺特点制定流体输送过程的安全操作规程。

 素质要求

　　具有严格遵守操作规程的职业素质和安全生产、环保节能的职业意识；具有敬业、精益、专注、创新的工匠精神和团结协作、积极进取的团队精神；具备追求知识、独立思考、勇于创新的科学态度和理论联系实际的思维方式；具备安全可靠、经济合理的工程技术观念。

主要符号说明

英文字母

A——作用面积，m^2；

d——管径，m；

d^0——流体的相对密度；

d_e——当量直径，m；

E_f——单位质量流体损失的能量，J/kg；

F——垂直作用于流体截面上的力，N；

h——液柱高度，m；

h_f——单位重量流体损失的能量，m；

$h_{直}$——流体直管阻力，m；

Δh——离心泵的允许汽蚀余量，m；

g——重力加速度，m/s^2；

G_s——流体的质量流量，kg/s；

H——泵的扬程，m；

H_e——输送机械外加给流体的能量，m；

H_g——离心泵的安装高度，m；

$H_{g,max}$——离心泵的允许吸上高度，m；

l——管长，m；

l_e——管件的当量长度，m；

n——物质的量，mol；

m——流体的质量，kg；

M——流体的摩尔质量，kg/kmol；

P——泵的轴功率，kW；

p——流体的压强，N/m^2 或 Pa；

p_0——标准状况下压力，101.3kPa；液面压力；Pa；

$p_{表}$——表压，Pa；

$p_{真}$——真空度，Pa；

Δp——流体通过两截面的压降，Pa；

r_H——水力半径，m；

P_e——泵的有效功率，kW；

P_k——设备中剩余压力，Pa。

R——气体通用常数，kJ/（kmol·K）；

Re——雷诺数，无量纲数群；

S——流通截面积，m^2；

T——温度，K；

T_0——标准状况下温度，273K；

V——流体的体积，m^3；

V_1——每次压送液体体积，m^3；

V_A——设备的容积，m^3；

V_s——流体的体积流量，m^3/s；

w——质量流速，$kg/m^2·s$；

W_e——输送机械外加给流体的能量，J/kg；

x_i——混合液中 i 组分的摩尔分数；

X_{Wi}——混合液中 i 组分的质量分数；

y_i——气体混合物中 i 组分的摩尔分数；

z——位置高度，m。

希文字母

α——每昼夜压送次数；

ε——管子的绝对粗糙度，mm；

φ——装料系数，无量纲；

λ——摩擦系数；

η——机械效率，无量纲；

ρ——流体的密度，kg/m^3；

$\rho_{4℃,水}$——4℃水的密度，kg/m^3；

ρ_0——标准状况下流体的密度，kg/m^3；

μ——流体的黏度，Pa·s；

ν——流体的比容，m^3/kg；

ζ——阻力系数；

τ——每次压送时间。

项目导言

液体物料输送在国民经济生产生活中广泛存在，我国南水北调工程是世界第一超大规模的液体输送工程，其输送长度、输送规模，现代化泵站群等都创造了一项项的世界第一。液体物料的输送是化工生产中最基本和最普遍的单元操作。化工生产中一般采用泵进行动力输送；有的生产过程中由于物料温度高或者物料的性质等因素，利用压缩气体的压力将物料从一个设备

视频扫一扫

输送到另一个设备；有的生产过程中，一些液体原料采用桶装，为方便操作，往往在设备上抽真空，将原料抽送至生产设备中。这三种输送方式如何选择，除考虑物料性质、工艺条件、输送量等工艺因素外，还必须考虑安全、环保、节能、经济、操作等进行综合因素。为此，本项目通过三个不同的输送任务，熟悉液体输送岗位必要的技能，培养应用流体力学的基本原理及其规律，分析问题和处理问题的技术应用能力。具体表现为：

① 管道及管件　通常用管路来输送液体。因此，我们就必须选用合适的管材、管径、管件，并按一定的要求布置管路。

② 流体的输送　按所规定的条件，选用合适的输送方式，将物料从一个设备送到另一个设备。

③ 压强、流速和流量的测量　为了了解和控制生产过程，需要对管路或设备内的压强、流速和流量等一系列参数进行测定，以便合理选用测量仪表。

④ 为强化设备提供适宜的流动条件　化工生产的传热、传质等过程都是在流体流动情况下进行的，设备的操作效率与流体流动状况有密切关系。因此，研究流体流动对寻找设备的强化途径具有重要意义。

任务一　压力输送的操作与控制

利用压缩气体的压力将液体物料从一个设备转移到另一个设备，这种方式适用于输送腐蚀性强、温度高的液体。压缩气体可以是空气，若液体为易燃易爆液体、或与空气接触对产品性能有影响的液体，需用惰性气体（氮气、二氧化碳）来转移物料。

任务情景

某聚对苯二甲酸乙二醇酯（PET）生产车间，需要将酯化釜中255℃的单体转移到缩聚釜中，为了防止高温下空气对单体氧化而影响聚合物的性能，采用氮气来压送。酯化釜中单体约2500kg，要求在20min内完成输送。酯化釜与缩聚釜在距地面4.0m高同一楼面，水平间距4.0m，管路通过距地面7.5m高楼面的催化剂过滤器（篮式），过滤酯化固体催化剂后进入缩聚釜。反应温度下单体的黏度为55.6mPa·s，密度为1000kg/m³。作为工艺技术员，完成下列任务。

工作任务

1. 设计工艺流程。
2. 确定输送管路。
3. 确定氮气最小压力。
4. 计算氮气消耗量。
5. 编制操作要点。

技术理论与必备知识

一、流体的基本物理量

1. 密度与比容

（1）密度与相对密度

① 密度　单位体积流体所具有的质量，称为流体的密度，用符号 ρ 表示。其表达式为：

$$\rho = \frac{m}{V} \tag{1-1}$$

式中　ρ——流体的密度，kg/m^3；

　　m——流体的质量，kg；

　　V——流体的体积，m^3。

流体的密度随温度和压力而变化。压力对液体的密度影响很小，可以忽略不计。因此，液体被称为不可压缩流体。而温度对密度的影响不可忽略。

液体的密度可在有关手册上查取。本书附录中给出某些常见液体的密度数值供解题时参考。

② 相对密度　是指流体的密度与4℃水的密度之比。用符号 d^0 来表示。即：

$$d^0 = \frac{\rho}{\rho_{4℃,水}} = \frac{\rho}{1000} \tag{1-2}$$

式中　d^0——流体的相对密度；

　　ρ——流体的密度，kg/m^3；

　　$\rho_{4℃,水}$——4℃水的密度，$1000kg/m^3$。

这样，我们只要知道流体的相对密度，乘以1000就可以得到流体的密度。

（2）气体的密度　气体具有可压缩性和热膨胀性，其密度随温度和压力的变化很大。所以气体的密度不可能在手册上列出。在工程计算中，在压力不高的情况下，可按理想气体来处理。

由理想气体状态方程 $pV = nRT = \frac{m}{M}RT$，得：

$$\rho = \frac{m}{V} = \frac{pM}{RT} \tag{1-3}$$

式中　p——气体的压力，kPa；

　　T——气体的热力学温度，K；

　　M——气体的摩尔质量，$kg/kmol$；

　　R——通用气体常数，$8.314kJ/(kmol \cdot K)$。

或者

$$\rho = \rho_0 \times \frac{T_0}{T} \times \frac{p}{p_0} \tag{1-4}$$

式中　ρ_0——标准状况下气体的密度，$\rho_0 = \frac{M}{22.4}$，kg/m^3；

　T_0、p_0——标准状况下气体的温度和压力，$T_0 = 273K$，$p_0 = 101.3kPa$。

（3）混合物的密度

① 混合液体　混合流体的密度根据混合前后总体积不变的原则计算。以1kg混合液体为基准，则：

$$\frac{1}{\rho} = \frac{X_{w1}}{\rho_1} + \frac{X_{w2}}{\rho_2} + \cdots\cdots + \frac{X_{wn}}{\rho_n} = \sum \frac{X_{wi}}{\rho_i} \tag{1-5}$$

式中　ρ_i——混合液中 i 组分的密度，kg/m^3；

　　X_{wi}——混合液中 i 组分的质量分数。

注意：此式只适用于混合前后总体积不变的物系。

② 混合气体　混合气体的密度根据混合前后总质量不变的原则计算，即用平均摩尔质量计算：

$$\rho = \frac{pM_均}{RT} \tag{1-6}$$

$$M_均 = M_1x_1 + M_2x_2 + \cdots + M_nx_n = \sum M_ix_i \tag{1-7}$$

式中　M_i——混合气体中 i 组分的摩尔质量，kg/kmol；

　　　x_i——混合气体中 i 组分的摩尔分数。

（4）比容　单位质量流体所具有的体积称为流体的比容。用符号 ν 表示。比容也即密度的倒数，即：

$$\nu = \frac{1}{\rho} \tag{1-8}$$

式中　ν——流体的比容，m^3/kg。

例1-1　含苯 40％（质量分数）的苯、甲苯溶液，试求其 293K 时的密度。

解　从附录中查得 293K 时：

$\rho_苯 = 879kg/m^3$；$\rho_{甲苯} = 866kg/m^3$

由式（1-5）得：

$$\frac{1}{\rho} = \frac{0.4}{879} + \frac{0.6}{866} = 0.001148 \ (m^3/kg)$$

$$\rho = 871.2 \ (kg/m^3)$$

例1-2　已知空气的组成为 O_2 21％和 N_2 79％（均为体积分数），试求 100kPa 和 300K 时空气的密度。

解　已知：$M_{O_2} = 32kg/kmol$；$M_{N_2} = 28kg/kmol$；$x_{O_2} = 0.21$；$x_{N_2} = 0.79$

由式（1-7）得：

$$M_均 = 0.21 \times 32 + 0.79 \times 28 = 28.8 \ (kg/kmol)$$

由式（1-6）得：

$$\rho = \frac{100 \times 28.8}{8.314 \times 300} = 1.15 \ (kg/m^3)$$

2. 压力

这里所说的压力实际上是指流体的压强，而化工生产中习惯上称之为压力。

（1）定义与定义式　压力（压强）：垂直作用于流体单位面积上的力，用符号 p 表示，其表达式为：

$$p = \frac{F}{A} \tag{1-9}$$

式中　p——流体的压力，N/m^2；

　　　F——垂直作用于流体截面上的力，N；

　　　A——作用面积，m^2。

（2）单位　压力的单位为 N/m^2，专用名称为帕斯卡，简称帕，用符号 Pa 表示。

在生产现场、技术文件、资料手册中常用的压力单位还有：MPa（兆帕）、kPa（千帕）、atm（标准大气压）、at 或 kgf/cm^2（工程大气压）、mH_2O（米水柱）、mmHg（毫米汞柱）。其换算关系为：

$$1MPa=10^3 kPa=10^6 Pa$$

$$1atm=101.3kPa=1.033at=760mmHg=10.33mH_2O$$

注意：用液柱高度表示压力单位时，液柱名称不能漏掉。

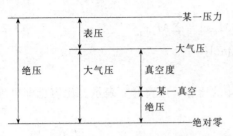

图 1-1　表压、绝压及真空度的关系

上述关系可用图 1-1 形象说明。

（3）表压、绝压与真空度　流体的压力可以用仪表来测取。但不管什么样的压力表，表上反映出的压力都是设备内的实际压力与大气压力之差，称为表压，而设备内的实际压力称为绝压。即：

$$表压＝绝压－大气压$$

当设备内的实际压力小于大气压时，表上测出的压力叫真空度。即：

$$真空度＝大气压－绝压$$

应当指出：大气压随地区而不同，也随季节而不同，对于表压和真空度应有注明。如 200kPa（表压），300mmHg（真空度），若无注明则表示绝压。

例1-3　某设备进、出口测压仪表的读数分别为 3kPa（真空度）和 67kPa（表压），求两处的绝对压强差。

解　已知：进口真空度 $p_{1真}=3kPa$；出口表压 $p_{2表}=67kPa$

则：$p_1＝p_大－p_真$；$p_2＝p_大＋p_表$

所以：$p_2－p_1＝p_表＋p_真＝67+3=70（kPa）$

注意：现在有的真空表读数是负值，则此读数表示表压，也就是真空度等于负表压。

3. 流量与流速

（1）流量　流量有体积流量与质量流量之分。

① 体积流量　单位时间流过某一截面的流体体积简称为流量。用符号 V_s 或 V_h 表示，单位为 m^3/s 或 m^3/h。

② 质量流量　单位时间流过某一截面的流体质量。用符号 G_s 或 G_h 表示，单位为 kg/s 或 kg/h。

两者之间的关系为：

$$G_s=V_s\rho \tag{1-10}$$

式中　ρ——流体的密度，kg/m^3。

（2）流速　流速也分为流速与质量流速。

① 流速　单位时间流体质点❶流过的距离。用符号 u 表示，单位为 m/s。

流体在流动过程中，在同一截面上各流体质点的流速是不均等的。因此通常说的流速是指某一截面上的平均流速，用体积流量除以流通截面得到，即：

$$u=\frac{V_s}{S} \tag{1-11}$$

---

❶ 为便于理解，流体可视为由含有大量分子的微团组成，这些微团的质量很小，其质量集中在一点上，故称其为流体质点。

式中　S——流体的流通截面积，m^2。

②质量流速　单位时间、单位流通截面积流过的流体质量。用符号 w 表示，单位为 $kg/(m^2 \cdot s)$。表达式为：

$$w = \frac{G_s}{S} \tag{1-12}$$

流速与质量流速之间的关系为：

$$w = u\rho \tag{1-13}$$

4. 黏度

黏度是衡量流体流动性能的另一物理量，用符号 μ 表示。实践表明，有的流体容易流动，有的难以流动。例如油的流动性比水差，蜂蜜的流动性比油差等。这就是由于它们的黏度不同。流体的黏度越小就越容易流动，黏度越大就越难流动。

在同一流通截面上各流体质点的流速是不均等的，科学研究证明，不同流速的流体之间也存在着阻碍相对运动的摩擦力，称为内摩擦力，流体的黏度就是这种内摩擦力的表示与量度。黏度大的流体，流动时能量消耗大，即阻力损失大，反之亦然。

黏度的数值由实验测定，其单位为 $Pa \cdot s$（SI 制）。

流体的黏度值随温度而变化。一般来说可用图 1-2 来描述。从图 1-2 可以看出两点：①液体的黏度比气体大得多；②液体的黏度随温度的升高而减小，气体的黏度随温度的升高而增大。

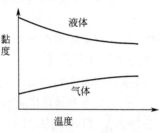

图 1-2　温度对黏度的影响

压力对黏度的影响不大，除了在极高或极低压力下才考虑其对气体黏度的影响外，一般情况下不予考虑。

纯组分的黏度值可在手册上查取。本书附录上列出常用气体和流体的黏度共线图，供解题时查用。

混合物在没有实验数据的时候，可用下列公式近似计算其平均黏度。

对于常压气体混合物：

$$\mu_m = \frac{\sum(y_i\mu_i M_i^{1/2})}{\sum(y_i M_I^{1/2})} \tag{1-14}$$

式中　y_i——气体混合物中 i 组分的摩尔分数（即体积分数）；

　　　μ_i——与混合气体同温度下 i 组分的黏度，$Pa \cdot s$；

　　　M_i——气体混合物中 i 组分的摩尔质量，$kg/kmol$。

对于分子不缔合流体混合物：

$$\lg\mu_m = \sum(x_i\lg\mu_i) \tag{1-15}$$

式中　x_i——混合液中 i 组分的摩尔分数；

　　　μ_i——与混合液同温度下 i 组分的黏度，$Pa \cdot s$。

二、静力学基本方程式

(一)静力学基本方程式及其讨论

1. 静力学方程式

静止的流体在重力和压力作用下达到平衡，处于相对静止状态。重力是不变的，但静止流体内部各点的压力是不同的。静止流体内部压力变化的规律即可用静力学基本方程式来描述。即：

(1) 静止流体内部各点的位能与静压能之和为常数：

$$z_1 g + \frac{p_1}{\rho} = z_2 g + \frac{p_2}{\rho} = 常数 \tag{1-16a}$$

(2) 静止流体内部各点的位压头与静压头之和为常数：

$$z_1 + \frac{p_1}{\rho g} = z_2 + \frac{p_2}{\rho g} = 常数 \tag{1-16b}$$

压头是指流体所具有的能量能把它本身升举到的高度。

(3) 静止流体内部各点的静压力与液柱压力之和（可称为修正压强）为常数：

$$z_1 \rho g + p_1 = z_2 \rho g + p_2 = 常数 \tag{1-16c}$$

(4) 流体内部的压力随深度的增加而增加：

$$p_2 = p_1 + (z_2 - z_1)\rho g = p_0 + h\rho g \tag{1-16d}$$

式中　z——流体质点与基准水平面的距离，m；

　　　p——压力，Pa；

　　　ρ——流体的密度，kg/m^3；

　　　g——重力加速度，m/s^2；

　　　p_0——液面压力，Pa；

　　　h——流体的深度，m。

2. 静力学方程式的讨论

(1) 适用范围　①静止流体；②重力场中。

(2) 压强的传递性　在静止流体内部，任意一点的压力变化以后，必然引起各点的压力发生同样大小的变化。

(3) 等压面　在静止的、连通着的、同一种流体的、同一水平面上各点的静压强相等。

(二)静力学基本方程式的应用

1. 压力与压力差的测定

测量压力的仪表有多种，这里仅介绍以流体静力学为理论基础的测压仪表，这种测压仪表称为液柱压差计，可用来测量流体的压力或压力差。较典型的有以下两种：

(1) U形管压差计

① 构造　U形管压差计的结构如图 1-3(a) 所示。带有刻度的 U 形透明玻璃管，内装指示液。指示液与被测流体不互溶，不发生化学反应，密度一般要大于被测流体的密度。常用的指示液有汞、水、酒精、液体石蜡等，应根据被测流体的种类和测量范围合理选择指示液。

② 测压原理　将 U 形管压差计的两端连接到测压系统中，如图 1-3(b) 所示。由于 U 形管两端所受压力不相等（$p_1 > p_2$），所以在 U 形管的两侧出现指示液的高度差 R，R 就称为 U 形管压差计的读数。读数的大小与被测压差有关。

计算公式：$p_1 - p_2 = R(\rho_s - \rho)g$ $\tag{1-17}$

式中　p_1、p_2——被测流体两点的压强，Pa；

　　　ρ_s、ρ——指示液及被测流体的密度，kg/m^3；

　　　R——U形管压差计中指示液位差，m；

　　　g——重力加速度，m/s^2。

③ 说明

a. U 形管压差计不但可用来测取两点间的压差，也可测取某一处的压力。将 U 形管压差计的一端与被测设备连接，另一端与大气相通，这时压差计上的读数 R 所反映的是被测点的压力与大气压之差，即表压；如 R 读数在被测点一侧，则读数 R 反映的是真空度。

b. 若被测流体是气体，则式(1-17)中的 ρ 可以忽略。式(1-17)改写为：

$$p_1 - p_2 = R\rho_s g \tag{1-18a}$$

c. 如指示液密度小于被测流体密度，则在安装时 U 形管应倒置，则式(1-17)改写为：

$$p_1 - p_2 = R(\rho - \rho_s)g \tag{1-18b}$$

（2）杯形斜管压差计

① 结构　如图 1-4 所示。

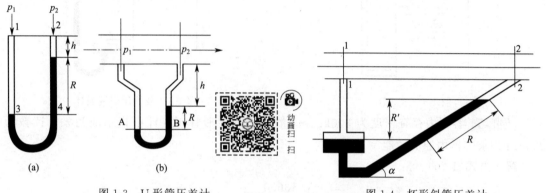

图 1-3　U 形管压差计　　　　　　图 1-4　杯形斜管压差计

② 测压原理

$$p_1 - p_2 = R\sin\alpha\ (\rho_s - \rho)\ g = R'\ (\rho_s - \rho)\ g \tag{1-19}$$

式中　α——斜管与水平方向的夹角，(°)；

其余物理量意义同式(1-17)。

③ 说明

a. 特点：由于"杯"的截面积远大于管的截面积，所以杯中液位的升降可以忽略，读数只要读管侧，因此，读数方便；由于是"斜"管，所以可以放大读数，以减小相对误差。

b. 注意事项："杯"形端要接高压端。

例1-4　用 U 形管测量管道中 1、2 两点的压强差。已知管内流体为水，指示液四氯化碳，压差计上读数为 80cm，求 1、2 两点间的压差。若将指示液改为汞，则压差计上读数为多少毫米？（已知 $\rho_{CCl_4} = 1595\text{kg/m}^3$；$\rho_{Hg} = 13600\text{kg/m}^3$；$\rho_{H_2O} = 1000\text{kg/m}^3$）。

解　① 由式(1-19)得：

$$p_1 - p_2 = R(\rho_s - \rho)\ g = 0.8 \times\ (1595 - 1000)\ \times 9.81 = 4670\ (\text{Pa})$$

② 式(1-19)改写为：

$$R = \frac{p_1 - p_2}{(\rho_s - \rho)g} = \frac{4670}{(13600 - 1000) \times 9.81} = 0.0378\ (\text{m}) = 37.8\ (\text{mm})$$

2. 液位测定

最原始的液位计是于容器侧面安装一透明玻璃管，其上、下与容器相通，如图 1-5 所示。这种液位计称为示液管。示液管构造简单，显示液位直观。但被测流体液面波动不能超过 1m，而且不便于远处观察，更不适用于自动化控制。

图 1-6 为用 U 形管压差计来测量液位的示意图。将 U 形管压差计的两端与容器上面空间和容器底部相连接。由静力学基本方程式得知：压差计读数 R 的大小与容器中液位高度成正比。即：

$$h = R\frac{\rho_s}{\rho} \tag{1-20}$$

式中　h ——容器中液位高度，m；

　　　R ——U 形管压差计读数，m；

　　　ρ_s、ρ ——指示液及被测流体密度，kg/m^3。

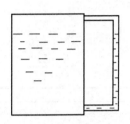

图 1-5　示液管

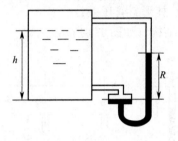

图 1-6　液柱压强液面计

▶ **例1-5**　容器内存有密度为 $800kg/m^3$ 的油品，U 形管压差计中指示液为汞，读数为 200mm。求容器内油面高度。

解　由式(1-20) 得：

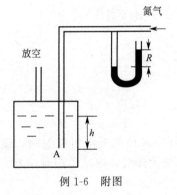

例 1-6　附图

$$h = 0.2 \times \frac{13600}{800} = 3.4 \text{（m）}$$

▶ **例1-6**　有一地下对硝基氯苯储槽，用例 1-6 附图图示装置测量其液位。自管口通入压缩氮气，通过观察罩观察到氮气在储槽内鼓泡时，吹气管上安装的 U 形管压差计的读数稳定为 R。已知压差计中指示液为汞，读数为 $R=100mm$，对硝基氯苯的密度为 $1250kg/m^3$，储槽上方通大气。试求储槽液面至吹气管口的垂直距离 h。

解　由于通过观察罩可以得知吹气管内氮气在鼓泡状态下通过，所以氮气压力与吹气管底等高的槽内流体压力相等。即：

$$p_0 + h\rho g = p_0 + R\rho_s g$$

得：

$$h = R\frac{\rho_s}{\rho} = 0.1 \times \frac{13600}{1250} = 1.09 \text{（m）}$$

3. 液封高度的计算

用液体来封住设备的某一出口称为液封。设备内操作状况不同，采用液封的目的也就不同。下面通过两个例题来说明液封的应用与计算。

▶ **例1-7**　如例 1-7 附图所示，为了控制乙炔发生炉内的压力不超过 10.7kPa（表压），在炉外装有安全水封装置，其作用是当炉内压力超过规定值时，气体会从液封管排出。试求液封管应插入水面下的深度 h。

解　当炉内压力超过规定值时，气体将由液封管排出，故按炉内允许的最高压力计算液封管插入水面下的深度。

液封管口处管内、外两点 A 和 B 在同一等压面上。其中：

p_A＝炉内绝压＝$p_大$＋10.7×1000

p_B＝$p_大$＋$h\rho g$＝$p_大$＋1000×9.81h

因 p_A＝p_B

故 $h = \dfrac{10.7 \times 1000}{1000 \times 9.81} = 1.09$（m）

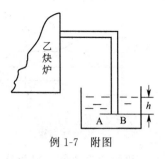

例 1-7　附图

为了安全起见，实际安装时管子插入水面下的深度应略小于 1.09m。

➤ 例1-8　如例 1-8 附图所示的混合式冷凝器上真空表读数为 80kPa，试求液封水管中水上升的高度 h。

解　水槽液面处水封管内外两点的压强相等，也就是等于大气压。故由静力学基本方程式得：

$$p_大 = p + h\rho g = (p_大 - p_真) + h\rho g$$

则：$h = \dfrac{p_真}{\rho g} = \dfrac{80 \times 1000}{1000 \times 9.81} = 8.15$（m）

4. 不互溶混合液的分离

化工生产中，经常要将不互溶混合液体加以静止分离。所用分层器的操作关键在于维持恒定的分界面，其原理仍以流体静力学基本方程式为依据。

➤ 例1-9　如例 1-9 附图所示的静止分离器，使不互溶混合液分离为密度不同的两层液体。图中重液出口高度 z_1，必须根据两液体密度和轻液层高度 z_2 来确定。现已知轻液的密度为 900kg/m^3，轻液层刻度为 3m，重液的密度为 1000kg/m^3。试确定重液的出口高度 z_1。

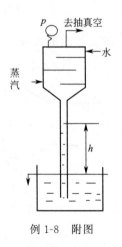

例 1-8　附图

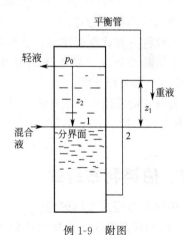

例 1-9　附图

解　因轻液上方和重液出口管顶部设有平衡管，所以两处的压力相等，设为 p_0。又图中 1、2 两点处于同一等压面上。因此有：$p_0 + z_2 \rho_轻 g = p_0 + z_1 \rho_重 g$

则：

$$z_1 = \dfrac{z_2 \rho_轻}{\rho_重} = \dfrac{3 \times 900}{1000} = 2.7 \text{（m）}$$

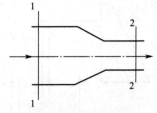

图1-7 连续性方程式

三、连续性方程式

1. 连续性方程式及其讨论

流体流过通道的物料衡算式称为连续性方程式。

如图1-7所示，流体在1-1和2-2截面间作稳定流动，流体从1-1截面流入，从2-2截面流出。当管路中流体形成稳定流动时，管中必定充满流体，也就是流体必定是连续流动的。

我们对系统作物料衡算。由质量守恒定律 $G_{S_1} = G_{S_2}$ 得：

$$u_1 S_1 \rho_1 = u_2 S_2 \rho_2 \tag{1-21}$$

若流体为不可压缩流体，则密度为常量，即 $\rho_1 = \rho_2$，则：

$$u_1 S_1 = u_2 S_2 = V_s \tag{1-21a}$$

即对于不可压缩流体，在稳定流动系统中，各个截面的体积流量相等。

若流通截面为圆形管路，则 $S = \dfrac{\pi}{4} d^2$。所以有：

$$u_1 d_1^2 = u_2 d_2^2 \quad \text{或} \quad \frac{u_1}{u_2} = \frac{d_2^2}{d_1^2} \tag{1-21b}$$

即在稳定流动系统中，流体流过不同大小的截面时，其流速与管径的平方成反比。

式中　G_{S_1}、G_{S_2}——1-1和2-2截面处的质量流量，kg/s；

$\quad\quad$ u_1、u_2——1-1和2-2截面处的流速，m/s；

$\quad\quad$ S_1、S_2——1-1和2-2截面处的流通截面积，m^2；

$\quad\quad$ ρ_1、ρ_2——1-1和2-2截面处的流体密度，kg/m^3；

$\quad\quad$ V_s——流体的体积流量，m^3/s；

$\quad\quad$ d_1、d_2——1-1和2-2截面处的管内径，m。

2. 连续性方程式的讨论

① 连续性方程式在应用时，所取的系统应是稳定流动系统。所取的截面一定是连续的，但系统内部是否连续、发生什么过程（化学反应、传热、传质等）都可以不管。

② 有分支的管路中，应用连续性方程时，还是依据物料衡算进行。即

$$\sum G_{S_{i进}} = \sum G_{S_{i出}} \tag{1-21c}$$

四、伯努利方程式

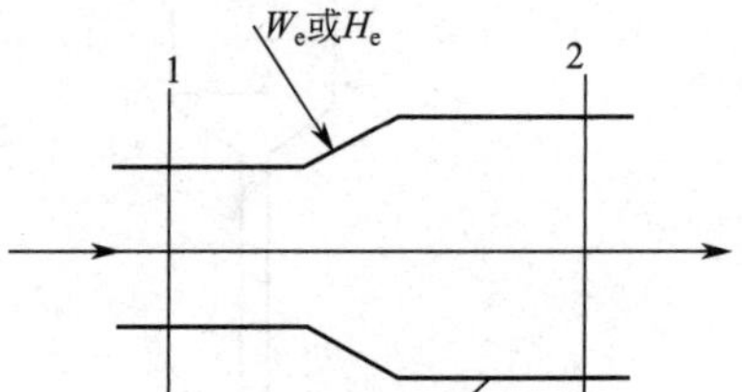

1. 伯努利方程式及其讨论

（1）伯努利方程式　在稳定流动系统中，流体的机械能衡算式称为伯努利方程式。如图1-8所示的系统，根据能量守恒定律得：

图1-8 伯努利方程式系统示意图

$$z_1 g + \frac{p_1}{\rho} + \frac{u_1^2}{2} + W_e = z_2 g + \frac{p_2}{\rho} + \frac{u_2^2}{2} + E_f \tag{1-22}$$

或：

$$z_1 + \frac{p_1}{\rho g} + \frac{u_1^2}{2g} + H_e = z_2 + \frac{p_2}{\rho g} + \frac{u_2^2}{2g} + h_f \tag{1-22a}$$

式中　zg——单位质量流体所具有的位能，J/kg；

z——单位重量流体所具有的位能，称为位压头，m；

$\dfrac{p}{\rho}$——单位质量流体所具有的静压能，J/kg；

$\dfrac{p}{\rho g}$——单位重量流体所具有的静压能，称为静压头，m；

$\dfrac{u^2}{2}$——单位质量流体所具有的动能，J/kg；

$\dfrac{u^2}{2g}$——单位重量流体所具有的动能，称为动压头，m；

W_e——输送机械外加给单位质量流体的能量，J/kg；

H_e——输送机械外加给单位重量流体的能量，也叫外加压头，m；

E_f——单位质量流体损失的能量，J/kg；

h_f——单位重量流体损失的能量，也叫损失压头，m。

（2）伯努利方程式的讨论

① 适用范围：稳定连续流动系统；不可压缩流体；重力场中。

② 各项的物理意义：

z——设备的空间相对高度位置关系。化工生产中许多设备的空间相对高度位置就是由伯努利方程式来确定的。

p——状态参数，由工艺操作条件确定。

u——动力学参数，它是一个比较活跃的参数，其确定得适当与否对设备的投资费用、操作费用及过程进行的优劣影响很大。在管路中可根据经验管流速范围选用；在传质、传热设备中，由过程需要确定。

③ 静力学基本方程式包括在伯努利方程式中。当流体静止时，流速等于零，此时肯定无外加机械能，也无能量损失。此时，伯努利方程式就为静力学基本方程式。

④ 对于气体，一般不可以使用伯努利方程式，但当两截面间的压力差不是很大（$\dfrac{p_1-p}{p_1}\leqslant 20\%$）时，可近似使用伯努利方程式，不过其中的密度要用两截面的平均密度$\rho_{均}=\dfrac{\rho_1+\rho_2}{2}$。

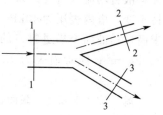

图 1-9　分支管路

⑤ 对于分支管路，如图 1-9，伯努利方程式为：

$$z_1 g+\frac{p_1}{\rho}+\frac{u_1^2}{2}=z_2 g+\frac{p_2}{\rho}+\frac{u_2^2}{2}+E_{f1\text{-}2}=z_3 g+\frac{p_3}{\rho}+\frac{u_3^2}{2}+E_{f1\text{-}3} \qquad (1\text{-}22\text{b})$$

2. 伯努利方程式的应用

解题步骤及方法如下。

第一步：作图，并在图上标出有关物理量。

第二步：取截面，并确定基准水平面取截面：①所取截面须与流动方向相垂直，两截面间的流动须是稳定的、连续的；②所取的截面包括的已知量越多越好，而所求的未知量必须包括在某一截面中；③若所求的未知量是输送机械的外加能量，则两截面必须取在输送机械的两侧。基准水平面：一般以两截面中较低截面的中心水平面为基准水平面。

第三步：列出所用伯努利方程式，并列出已知条件。注意单位一致，基准一致（基准水平面、表压与绝压)。

第四步：代入求解与结果讨论。

(1) 求管路中流体的流量

例1-10 如例1-10附图所示，水槽液面至水出口管的垂直距离保持 6.2m，水管为 $\phi114\times4$ 的钢管，能量损失为 58.86J/kg，求管路出口流速及流量。

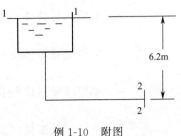

例 1-10 附图

解 水的密度取 $\rho=1000kg/m^3$。

取 1-1 和 2-2 截面，并以 2-2 截面的中心水平面为基准水平面；

$$z_1+\frac{p_1}{\rho g}+\frac{u_1^2}{2g}+H_e=z_2+\frac{p_2}{\rho g}+\frac{u_2^2}{2g}+h_f;$$

$z_1=6.2m$ $z_2=0$

$p_1=0$ $p_2=0$（表压）

$u_1=0$ $u_2=?$

$H_e=0$ $h_f=\dfrac{58.86}{9.81}=6$（m）

代入上式解得：$u_2=1.98m$

则水的流量为：$V_s=u\times\dfrac{\pi}{4}d^2=1.98\times\dfrac{\pi}{4}\times0.106^2=0.017$（$m^3/s$）

(2) 确定设备间的相对位置高度

例1-11 为了能以均匀的速度向精馏塔加料，用高位槽使料液自动流入塔内，如例 1-11 附图所示。高位槽中液面维持不变，塔内表压为 40kPa，若维持料液流量为 $10m^3/h$，试求高位槽液面至塔进料口的垂直距离。已知料液密度为 $\rho=900kg/m^3$；能量损失为 $E_f=20J/kg$；管路为 $\phi57\times3.5$ 的钢管。

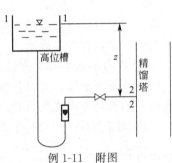

例 1-11 附图

解 取 1-1 和 2-2 截面，并以 2-2 截面的中心水平面为基准水平面；

$$z_1g+\frac{p_1}{\rho}+\frac{u_1^2}{2}+W_e=z_2g+\frac{p_2}{\rho}+\frac{u_2^2}{2}+E_f;$$

$z=?$ $z_2=0$

$p_1=0$ $p_2=40kPa=40000Pa$（表压）

$u_1=0$ $u_2=\dfrac{10}{3600\times\pi/4\times0.05^2}=1.415$（m/s）

$W_e=0$ $E_f=20J/kg$

代入求解得：$z_1=6.6m$

所以高位槽液面须高于塔进料口 6.6m。

(3) 确定送料用压缩气体的压力 化工生产中，近距离输送液体，特别是输送腐蚀性强的液体时，往往用压缩气体来压料，这时需要估算压缩气体的压力。伯努利方程这方面的应用可以完成本任务，在任务实施中介绍。

（4）估算输送机械所需的功率，以便选用输送机械　液体物料最常用的输送方式是利用泵输送，由泵提供输送动力，用于克服输送阻力以及达到流体输送的要求，在本项目任务三中介绍。

五、流体阻力

由于黏性的存在，流体在流动过程中不同流速的流体层之间产生内摩擦，使一部分机械能转化为热能而损失于周围环境。这就是流体的阻力损失。在伯努利方程的例题中，我们给出了数值或假定为理想流体，便于计算。但在实际生产中流体阻力的大小还应由我们工艺人员估算出来。因此，本节我们要讨论流体阻力的产生、表现形式及其估算。

（一）流体阻力产生的原因

1．流体阻力的表现

可以做一个简单的实验来观测流体阻力的表现，如图1-10所示。在水槽的底部接一段直径相等的水平管，在出口管上1、2两处分别垂直接上透明玻璃管，以观察两点处的静压强变化。

当出口阀关闭时，1、2两处测压管中的水位高度相等，且等于槽内水面的高度，这与静力学基本方程式相符。

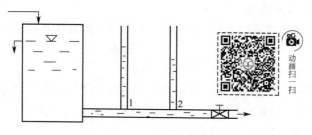

图1-10　流体阻力的表现

当出口阀打开，管中的水有一定的流速，这时可观察到两侧压管中的水位依次有所下降，即表明流体流动过程中静压力沿程不断降低，这就说明了流体流动过程中有阻力损失存在，阻力损失了何种能量可通过伯努利方程式描述。这里在等径的水平管路中表现为静压力降低。若流体不是在等径的水平管路中流动，则流体的阻力损失引起的压力降肯定存在，但有可能由于动能和位能的转换而减弱或加剧。总之，流体的阻力损失最终可用压力降来表示。

加大出口阀的开度，增大管中流体的流速，可观察到两侧压管中的水位又降低了。这说明流体的流速增大，流体的阻力损失也增大。

2．流体阻力产生的原因

（1）流体的物性——黏度　流体阻力产生的根本原因就是流体黏性所产生的内摩擦力。在同一流速下，流体的黏性越大，流体流动过程中产生的阻力损失越大。

（2）流体的流动形态　流体的流动形态与流体的物性及流动条件有关，后面介绍。

（3）管路情况　管路的粗糙程度，管路上的阀门、三通、弯头等管件对流体的流动也会产生阻力。

（二）流体的流动形态及其判定

1．流体的流动形态

雷诺通过大量的实验提出：流体在管内的流动形态有两种——层流和湍流。当流体的流量较小时，流速也较小，流体质点只沿管轴方向做直线运动，而无其他方向上的运动，这种流动形态被称为层流（或滞流）。层流时流体的阻力只来自流体本身的内摩擦力。当流量增加到一定值时，流体的流速较大，流体质点的速度的大小和方向在急剧改变，质点间相互碰撞混合，甚至产生旋涡，这种流动形态被称为湍流（或紊流）。湍流时，流体的阻力除来自流体本身的内摩擦力以外，还因为质点间的相互碰撞而消耗了大量的能量。因此，湍流时流体的阻力损失较大。

2. 雷诺数及流动形态的判定

雷诺通过大量的实验总结出影响流体流动形态的因素主要有管内径 d、流体的流速 u、流体的密度 ρ 和流体的黏度 μ 四个物理量，然后再将四个物理量用量纲分析法组成一个无量纲数群，称为雷诺数，用符号 "Re" 表示，可用来判断流体的流动形态。

$$Re = \frac{du\rho}{\mu} \tag{1-23}$$

式中　d——管子内径，m；

　　　u——流体的流速，m/s；

　　　ρ——流体的密度，kg/m^3；

　　　μ——流体的黏度，Pa·s。

实验证明：一般 $Re < 2000$ 为层流，$Re > 4000$ 为湍流。

3. 非圆形管路的当量直径

流体在非圆形管路中流动时，Re 中的管径 d 应用当量直径来取代。当量直径定义式为：

$$d_e = 4r_H = 4 \times \frac{流通截面积}{润湿周边长度} \tag{1-24}$$

例1-12 20℃的水在套管换热器的环隙中流动。套管是外管为 $\phi105 \times 2.5$、内管为 $\phi65 \times 2.5$ 的无缝钢管，水的流速为 1.5m/s。试判断水的流动形态。

解　用 "Re" 来判断流体的流动形态。

查取 20℃时水的物化性质：$\rho = 998.2kg/m^3$，$\mu = 1.005 \times 10^{-3} Pa \cdot s$；

因为套管环隙为非圆形管路，所以 "Re" 中的 d 要用当量直径 "d_e" 取代。

$$d_e = 4 \times \frac{\frac{\pi}{4}(D_i^2 - d_o^2)}{\pi(D_i + d_o)} = D_i - d_o = 100 - 65 = 35(mm) = 0.035(m)$$

$$Re = \frac{d_e u\rho}{\mu} = \frac{0.035 \times 1.5 \times 998.2}{1.005 \times 10^{-3}} = 52145 > 4000(湍流)$$

（三）流体阻力的估算

1. 表示流体阻力的物理量及其关系

（1）表示流体阻力的物理量

E_f：单位质量流体所损失的能量，J/kg；

h_f：单位重量流体所损失的能量，m；

Δp：流体通过两截面的压降，Pa。

（2）三者间的关系

$$\Delta p = E_f \rho = h_f \rho g \tag{1-25}$$

2. 流体阻力的计算

流体阻力包括通过直管的阻力和通过一些阀门、弯头等管件的局部阻力，直管阻力也叫沿程阻力。下面分别进行计算。

（1）直管阻力（沿程阻力）$h_{直}$的计算　实验表明：流体沿直管的阻力与管长、动压头成正比，与管径成反比。即：

$$h_{直} = \lambda \times \frac{l}{d} \times \frac{u^2}{2g} \tag{1-26}$$

式中　$h_{直}$——流体直管阻力，m；

　　　l——直管长，m；

　　　d——管内径，m；

　　　u——流速，m/s；

　　　λ——比例系数，称为摩擦系数。

摩擦系数λ与雷诺数Re有关，与管子的粗糙度有关。图 1-11 为通过大量实验总结得到的在双对数坐标系中的λ-Re关系曲线。图中分成了 4 个区域：

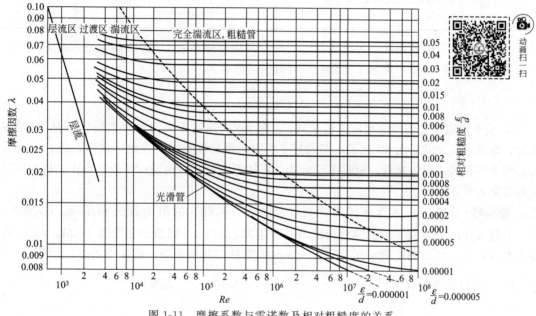

图 1-11　摩擦系数与雷诺数及相对粗糙度的关系

① 层流区　当$Re \leqslant 2000$时，λ与管子粗糙度无关，在双对数坐标系中λ-Re的关系为直线，即图中最左边的直线。由于层流时流体质点的规则运动，所以该线可从理论上推导出来，其表达式为：

$$\lambda = \frac{64}{Re} \tag{1-27}$$

此式适用于圆形管路，不同形状的流通截面有不同的常数C值，计算公式应为：

$$\lambda = \frac{C}{Re} \tag{1-28}$$

非圆形管路中的常数C值可在表 1-1 中查取。

表 1-1　某些非圆形管的常数C值

非圆形管的截面形状	正方形	等边三角形	环形	长方形	
				长：宽＝2:1	长：宽＝4:1
C	57	53	96	63	73

② 过渡区　当$2000 < Re < 4000$时，管内流动随外界条件的影响而出现不同的流型，摩

擦系数 λ 也因而出现波动，为保险起见，在工程计算中一般按湍流处理，即将湍流的曲线向左延长查取。

③ 湍流区　当 $Re \geqslant 4000$ 且在图中虚线以下时，此时摩擦系数 λ 与 Re 及管子的相对粗糙度 ε/d 都有关。常用工业管道的绝对粗糙度可在表 1-2 中查取。

表 1-2　某些工业管道的绝对粗糙度

材料	管道类别	绝对粗糙度 ε/mm	材料	管道类别	绝对粗糙度 ε/mm
金属管	无缝黄铜管、铜管及铝管	0.01～0.05	非金属管	干净玻璃管	0.0015～0.01
	新的无缝钢管和镀锌管	0.1～0.2		橡胶软管	0.01～0.03
	新的铸铁管	0.3		木管道	0.025～1.25
	具有轻度腐蚀的无缝钢管	0.2～0.3		陶土排水管	0.45～6.0
	具有显著腐蚀的无缝钢管	0.5 以上		很好整平的水泥管	0.33
	旧的铸铁管	0.85 以上		石棉水泥管	0.03～0.8

此区域内最下面的曲线，为流体流过光滑管时的摩擦系数 λ 与 Re 的关系。在工程计算上，伯拉修斯（Blasius）提出了下列经验计算公式来计算摩擦系数 λ：

$$\lambda = \frac{0.3164}{Re^{0.25}}$$

④ 完全湍流区　图中虚线以上的区域，λ 与 Re 的曲线几乎为水平直线，即 Re 到足够大时，摩擦系数 λ 几乎与 Re 无关，只与管子的相对粗糙度有关。在此区域内，若 ε/d 是常数，则摩擦系数 λ 也为常数，根据范宁公式，流体阻力与流体流速的平方成正比，故此区域也称为阻力平方区。

例1-13　分别计算下列情况下，流体流过 100m 直管的阻力损失和压降。① 293K、98% 的硫酸在内径为 50mm 的铅管内流动，流速为 0.5m/s，硫酸的密度为 1830kg/m^3，黏度为 $23\text{mPa} \cdot \text{s}$。② 293K 的水在内径为 68mm 的无缝钢管中流动，流速为 2m/s。

解　① 计算 Re：$Re = \dfrac{du\rho}{\mu} = \dfrac{0.05 \times 0.5 \times 1830}{23 \times 10^{-3}} = 1989.1$（层流）

查表 1-2，取铸铁管的绝对粗糙度为 0.8，则：$\dfrac{\varepsilon}{d} = \dfrac{0.8}{50} = 0.016$

查图 1-11 层流线得：$\lambda = 0.031$。

代入式（1-26）得：

$$h_{直} = 0.031 \times \frac{100}{0.05} \times \frac{0.5^2}{2 \times 9.81} = 0.79 \text{（m）}$$

压降：由式（1-25）得：

$$\Delta p = 0.79 \times 1830 \times 9.81 = 14182 \text{（Pa）} = 14.182 \text{（kPa）}$$

② 查附录得：$\rho_水 = 1000\text{kg/m}^3$；$\mu_水 = 1 \times 10^{-3}\text{Pa} \cdot \text{s}$。

$$Re = \frac{0.068 \times 2 \times 1000}{1 \times 10^{-3}} = 136000 \text{（湍流）}$$

查表 1-2，取无缝钢管的绝对粗糙度为 0.3，则：$\dfrac{\varepsilon}{d} = \dfrac{0.3}{68} = 0.0044$

查图 1-11 得：$\lambda = 0.032$

代入式（1-26）得：

$$h_{直}=0.032\times\frac{100}{0.068}\times\frac{2^2}{2\times9.81}=9.6\ (m)$$

压降：由式（1-25）得：

$$\Delta p=9.6\times1000\times9.81=94176\ (Pa)=94.2\ (kPa)$$

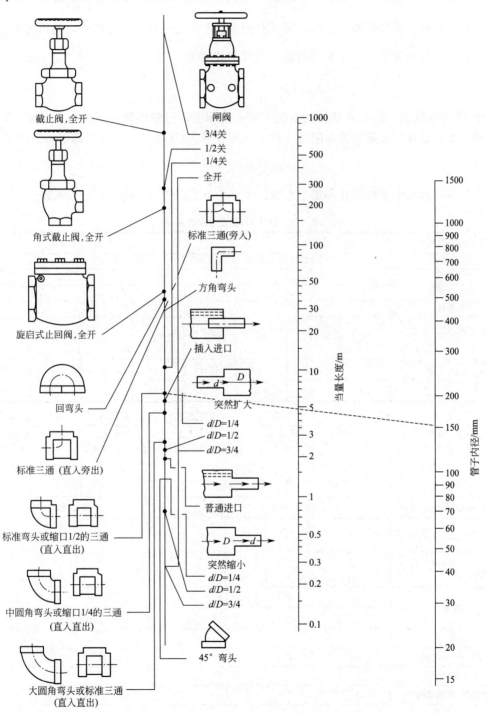

图1-12　管件与阀门的当量长度共线图

（2）局部阻力 $h_{局}$ 的计算　局部阻力的计算方法有两种：一种是当量长度法；一种是阻

力系数法。

① 当量长度法　当量长度法就是流体流过某一管件所遇到的阻力相当于流过等径的一段直管所遇到的阻力，这段直管的长度就称为该管件的当量长度，用符号"l_e"表示。管件的当量长度由实验测取，列出图表，以供查用。图 1-12 为常用管件的当量长度共线图。许多管件是标准件，其管径是一定的，所以有的手册上就把 $\dfrac{l_e}{d}$ 放在一起实验，测得的数值称为当量系数，用符号 n 表示。这样局部阻力的计算式就为：

$$h_{局} = \lambda \times \frac{l_e}{d} \times \frac{u^2}{2g} = \lambda \times n \frac{u^2}{2g} \tag{1-29}$$

② 阻力系数法　阻力系数法就是用实验直接测出通过管件所遇到的阻力与动压头之间的比例系数，该比例系数就称为阻力系数，用符号"ζ"来表示。这样局部阻力的计算为：

$$h_{局} = \zeta \times \frac{u^2}{2g} \tag{1-30}$$

常用管件的阻力系数可在手册上查取。表 1-3 为常用管件及阀门的阻力系数。

表 1-3　管件与阀门的阻力系数

管件和阀件名称	ζ 值						
标准弯头	$45°, \zeta = 0.35$			$90°, \zeta = 0.75$			
90°方形弯头	1.3						
180°回弯头	1.5						
活管接	0.4						

弯管	R/d \ ϕ	30°	45°	60°	75°	90°	105°	120°
	1.5	0.08	0.01	0.14	0.16	0.175	0.19	0.20
	2.0	0.07	0.10	0.12	0.14	0.15	0.16	0.17

标准三通管	$\zeta = 0.4$	$\zeta = 1.5$ 当弯头用	$\zeta = 1.3$ 当弯头用	$\zeta = 1$

闸阀	全开		3/4 开		1/2 开		1/4 开	
	0.17		0.9		4.5		24	

标准截止阀（球心阀）	全开 $\zeta = 6.4$				1/2 开 $\zeta = 9.5$			

蝶阀	α	5°	10°	20°	30°	40°	45°	50°	60°	70°
	ζ	0.24	0.52	1.54	3.91	10.8	18.7	30.6	118	751

旋塞	ϕ	5°	10°	20°	40°	60°
	ζ	0.05	0.29	1.66	17.3	206

角阀 90°	5		
单向阀（止逆阀）	摇板式 $\zeta = 2$		球形式 $\zeta = 70$
底阀	1.5		
滤水器（或滤水网）	2		
水表（盘形）	7		
设备进口	1		
设备出口	0.5		

（3）管路总阻力的计算　管路总阻力是指流体从系统的 1-1 截面流到 2-2 截面所遇到所有阻力损失。

$$h_f = h_{直} + \sum h_{局} = \lambda \frac{l + \sum l_e}{d} \times \frac{u^2}{2g} = \left(\lambda \frac{l}{d} + \sum \zeta \right) \frac{u^2}{2g} \tag{1-31}$$

在同一系统中，最好采用同一种方法计算。

（4）管路特性曲线　根据生产工艺需要设置好管路以后，管路中的流量与所需压头之间的关系，称为管路特性曲线。管路特性曲线可以通过系统的伯努利方程来得到。如图 1-13 所示。

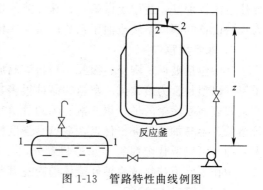

图 1-13　管路特性曲线例图

根据图 1-13 列伯努利方程式得：

$$H = z + \frac{p_2 - p_1}{\rho g} + \frac{u_2^2 - u_1^2}{2g} + \lambda \frac{l + \sum l_e}{d} \times \frac{u^2}{2g}$$

在一定的管路系统、一定的工艺条件下，

上式中 $z + \frac{\Delta p}{\rho g}$ 为常数，可用符号 A 表示；$u_1 = 0$，$u_2 = \frac{q_v}{\frac{\pi}{4} d^2}$，然后整理得：$H = A + \left(1 + \lambda \right.$

$\left. \frac{l + \sum l_e}{d} \right) \frac{8 q_v^2}{d^4 \pi g}$。其中第二项中除了 q_v^2，可以归纳为另一常数，用符号 B 表示，则得：

$$H = A + B q_v^2 \tag{1-32}$$

式（1-32）即为管路特性曲线，离心泵安装到管路中后，离心泵的特性曲线与管路特性曲线有一交点，即是离心泵的工作点。应用在任务三中介绍。

3. 减小流体阻力的途径

① 缩短管路长度，减少管件。尽可能缩短管路长度，流体尽可走直线，减少一些不必要的阀门等管件。

② 适当放大管径。在层流时：$h_f \propto 1/d^4$，在高度湍流时：$h_f \propto 1/d^5$，因此适当放大管径将会大大减小流体的阻力。

③ 在允许的情况下，可在流体中加少量添加剂，以降低流体的黏度。

④ 在粗糙管路内衬上一些材料，制成光滑管路。

六、化工管路

（一）管子

1. 钢管

根据其材质不同又分为普通钢管、合金钢管、耐酸钢管（不锈钢管）等。按制造方法不同可分为水煤气管和无缝钢管。

水煤气管也称有缝钢管，大多用低碳钢制成，通常用来输送压力较低的水、暖气、压缩空气等。

无缝钢管是化工生产中使用最多的一种管型，它的特点是质地均匀、强度高，广泛应用于压强较高、温度较高的物料输送。

2. 铸铁管

铸铁管通常用作埋于地下的给水总管、煤气管和污水管，也可以用来输送碱液和浓硫酸等腐蚀性介质。其优点是价格便宜，具有一定的耐腐蚀性，但比较笨重、强度低，不宜在有压力的条件下输送有毒、有害、容易爆炸以及像蒸汽一类的高温流体。

3. 有色金属管

有色金属管的种类很多，化工生产中常用的有铜管、钛管、铝管等。铜管（紫铜管）的导热性能特别好，适用于做某些特殊性能的换热器；由于它特别容易弯曲成形，故亦用来作为机械设备的润滑系统或油压系统以及某些仪表管路等。

4. 非金属管

其中包括玻璃、陶瓷、橡胶、塑料等制成的管子，以及在金属表面搪上玻璃、陶瓷的管子等。以塑料管为最常见。塑料的品种很多，目前最常用的有聚氯乙烯管、聚乙烯管，以及在金属表面喷涂聚丙烯、聚三氟乙烯的管道等。塑料管具有良好的抗腐蚀性能以及重量轻、价格低、容易加工等突出优点，缺点是强度较低，耐热性差，但随着性能的不断改进，在很多方面将可以取代金属管。除塑料管外，工程上还经常使用作为临时管道的玻璃管和橡胶管，用作下水道或排放腐蚀性流体的陶瓷管等。

(二)管件与阀门

1. 管件

管路中所用各种零件统称为管件。根据它们在管路中的作用不同可以分成以下五类：

（1）改变管路方向　如图1-14中的1、2、3、4等。通常将其统称为弯头。

（2）连接支管　如图1-14中的5、6、7、8、9等。通常把它们统称为"三通""四通"。

（3）连接两段管道　如图1-14中的10、11、12等。其中件号10称为外接头，俗称"管箍"；件号11称为内接头，俗称"对丝"；件号12称为活接头，俗称"油任"。

（4）改变管路直径　如图1-14中的13、14等。通常把前者称为大小头，把后者称为内外螺纹管接头，俗称内外丝或补芯。

（5）堵塞管路　如图1-14中的15、16等。它们分别称为"丝堵"和"盲板"。

必须指出，管件与管子一样也是标准化、系列化的。选用时必须注意和管子规格一致。

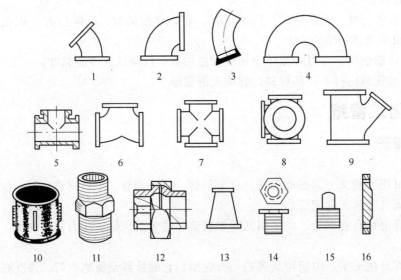

图1-14　常用管件

2. 阀门

为了对生产进行有效的控制，在操作时必须对管路中的流体流量和压强等进行适当的调节，或者开启和关闭，或者防止流体回流等。阀门就是用来实现这种操作的装置。阀门通常用铸铁、铸钢、不锈钢以及合金钢等制成，有的阀门阀芯与阀座用不同材料制成。化工生产中比较常用的有以下几种：

（1）截止阀　也称球心阀，如图1-15所示。其关键零件是阀体内的阀座和底盘，通过手轮使阀杆上下移动，可以改变阀盘与阀座之间的距离，从而达到开启、切断以及调节流量的目的。

截止阀的特点是严密可靠，可以准确地调节流量，但对流体的阻力比较大，常用于蒸汽、压缩空气、真空管路以及一般流体的管路中，但不能使用于带有固体颗粒和黏度较大的介质。安装截止阀时，应保证流体从阀盘的下部向上流动，即下进上出。否则，在流体压强较大的情况下难以打开。

（2）闸（板）阀　如图1-16所示，闸阀相当于在管道中插入一块和管径相等的闸门，闸门通过手轮来进行升降，从而达到启闭管路的目的。

闸阀的体型较大，造价较高，制造维修都比较困难，但全开时对流体的阻力小，常用于开启和切断，一般不用来调节流量的大小，也不适用于含有固体颗粒的料液。

（3）旋塞　如图1-17所示。旋塞是用来调节流体流量的阀门中最简单的一种，工厂中通常称之为"考克"。它的主要部件是一个全空心铸件。中间插入一个锥形旋塞，旋塞的中间有一个通孔，并可以在阀体内自由旋转，当旋塞的孔正对着阀体的进口时，流体就从旋塞中通过；当它旋转90°时，其孔完全被阀门挡住，流体则不能通过而完全切断。

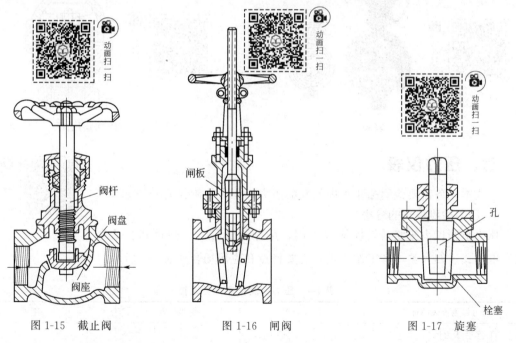

图1-15　截止阀　　　　图1-16　闸阀　　　　图1-17　旋塞

旋塞的优点是结构简单，启闭迅速，全开时对流体阻力小，可适用于带固体颗粒的流体。其缺点是不能精密地调节流量，旋转时比较费劲，不适用于口径较大、压力较高或温度较低的场合。

（4）球阀　如图1-18所示，球阀的阀瓣为一中间有通道的球体，球体环绕自己的轴心作90°旋转以实现开闭，有快速开闭的特点。

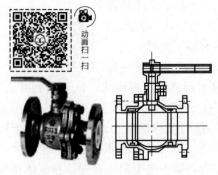

动画扫一扫

图 1-18 球阀

球阀一般用于需要快速启闭或要求阻力小的场合，可用于水、汽油等介质，也适用于浆液和黏性流体。

（5）蝶阀　如图 1-19 所示。蝶阀的启闭件是一个圆盘形的阀板，在阀体内绕自身的轴线旋转，从而达到启闭或调节阀门开度的目的。蝶阀的阀杆和阀板本身没有自锁能力，为了阀板的定位，在阀门开闭的手轮、涡轮蜗杆或执行机构上需加有定位装置，使阀板在任何开度可定住，还能改善蝶阀的操作特性。

在人们传统的观念中蝶阀只能用于常温、低压和不重要的介质，认为它不能严密切断，随着现代工艺技术和材料工业的不断发展，蝶阀的应用范围已远远超出过去的范围，几乎可以取代传统的闸阀、截止阀、旋塞阀和球阀，适用于气体、油等介质的工艺过程和输水管道。

蝶阀与比较常用的闸阀、截止阀和球阀相比，其重量大约只是它们的 1/3，高度约是它们的 1/2。因此在口径相同的情况下，蝶阀可以节省原材料。

除此以外，还有用来控制流体只能朝一个方向流动，并能自动启闭的止回阀（又名单向阀），如图 1-20 所示。随着化工生产的发展，新工艺、新设备不断出现，对管件与阀件的要求也越来越高，一些新型阀件不断出现，可参见生产厂家产品样本。

动画扫一扫　　　　　　　　　　　　　　　　　　　动画扫一扫

图 1-19 蝶阀　　　　　　　　　　　　　　　图 1-20 升降式止回阀

七、压力仪表

动画扫一扫

完成本任务需要检测酯化釜中氮气的压力，压力检测仪表介绍如下。

1. 压力检测仪表的分类

压力检测仪表按照其转换原理不同，可分为液柱式、弹性式、活塞式和电气式这四大类，其工作原理、主要特点和应用场合如表 1-4 所示。

表 1-4　压力检测仪表分类比较

压力检测仪表的种类		检测原理	主要特点	用　途
液柱式压力计	U 形管压力计	液体静力平衡原理（被测压力与一定高度的工作液体产生的重力相平衡）	结构简单、价格低廉、精度较高、使用方便，但测量范围较窄，玻璃易碎	适用于低微静压测量，高精确度者可用作基准器
	单管压力计			
	倾斜管压力计			
	补偿微压计			
	自动液柱式压力计			

压力检测仪表的种类			检测原理	主要特点	用　途
弹性式压力计	弹簧管压力表		弹性元件弹性变形原理	结构简单、牢固,实用方便、价格低廉	用于高、中、低压的测量,应用十分广泛
	波纹管压力表			具有弹簧管压力表的特点,有的因波纹管位移较大,可制成自动记录型	用于测量 400kPa 以下的压力
	膜片压力表			除具有弹簧管压力表的特点外,还能测量黏度较大的液体压力	用于测量低压
	膜盒压力表			用于低压或微压测量,其他特点同弹簧管压力表	用于测量低压或微压
活塞式压力计	单活塞式压力表		液体静力平衡原理	比较复杂和贵重	用于做基准仪器,校验压力表或实现精密测量
	双活塞式压力表				
电气式压力表	压力传感器	应变式压力传感器	导体或半导体的应变效应原理	能将压力转换成电量,并进行远距离传送	用于控制室集中显示、控制
		霍尔式压力传感器	导体或半导体的霍尔效应原理		
	压力(差压)变送器	力矩平衡式变送器	力矩平衡原理	能将压力转换成统一标准电信号,并进行远距离传送	

2. 弹簧管压力检测仪表

测量压力的仪表有多种,化工生产中最常见的是弹簧管压力表。

弹簧管压力表品种规格繁多,测压范围宽,测量精度较高,仪表刻度均匀,坚固耐用,应用广泛。

其结构如图 1-21 所示。被测压力由接头 9 通入,迫使弹簧管 1 的自由端 B 向右上方扩张。自由端 B 的弹性变形位移通过拉杆 2 使扇形齿轮 3 作逆时针偏转,带动中心齿轮 4 作顺时针偏转,使其与中心齿轮同轴的指针 5 也作顺时针偏转,从而在面板 6 的刻度标尺上显示出被测压力 p 的数值。由于自由端的位移与被测压力呈线性关系,所以弹簧管压力表的刻度标尺为均匀分度。

应用中要注意弹簧管的材料应随被测介质的性质、被测压力的高低而改变。一般在 $p < 20MPa$(约 200kgf/cm^2)时,采用磷铜;$p > 20MPa$ 时,则选用不锈钢或合金钢。但是,在选用压力表时,必须注意被测介质的化学性质。一般在仪表的外壳上用表 1-5 所列的色标来标注。

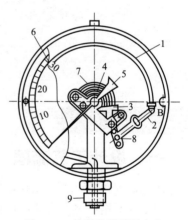

图 1-21　单圈弹簧管压力表
1—弹簧管;2—拉杆;3—扇形齿轮;
4—中心齿轮;5—指针;6—面板;
7—游丝;8—调整螺钉;9—接头

表 1-5　弹簧压力表色标

被测介质	氧气	氢气	氨气	氯气	乙炔	可燃气体	惰性气体或液体
色标颜色	天蓝	深绿	黄色	褐色	白色	红色	黑色

3. 压力表的安装

(1) 测压点的选择　测压点选择的好坏,直接影响到测量效果。测压点必须能反映被测压力的真实情况。一般选择与被测介质呈直线流动的管段部分，且使取压点与流动方向垂直；测液体压力时，取压点应在管道下部；测气体压力时，取压点应在管道上方。

（2）导压管的铺设　导压管粗细要合适，在铺设时应便于压力表的保养和信号传递。在取压口到仪表之间应加装切断阀。当遇到被测介质易冷凝或冻结时，必须加保温板热管线。

（3）压力表的安装　压力表安装时，应便于观察和维修，尽量避免振动和高温影响。应根据具体情况，采取相应的防护措施，如图 1-22 所示。压力表在连接处应根据实际情况加装密封垫片。

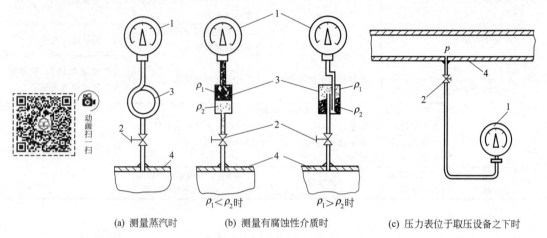

(a) 测量蒸汽时　　　(b) 测量有腐蚀性介质时　　　(c) 压力表位于取压设备之下时

图 1-22　压力表安装示意图

1—压力表；2—切断阀；3—凝液罐或隔离罐；4—取压设备

ρ_1，ρ_2—隔离液和被测介质的密度

任务实施

一、设计工艺流程

工艺流程须符合以下原则：

科学性原则——符合液体压力输送原理：将气体的压力施加在液体表面，使被输送液体获得压力，通过管道流向压力低的容器。

完整性原则——整个流程包含压缩性气体供应流程，液体物料排出流程，尾气放空系统。

安全、环保原则——本输送任务是利用压缩气体的压力进行输送的，应采取技术措施，防止压力过高造成的安全隐患；对于易燃液体，应防止静电积聚而发生爆炸起火危险；易挥发性液体，应采取防止环境污染的技术措施。

便于操作控制原则——应设置必要的检测仪表，检测、指示操作过程及结果；正确选用操作、控制阀门。

二、确定输送管路

1. 计算管径

用连续性方程式估算管径，由 $V_s = uS = u\dfrac{\pi}{4}d^2 = \dfrac{G_s}{\rho}$ 得：

$$d=\sqrt{\frac{4V_s}{\pi u}}=\sqrt{\frac{4G_s}{\pi u\rho}} \tag{1-33}$$

式中符号意义同前。

2. 确定流速

化工厂中，化工管路的投资要占化工生产总投资的很大一部分比例。从上式看出，选用较大的管流速，所需管径小些，则投资费用就可减少，但流体阻力较大，输送流体的动力消耗增大，即操作费用增大。可见，管路的基建投资费用与动力消耗是互相矛盾的。因此，最适宜的管流速应能使每年分摊的基建投资折旧费与操作费用之和为最小。另外，有机液体在流动时易产生静电，当输送闪点较低的易燃液体时，流速须控制在安全流速内，如甲醇、乙醇、汽油≤3m/s，苯、乙醚、二硫化碳≤1m/s。工业上一般流体的适宜流速范围参见表1-6。

表1-6　某些流体在管路中的常用流速范围

流体的类别及情况	流速范围/(m/s)	流体的类别及情况	流速范围/(m/s)
自来水(300kPa 左右)	1~1.5	高压空气	15~25
水及低黏度流体(100~1000kPa)	1.5~3	一般气体(常压)	10~20
高黏度流体	0.5~1	鼓风机吸入管	10~15
工业供水(800kPa 以下)	1.5~3	鼓风机排出管	15~20
锅炉供水(800kPa 以下)	>3	离心泵吸入管(水一类液体)	1.5~2
饱和蒸汽	20~40	离心泵排出管(水一类液体)	2.5~3
过热蒸汽	30~50	往复泵吸入管(水一类液体)	0.75~1
蛇管或螺旋管的冷却水低压空气	<1	往复泵排出管(水一类液体)	1~2
低压空气	12~15	真空操作下的气体	<10

必须指出：由式(1-33)计算所得的管径，不一定是工业上所生产的管子规格。因此，还应按照标准规格进行套级选用，见附录。选用时还需考虑流体的腐蚀性及压力等。

3. 选择管子

表示管子规格的方式一般有两种。

(1) 公称直径 DN　铸铁管、水煤气管的规格用公称直径 DN 表示。铸铁管的公称直径 DN 表示的是管内径，例如 DN 100 的铸铁管：其外径是 118mm，壁厚 9mm，内径为 100mm；水煤气管的公称直径 DN（或 Φ）既不表示内径，也不表示外径，例如 DN 50（$\Phi 2''$）的水煤气管，其外径为 60mm，普通级壁厚为 3.5mm，内径为 53mm。因此，使用时应注意。

(2) Φ 外径壁厚　无缝钢管等一些管子的壁厚变化较大，故不宜采用公称直径法。因此，一般采用 Φ 外径×壁厚表示法。例如：$\Phi 108 \times 4$ 的无缝钢管，其外径为 108mm，壁厚为 4mm，内径为 100mm。

例1-14　有如例 1-14 附图所示的输液系统。设泵的吸入管内径为 100mm，流速为 1m/s；泵的压出管内径为 50mm，设从管端 A 点分出两个支管至用户，其中第一支管的流量为第二支管的两倍，两支管的流速均为 3m/s，试求泵压出管内的流速及两支管的计算直径。若用无缝钢管输送该当液体，试选用合适的管子。

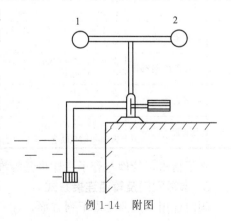

例 1-14　附图

解 题中流体的流动系统属于稳定流动。

① 求压出管内流体流速 $u_出$：

根据式(1-21b) 得：

$$u_出 = \frac{d_入^2}{d_出^2} u_入 = \frac{0.1^2}{0.05^2} \times 1 = 4 \ (\text{m/s})$$

② 求两分支管的计算直径及选管　由式(1-21c) 得：

$$u_出 \times \frac{\pi}{4} d_出^2 \rho = u_1 \times \frac{\pi}{4} d_1^2 \rho + u_2 \times \frac{\pi}{4} d_2^2 \rho$$

又根据题意得：

$$u_1 \times \frac{\pi}{4} d_1^2 = 2 \times u_2 \times \frac{\pi}{4} d_2^2 \ \text{及} \ u_1 = u_2 = 3 \ (\text{m/s})$$

以上三式联立得出：

$$u_出 \ d_出^2 = 9 d_2^2$$

所以：$d_2 = \sqrt{\dfrac{u_出}{9}} \cdot d_出 = \sqrt{\dfrac{4}{9}} \times 50 = 33 \ (\text{mm})$

则：$d_1 = \sqrt{2} \times d_2 = \sqrt{2} \times 33 = 47 \ (\text{mm})$

根据计算直径 33mm 和 47mm，查附录十二得：选用 $\Phi38 \times 2.5$ 和 $\Phi57 \times 3.5$ 规格的无缝钢管。

4. 选择管材

如前所述，化工生产中管材分为金属与非金属管道，金属管道又分为钢管、铸铁管、有色金属管。对于金属管道，一般以介质对管材的腐蚀速率作为选用材料的基准：腐蚀率在 0.005mm/a 以下，可以充分使用；腐蚀率在 0.005～0.05mm/a，可以使用；腐蚀率在 0.05～0.5mm/a，尽量不要使用；腐蚀率在 0.5～1mm/a 以上，不使用。

对于非金属管道，主要根据管材是否会与所接触物质溶胀溶解，管材能否承受工作温度、工作压力下的强度要求进行选择。表1-7 列出部分非金属硬管的常用规格、材料及适用条件，可供适用时参考。

表 1-7　非金属硬管常用规格、材料与适用条件

序号	名称	常用规格/mm	材料	适用温度/℃	适用压力/MPa	适用介质及用途
1	搪瓷管	直径 40～165 长 500～6000	10 号钢搪瓷	0～150	< 0.3	盐酸、氯化氢、氯气、乙醇、醋酸等
2	玻璃管	直径 32×3.5～144×9 长 1000～3000	玻璃	0～150	< 0.3	盐酸、氯化氢、氯气、乙醇、醋酸等
3	硬聚氯乙烯管	直径 12.5×2.25～218×8 长 400	硬聚氯乙烯	−15～60	轻型< 0.6 重型< 1.0	真空管线，排气管，酸性下水管和蒸馏水管
4	耐酸酚醛塑料管	直径 33～500(内径) 长 500～2000	酚醛树脂石棉	< 130	< 0.2	酸性液体和气体
5	酚醛石墨压型管	直径 32～100 长 1000～8000	酚醛树脂石墨			热交换器
6	陶瓷管	直径 20～40(内径) 长 300～1000	陶瓷	0～100	< 0.1	酸性与碱性下水管，酸性介质管

必须指出，管件与管子一样也是标准化、系列化的。选用时必须注意和管子规格一致。

5. 选择阀门及管道连接方式

阀门选用一般要考虑下列方面。

（1）阀门功能　选用阀门时考虑的第一点是阀门的功能——此阀门是用于切断还是需要调节流量。若只是切断用，则还需考虑是否有快速切断的要求，阀门是否必须关得很严。阀门都有它适用的场合和特性，要根据功能来选用合适的阀门。

（2）输送流体的性质　阀门是用于控制流体的，而流体的性质有各种各样的，如液体、气体、蒸汽、浆液、悬浮液、黏稠液等等；有的流体还带有固体颗粒、粉尘、化学物质等等。因此，在选用阀门时，先要了解流体的性质，如流体中是否含有固体悬浮物，液态流动时是否可能产生汽化，在哪儿汽化，气态流动时是否会液化，在哪儿液化，流体的腐蚀性如何。考虑流体的腐蚀性时要注意几种物质的混合物的腐蚀性与单一组成时往往是完全不同的。

表1-8提供了有关管材、连接方式、配备阀门的选择情况，这是工程上大量实践经验的总结，可供我们应用时参考。

表1-8　管道的材料、连接方式以及阀门的选择

流体名称	管道材料	操作压力/MPa	垫圈材料	连接方式	阀门形式		阀门材料
					支管	主管	
上水	黑铁管	0.1～0.3	橡胶、石棉橡胶板等	<3in 螺纹 >3in 法兰	<3in 球芯阀 >3in 闸阀	闸阀	铁体铜芯、铁体橡胶芯
清下水	黑铁管	0.1～0.3	橡胶、石棉橡胶板等	<3in 螺纹 >3in 法兰	<3in 球芯阀 >3in 闸阀	闸阀	铁体铜芯、铁体橡胶芯
生产污水	黑铁管、铸铁管	常压	橡胶、石棉橡胶板或由污水性质定	承插、法兰焊接	旋塞		根据污水性质定
热水	黑铁管	0.1～0.3	嵌布橡胶	螺纹、法兰、焊接	球芯阀	闸阀	铁体铜芯或全铜
热回水	黑铁管	0.1～0.3	嵌布橡胶	螺纹、法兰、焊接	球芯阀	闸阀	铁体铜芯或全铜
自来水	白铁管	0.1～0.3	橡胶、石棉橡胶板等	螺纹	球芯阀	闸阀	铁体铜芯或全铜
冷凝水	黑铁管	0.1～0.8	红纸箔	法兰、焊接	球芯阀、旋塞		铁体铜芯或全铜
蒸馏水	硬聚氯乙烯	0.1～0.3	橡胶、石棉橡胶板等	法兰	球芯阀		硬聚氯乙烯
	玻璃	0.1～0.3	橡胶、石棉橡胶板等	法兰、焊接	旋塞		玻璃
蒸汽	<3in 黑铁管 >3in 无缝钢管	0.1～0.6	石棉橡胶板	法兰、焊接	球芯阀	闸阀	铁体铜芯或全铜
压缩空气	1.0MPa 水煤气管 1.0MPa 无缝钢管	0.1～1.5	嵌布橡胶	法兰焊接	闸阀、球芯阀	闸阀	铁体铜芯或全铜
惰性气体	黑铁管	0.1～1.0	嵌布橡胶	法兰、焊接	球芯阀	闸阀	铁体铜芯或全铜
真空	黑铁管或硬聚氯乙烯管	真空	红纸箔	法兰、焊接	球芯阀	球芯阀	铁体铜芯或全铜或聚氯乙烯
排气	黑铁管或硬聚氯乙烯管	常压	红纸箔	法兰、焊接	球芯阀、旋塞	球芯阀	铁体铜芯或全铜或聚氯乙烯
盐水	黑铁管	0.3～0.5	石棉橡胶板	法兰、焊接	球芯阀		铁体铜芯
回盐水	黑铁管	0.3～0.5	石棉橡胶板	法兰、焊接	球芯阀		铁体铜芯

续表

流体名称	管道材料	操作压力/MPa	垫圈材料	连接方式	阀门形式		阀门材料
					支管	主管	
酸性下水	陶瓷管、衬胶管、硬聚氯乙烯管	常压	红纸箔	承插、法兰	球芯阀、旋塞		陶瓷衬胶陶瓷
碱性下水	黑铁管、铸铁管	常压	红纸箔	承插、法兰	球芯阀、旋塞		铁体铜芯

注：1in＝2.54cm。

三、确定氮气最小压力

利用伯努利方程可以很容易计算出氮气的压力，计算过程与例 1-15 类似。

例1-15 对甲苯磺酸生产磺化工段用压缩空气将 98％ 的硫酸压到常压操作的反应器中，如例 1-15 附图所示。每批压送 0.5m³，要求 15min 内压送完毕。管道为 1in 的水煤气管，硫酸槽液面到反应器进口管的位差为 2.5m，设管路所有阻力损失为 10J/kg。试求开始压送时需压缩空气的表压。

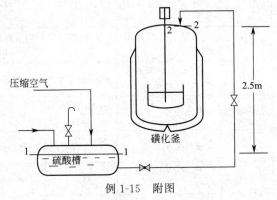

例 1-15 附图

解 查附录九得：常温下 98％ 硫酸的密度为 $\rho=1836kg/m^3$；1in 的水煤气管，其管内径为 $d_i=0.027m$。

① 取 1-1 和 2-2 截面，并以 1-1 截面为基准水平面。

② 列出伯努利方程式：$z_1+\dfrac{p_1}{\rho g}+\dfrac{u_1^2}{2g}+H_e=z_2+\dfrac{p_2}{\rho g}+\dfrac{u_2^2}{2g}+h_f$

③ 列已知条件：$z_1=0$ $z_2=2.5m$

$p_1=?$ $p_2=0$（基准一致——表压）

$u_1\approx0$ $u_2=\dfrac{0.5}{\pi/4\times0.027^2\times900}=1m/s$

$H_e=0$ $h_f=\dfrac{10}{9.81}=1.02m$

④ 代入求解得：$p_1=64299.8$（Pa）$=64.3$（kPa）

答：完成压送任务的最小压力为 64.3kPa（表压）。

四、计算氮气消耗量

压料操作中氮气的消耗量，根据操作要求选择下列公式进行计算。

1. 设备中液体在一次压料中全部压完时氮气的消耗量的计量

折算成 $1.01\times10^5\ Pa$ 的氮气体积：

一次操作（m^3/一次操作）

$$V_a = \frac{V_A(1-\varphi)+V_1}{1.01\times10^5}p$$

每昼夜（m^3/d）

$$V_c = \frac{V_A p\alpha}{1.01\times10^5}$$

每小时（m^3/h）

$$V_h = \frac{V_a}{\tau}$$

式中　V_A——设备的容积，m^3；

　　　φ——装料系数；

　　　V_1——每次压送液体体积，m^3；

　　　p——氮气在设备内建立的压力，Pa；

　　　α——每昼夜压送次数；

　　　τ——每次压送时间。

2. 设备内液体每次仅压送一部分时氮气消耗量的计算

一次操作（m^3/一次操作）　　$V_a = \dfrac{V_A(2-\varphi)+V_1}{2\times1.01\times10^5}p$

每昼夜（m^3/d）　　　　　　　$V_c = V_a\alpha$

每小时（m^3/h）　　　　　　　$V_h = \dfrac{V_a}{\tau}$

五、压料操作要点

（1）开车前准备

① 检查酯化釜、缩聚釜压力表是否正常。

② 检查酯化釜、缩聚釜阀门是否正常。

③ 检查氮气缓冲罐压力表读数是否符合工艺要求。

④ 检查相关管路、阀门是否正常。

（2）开车

① 打开缩聚釜放空阀，打开进料阀。

② 打开酯化釜出料阀。

③ 缓慢开启氮气缓冲罐氮气出口阀。

（3）正常操作　观察酯化釜出料速率，调节氮气出口阀开度，使得酯化釜压力表在正常范围内，进行压料。

（4）停车

① 关闭缩聚釜进料阀。

② 关闭酯化釜出料阀。

③ 关闭氮气出口阀。

④ 打开酯化釜放空阀。

（5）不正常现象及处理方法

不正常现象	原因及处理方法
酯化釜压力表读数无法调节正常	(1)氮气缓冲罐压力不够。更换氮气钢瓶 (2)压力表坏。更换压力表 (3)酯化釜放空阀未关闭。全关酯化釜放空阀
酯化釜有压力,但无法压料,或压料慢	(1)酯化釜出料阀未开。全开 (2)缩聚釜进料阀未开。全开 (3)缩聚釜放空阀未开。开启 (4)催化剂过滤器堵塞。关闭氮气出口阀、酯化釜出料阀,打开酯化釜放空阀,清理催化剂过滤器
酯化釜有压力,但压料慢	催化剂过滤器堵塞。关闭氮气出口阀、酯化釜出料阀,打开酯化釜放空阀,清理催化剂过滤器

技术评估

一、工艺流程

根据压力输送原理设计的完整工艺流程：压缩气体从气体缓冲罐进入液体储罐上部，液体通过管道被输入接受罐，接受罐排出空气，使液体不断送入接受罐中。

应采取的安全、环保措施：对于挥发性液体，接受罐的放空尾气应采用可靠、合理的技术处理（可参考，江苏省化工行业废气污染防治技术规范），防止环境污染。对于易燃液体，接受罐放空管应设阻火器，进入接受罐应防止液体喷溅，产生大量静电，进而放电发生爆炸起火。为避免操作压力过高，液体储罐上应设置泄压系统。为了指示、测量操作压力，液体储罐应设压力表，压缩气体缓冲罐或气体管道设压力表，储罐液位计应能耐一定压力，不应采用玻璃管液位计。

二、操作控制

为精确控制操作，在进气管路上应选用调节阀，通过控制压缩气体的流量，从而控制液体流速；可以根据液体储罐的压力自控压缩气体的流量，从而自控液体流量；可以根据接受罐的液位，自动调节或切断液体进料量。

三、输送管路

选择适宜的流速是正确计算管径的关键，宜根据《化工工艺设计手册》选择合适的流速；对于易燃液体流速应小于安全流速，安全流速可根据现行的 SH/T 3035《石油化工工艺装置管径选择导则》、GB 50074《石油库设计规范》、GB 13348《液体石油产品静电安全规程》、GB 50316《工业金属管道设计规范》等技术规范规程选择。计算出管径后应进行圆整。

选用金属管材应根据输送液体对材料的腐蚀速率进行选择，腐蚀速率与材料选用的关系如表 1-9。

表 1-9　腐蚀速率与材料选用的关系

选用	可充分使用	可以使用	尽量不用	不用
年腐蚀速率/(mm/a)	<0.005	0.05~0.005	0.5~0.05	>0.5
腐蚀程度	不腐蚀	轻腐蚀	腐蚀	重腐蚀
腐蚀裕量/mm	0	>1.5	>3	>5~6

常用金属材料的腐蚀速率可查阅《腐蚀数据手册》，也可以参考《管材和管件选用手册》所列的使用经验进行选择。

选用非金属管道应考虑使用条件下材料的刚度和强度，对于有机非金属材料还应考虑输送液体对所选材料是否会溶解、溶胀。非金属管道不得用于有剧烈振动和剧烈循环的场合，不得用于输送可燃、毒性危害程度为极度或高度危害的介质，具体参考现行 SH/T 3161《石油化工非金属管道技术规范》。

管道安装要求按现行 GB 50316《工业金属管道设计规范》、GB 50235《工业金属管道工程施工规范》、GB 50184《工业金属管道工程施工质量验收规范》提出要求。

四、工艺参数

正确计算所需最小工作压力，管路阻力应包括液体流通管路的所有阻力，包括管道阻力、管件阻力、工作设施的阻力。根据压送物料的体积，以及压送工艺条件，正确计算氮气消耗量。

五、操作规程

结合学校实训装置编制操作规程，参考《危险化学品岗位安全生产操作规程编写导则》（DB37/T 2401）编写，至少须包含以下内容：

① 岗位任务；

② 生产工艺：工艺原理、工艺流程、主要设备；

③ 工艺控制指标：原料指标、工艺参数指标、操作质量指标；

④ 操作步骤：开车准备、开车、运行、正常停车、生产异常现象及处理措施。

在实训装置上实操验证操作规程的合理性、可行性、安全性。实操应规范、精心、精细，应文明操作。

技术应用与知识拓展

一、压力容器分类

压力容器是化工生产中常用的容器，按厚度可以分为薄壁容器和厚壁容器。所谓厚壁与薄壁并不是按容器厚度的大小来划分，而是一种相对概念，通常根据容器外径 D 与内径 D_i 的比值 K 来判断，$K>1.2$ 为厚壁容器，$K\leqslant1.2$ 为薄壁容器。工程实际中的压力容器大多为薄壁容器。这些容器中有一些容器壳体内部压力高于外部压力，称为内压容器；而一些容器壳体内部压力低于外部压力，称为外压容器。

化工生产中使用的许多反应器、分离器、换热设备、储运容器等壳体均属内压容器，而如石油分馏中的减压蒸馏塔、真空储罐及带有蒸汽加热夹套的反应釜等均属外压容器。为了合理、安全使用这些压力容器，化工工艺技术人员需要了解内压容器的强度、外压容器的稳定性。必要时化工机械专业人员须对压力容器各部分进行应力计算与强度校核。

（一）按压力等级分

内压容器可按设计压力大小分为四个压力等级，具体划分如下：

低压（代号 L）容器　　　　　$0.1\text{MPa}\leqslant p<1.6\text{MPa}$

中压（代号 M）容器　　　　　$1.6\text{MPa}\leqslant p<10.0\text{MPa}$

高压（代号 H）容器　　　　　　　　$10\text{MPa} \leqslant p < 100\text{MPa}$

超高压（代号 U）容器　　　　　　　$p \geqslant 100\text{MPa}$

外压容器中，当容器的内压小于一个绝对大气压（约 0.1MPa）时又称为真空容器。

（二）按安全技术管理分

上面所述的几种分类方法不能综合反映压力容器面临的整体危害水平。例如储存易燃或毒性程度中度及以上危害介质的压力容器，其危害性要比相同几何尺寸、储存毒性程度轻度或非易燃介质的压力容器大得多。压力容器的危害性还与其设计压力 p 和全容积 V 的乘积有关，pV 值越大，则容器破裂时爆炸能量越大，危害性也越大，对容器的设计、制造、检验、使用和管理的要求越高。为此，《压力容器安全技术监察规程》采用既考虑容器压力与容积乘积大小，又考虑介质危害程度以及容器品种的综合分类方法，有利于安全技术监督和管理。该方法将压力容器分为三类。

(1) 第三类压力容器　具有下列情况之一的为第三类压力容器。

① 高压容器；

② 中压容器（仅限毒性程度为极度和高度危害介质）；

③ 中压储存容器（仅限易燃或毒性程度为中度危害介质，且 pV 乘积大于等于 $10\text{MPa} \cdot \text{m}^3$）；

④ 中压反应容器（仅限易燃或毒性程度为中度危害介质，且 pV 乘积大于等于 $0.5\text{MPa} \cdot \text{m}^3$）；

⑤ 低压容器（仅限毒性程度为极度和高度危害介质，且 pV 乘积大于等于 $0.2\text{MPa} \cdot \text{m}^3$）；

⑥ 高压、中压管壳式余热锅炉；

⑦ 中压搪玻璃压力容器；

⑧ 使用强度级别较高（指相应标准中抗拉强度规定值下限大于等于 540MPa）的材料制造的压力容器；

⑨ 移动式压力容器，包括铁路罐车（介质为液化气体、低温液体）、罐式汽车［液化气体运输（半挂）车、低温液体运输（半挂）车、永久气体运输（半挂）车］和罐式集装箱（介质为液化气体、低温液体）等；

⑩ 球形储罐（容积大于等于 50m^3）；

⑪ 低温液体储存容器（容积大于 5m^3）。

(2) 第二类压力容器　具有下列情况之一的为第二类压力容器。

① 中压容器；

② 低压容器（仅限毒性程度为极度和高度危害介质）；

③ 低压反应容器和低压储存容器（仅限易燃介质或毒性程度为中度危害介质）；

④ 低压管壳式余热锅炉；

⑤ 低压搪玻璃压力容器。

(3) 第一类压力容器　除上述规定以外的低压容器为第一类压力容器。

上述压力容器分类方法综合考虑了设计压力、几何容积、材料强度、应用场合和介质危害程度等影响因素，分类方法比较科学合理。

二、内压容器的强度

大量的容器破坏试验结果表明：由塑性较好的材料制成的容器，从开始承受压力到发生爆破，大致经历弹性变形阶段、屈服阶段及强化与爆破三个阶段。为了防止内压圆筒和球壳产生失效甚至破坏，弹性失效观点认为：壳体内壁的金属纤维超过该材料的实际屈服点（即丧失弹性进入塑性）时，就认为该容器已经失效而不能使用。从弹性失效观点出发，内压容器的强度应满足：内压圆筒和球壳薄壁的拉应力不高于设计温度下制成容器后的钢板的许用应力。

承受内压作用的圆筒体和球形壳体是压力容器的基本组成部分，是最主要的压力容器强度元件。因为薄壁容器的厚度远小于筒体的直径，可认为在圆筒内部压力作用下，筒壁内只产生拉应力，不产生弯曲应力，且这些拉应力沿厚度均匀分布，如图1-23所示，σ_t为环向应力，σ_z为轴向应力。通过应力分析（可查看化工设备有关书籍），薄壁圆筒受内压时，环向应力是轴向应力的两倍。因此，在筒体上开椭圆孔，应使其短轴

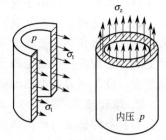

图1-23　圆筒应力状态

与筒体的轴线平行，以尽量减少开孔对纵截面的削弱程度，使环向应力不致增加很多。筒体的纵向焊缝受力大于环向焊缝，施焊时应予以注意。

分析圆筒和球壳薄壁的应力，在满足内压容器强度且条件相同时，球壳的壁厚约为圆筒壁厚的一半。例如内压为0.5MPa、容积为5000m³的容器，若为圆筒形，其用材量是球形的1.8倍；而且在相同容积下，球体的表面积比圆柱体的表面积小。所以，目前在化工、石油、冶金等工业中，许多大容量储罐都采用球形容器。但因球形容器制造比较复杂，所以，通常直径小于3m的容器仍为圆筒形。

压力容器在制成或经检修以后，在交付使用以前，需按图样规定进行高于工作压力条件的压力试验或增加气密性试验。

内压容器的压力试验有两种：液压试验和气压试验。

试验压力：

液压试验　　　　　　　　　　　　　　$p_T = 1.25p$

气压试验　　　　　　　　　　　　　　$p_T = 1.15p$

式中　p_T——试验压力，MPa；

　　　p——设计压力，MPa。

具体试验方式参见国家有关压力容器压力试验规定。

三、压力容器安全附件

压力容器是在一定的操作压力和操作温度下运行的，容器的壳体及附件也是依据操作压力和操作温度进行设计和选择的。一旦出现操作压力和操作温度偏离正常值较大而又得不到合适的处理，将可能导致安全事故的发生。为了保证化工容器的安全运行，必须装设测量操作压力、操作温度的监测装置以及遇到异常工况时保证容器安全的装置。这些统称为化工容器安全装置。容器安全装置分为泄压装置和参数监测装置两类。泄压装置包括安全阀、爆破膜等，参数监测装置有压力表、测温仪表等，在后面相关任务中介绍。下面介绍安全阀、爆破膜。

1. 安全阀

为了确保操作安全，在重要的化工容器上装设安全阀。常用的弹簧式安全阀如图1-24所示，它是由阀座、阀头、顶杆、弹簧、调节螺栓等零件组成的，靠弹簧力将阀头与阀座紧闭，当容器内的压力升高，作用在阀头上的力超过弹簧力时，则阀头上移使安全阀自动开启，泄放超压气体使器内压力降低，从而保护了化工容器。当器内压力降低到安全值时，弹簧力又使安全阀自动关闭。拧动安全阀上的调节螺栓，可以改变弹簧力的大小，从而控制安全阀的开启压力。为了避免安全阀不必要的泄放，通常预定的安全阀开启压力应略高于化工

容器的工作压力，取小于等于 1.1～1.05 倍的工作压力。

对于安全阀，因控制其阀瓣开启的弹簧必须克服其惯性，从一种平衡状态变化到另一种被压缩的平衡状态，就需要一定的时间，如果在克服惯性所需的时间内，压力上升已达到较严重的超压程度，则安全阀尚未发挥作用容器已经失效。通常化学反应失控会产生较快的升压速度，故此时容器上的安全装置应采用爆破膜装置。

2. 爆破膜

当容器内盛装易燃易爆的物料，或者因物料的黏度高、腐蚀性强、容易聚合、结晶等，使安全阀不能可靠地工作时，应当装设爆破膜。爆破膜是一片金属或非金属的薄片，由夹持器夹紧在法兰中（图 1-25），当容器内的压力超过最大工作压力，达到爆破膜的爆破压力时，爆破膜破裂使器内气体迅速泄放，从而保护了化工容器。爆破膜的爆破迅速，惰性小，结构简单，价格便宜，但爆破后必须停止生产，更换爆破膜后才能继续操作。因此，预定的爆破压力要比最大工作压力高一些。

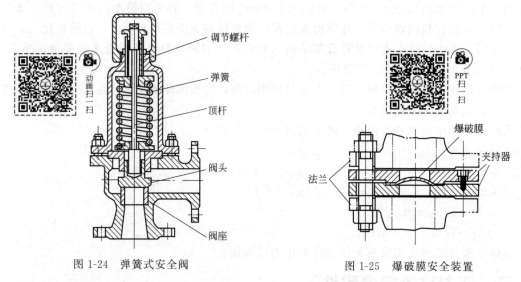

图 1-24　弹簧式安全阀　　　　　　　　图 1-25　爆破膜安全装置

爆破膜装置被法兰压紧后，膜片和夹持器之间的密封程度能达到一般法兰连接的密封状态，可满足工业生产的密封要求。相比之下安全阀的阀瓣和阀座之间的密封状况往往不尽如人意。爆破膜安全装置的动作与介质的状态无关，对于有少量固体结晶或黏性液体粘在爆破片上面不会影响爆破片的爆破压力，如果这些介质粘在安全阀的阀瓣-阀座密封面上，则有可能严重影响其开启压力。

此外，爆破片还具有爆破压力、爆破温度、泄放面积适用范围幅度大，耐腐蚀性能好，爆破压力精度高，结构简单、安装方便等优点。但爆破片也存在只能使用一次的缺点，且一旦破裂，将有近 90% 的介质泄出，经济上损失巨大，因此，在管理上要求需定期更换爆破膜片。为了减少泄放时物料的损失，可以将爆破片装置和安全阀组合配置。为了防止爆破片因轻微腐蚀或因疲劳而提前破裂，操作被迫中断从而影响设定的更换周期，可以将两个爆破片串联配置。

爆破膜材料有金属材料和非金属材料。常用的金属材料有纯铝、纯银、纯镍、奥氏体不锈钢、蒙乃尔（Monel）合金及因康镍（Inconel）合金等。其他还有纯钛、纯钽、纯钯、海氏合金（Hastelloy）等。非金属膜片材料有石墨和石棉板等。材料选择恰当是保证爆破膜爆破压力精度的关键之一，而材料的均匀程度、稳定的物理性能与力学性能、耐温性能及抗腐蚀性能等是选择爆破膜的原则。

任务二　真空抽料输送技术与操作

精细化工产品生产中，涉及的液体原料品种常常较多，批量又较少，对于这种情况，工业上常采用真空抽料，将料液从桶中抽到高位槽中。为了能使料液正常抽上，满足生产要求，需要估算真空度。

任务情景

某医药中间体需要在高位槽抽入吡啶，生产要求高位槽一次抽入 150kg，在 10min 内完成输送。高位槽进口管距车间地坪 4.8m，料桶放置在地坪，料管深入离桶底 0.1m，为完成输送任务，完成下列任务要求。

工作任务

1. 设计工艺流程。
2. 确定输送管路。
3. 确定需要真空度。
4. 计算抽气量。
5. 编制操作要点。

技术理论与必备知识

本任务所涉及的仍然是液体物料输送，与任务一不同的是输送推动力压差产生的原因不同，本任务的压差是在输送一端造成真空，而另一端为常压，由此造成压差，因此，输送过程仍符合流体力学原理，遵循伯努利方程，相关技术理论已在任务一介绍了，不再重复。

完成本任务相关的真空系统知识在项目二中介绍。

任务实施

一、设计工艺流程

工艺流程须符合以下原则。

（1）科学性原则　符合真空抽吸输送原理：接受罐内形成负压，液体储罐内维持常压，液体储罐与接受罐产生压差，液体被储罐上方的压力压入接受罐。

（2）完整性原则　整个流程包含真空系统、接受罐、液体储罐、液体物料排出管路、接受罐破真空系统及尾气处理系统（对于易挥发液体）以及液体储罐进气管路。

（3）安全、环保原则　抽吸过程中接受罐内是负压状态，任务完成后需破真空；同时，液体储罐须补充气体维持常压。若易燃液体的温度高于闪点，应采取措施防止在接受罐、液体储罐内形成爆炸性混合气体。应采取措施避免液体储罐成为外压容器，失稳吸瘪。

对于易挥发液体，接受罐内负压会造成液体蒸发量增大，液体蒸气进入真空系统，应采取措施防止液体蒸气污染真空泵工作介质，还应设置尾气处理系统，防止大气污染。

（4）便于操作控制原则　应设置必要的检测仪表，检测、指示操作过程及结果；正确选用操作调节阀门。

二、确定输送管路

1．计算管径

仍采用本项目任务一中计算管径的方法，即采用连续性方程式 $V_s = uS = u \times \dfrac{\pi}{4} d^2 = \dfrac{G_s}{\rho}$ 计算管径：

$$d = \sqrt{\frac{4V_s}{\pi u}} = \sqrt{\frac{4G_s}{\pi u \rho}}$$

2．确定流速 u

本项目任务一中表 1-6 给出了工业上常见流体的输送流速，在计算管径时可以选择，需要指出的是，由于真空吸料的最大压差为一个大气压，因此，宜选择较小的流速，以减小液体在管内的流动阻力。

三、确定需要的真空度

如前所述，本任务仍遵循伯努利方程，利用伯努利方程可以很容易计算所需最小真空度，计算过程与例 1-16 类似。

▶ **例1-16** 实训车间将低位槽的水用抽真空的方法抽到高位槽中去。如例 1-16 附图所示。每批抽 $0.3m^3$，要求 10min 内抽完。水的温度为 20℃，管道为 1in 的水煤气管，两槽液面初始位差为 2.5m，直管总长约 6m，管路中有 90°标准弯头 5 个，三通（当弯头用）3 个，球阀（全开）3 个，转子流量计 1 个（$\zeta = 2.5$），闸阀（半开）1 个。试求开始抽送时的最小真空度。

解　查表取水的密度 $\rho = 1000kg/m^3$，黏度 $\mu = 10^{-3} Pa \cdot s$

本题的解题工具为伯努利方程式。取 1-1 和 2-2 截面，并以 1-1 截面为基准水平面。列伯努利方程：

$$z_1 + \frac{p_1}{\rho g} + \frac{u_1^2}{2g} + H_e = z_2 + \frac{p_2}{\rho g} + \frac{u_2^2}{2g} + h_f;$$

$z_1 = 0$　　　$z_2 = 2.5m$

$p_1 = 0$　　　$p_2 = ?$（表压）

$u_1 = 0$　　　$u_2 = 0$

$H_e = 0$　　　$h_f = $ 待求

管路中水的流速：$u = \dfrac{0.3}{10 \times 60 \times \dfrac{\pi}{4} \times 0.027^2} = 0.874$（m/s）

$$Re = \frac{du\rho}{\mu} = \frac{0.027 \times 0.874 \times 1000}{10^{-3}} = 23598 \text{（湍流）}$$

查表 1-2 取水煤气管（有缝钢管）的绝对粗糙度为 $\varepsilon = 0.4mm$，则 $\dfrac{\varepsilon}{d} = \dfrac{0.4}{27} = 0.015$

查图 1-11 得 $\lambda = 0.046$

查表 1-3 得：

容器入管口	$\zeta=0.5$
90°标准弯头	$\zeta=0.75$

球阀（全开）	$\zeta=6.4$
闸阀（半开）	$\zeta=4.5$
三通	$\zeta=1.3$
管子入设备	$\zeta=1.0$

$$\sum \zeta=0.5+0.75\times5+6.4\times3+4.5\times1.3\times3+2.5+1.0=35.35$$

$$h_f=\left(0.046\times\frac{6}{0.027}+35.35\right)\times\frac{0.874}{2\times9.81}=1.77\ (m)$$

代入伯努利方程式求得：

$$\frac{p_2}{\rho g}=-2.5-1.77=-4.3\ (m)$$

$$p_2=-42183\ (Pa)=-42.2\ (kPa)$$

即将水抽到高位槽中去所需最小真空度为 42.2kPa

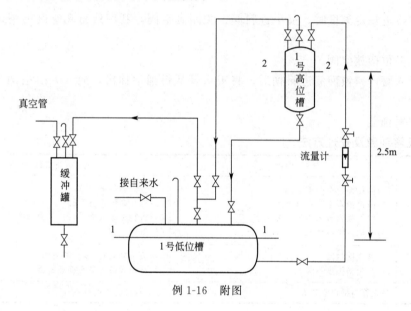

例 1-16 附图

四、计算抽气量

从系统中抽气量按操作过程，选择下列公式计算：

一次操作（m³/一次操作）　　$V_a=V_A\left(-\ln\dfrac{p_k}{1.01\times10^5}\right)$

每昼夜操作（m³/d）　　　　　$V_c=V_a\alpha$

每小时操作（m³/h）　　　　　$V_h=\dfrac{V_a}{\tau}$

式中　V_A——设备的容积，m³；

$\quad\quad p_k$——设备中剩余压力，Pa；

$\quad\quad \alpha$——每昼夜压送次数；

τ——每次抽料时间。

五、真空抽料操作要点

1. 开车前准备

① 检查吡啶料桶是否在指定位置。

② 检查吡啶高位槽阀门是否在正常位置。

③ 检查真空系统是否运行正常。

④ 将料液吸入管插入料桶底部，并检查吸入管与桶口是否留有足够空隙，若不够大，打开桶盖上透气孔盖。

2. 开车

① 关闭高位槽放空管阀门，缓慢打开高位槽真空阀。

② 缓慢打开高位槽进料阀，吸入料液。

3. 正常操作

观察高位槽进料情况，调节进料阀开度进行正常吸料。

4. 停车

① 液位接近规定刻度时，关小进料阀、关闭真空阀，利用残留真空度将剩余料液吸入高位槽。

② 打开高位槽放空阀。

③ 等吸入管内料液回流进料桶后，将吸入管从料桶中抽出，放入另一空桶中，以免滴漏造成污染。

④ 关闭料桶盖。

5. 不正常现象及处理方法

不正常现象	原因	处理方法
抽不上料液	(1)高位槽放空阀未关闭 (2)高位槽真空阀未打开 (3)料液吸入管未插入液面以下 (4)料桶内料液已抽完	(1)全关高位槽放空阀 (2)打开高位槽真空阀 (3)将料液吸入管尽量插入料桶底部 (4)更换
高位槽变形	(1)真空度过高 (2)高位槽强度不够	(1)关小真空阀,微开放空阀 (2)通知设备人员更换或补强
料桶吸瘪	吸入管与桶口空隙太小	打开料桶另外的放气孔

技术评估

一、工艺流程

根据真空抽吸输送原理设计的完整工艺流程：真空系统将接受罐中的空气抽出，接受罐内形成负压，液体储罐设放空，以保持储罐内压力为常压，使液体不断被吸入接受罐中。

应采取的安全、环保措施：对于易挥发液体，接受罐内的负压会造成液体大量蒸发，液体蒸气进入真空系统，污染真空工作介质，系统真空度下降，最终排入大气，污染环境，应有防止液体蒸气大量进入真空系统的技术措施。接受罐应设破真空设施，对于工作温度高于燃点的易燃液体应采用惰性气体破真空。为了指示、测量操作压力，液体储罐应设压力表，防止误操作使得储罐成为外压容器失稳吸瘪。

二、操作控制

为精确控制操作，接受罐破真空管道上应选用调节阀，通过控制进气量调节接受罐的真空度，从而控制液体流速。真空抽料稳定控制流速难度较大，一般不自控，若生产中要求自控，可以根据接受罐的真空度自控破真空进气阀的开度，从而自控液体流量。

三、输送管路

输送液体管径的计算、管材的选用、管道的安装等与压力输送的要求相同，由于真空抽料稳定控制流速难度较大，输送的推动力最大 0.1MPa，计算液体管道管径时宜选择较低的流速。

四、工艺参数

接受罐的真空度是抽吸液体的推动力，其值应大于输送过程的最大液柱压力和液体管路阻力之和，管路阻力应包括液体流通管路的所有阻力，包括管道阻力、管件阻力、工作设施的阻力。根据工艺要求、设备和管路特性，计算抽气速率，正确计算抽气量。

五、编写操作规程

结合学校实训装置编制操作规程，参考《危险化学品岗位安全生产操作规程编写导则》（DB37/T 2401）编写，至少须包含以下内容：

① 岗位任务；

② 生产工艺：工艺原理、工艺流程、主要设备；

③ 工艺控制指标：原料指标、工艺参数指标、操作质量指标；

④ 操作步骤：开车准备、开车、运行、正常停车、生产异常现象及处理措施。

在实训装置上实操验证操作规程的合理性、可行性、安全性，实操应规范、精心、精细，应文明操作。

技术应用与知识拓展

完成本任务时，高位槽是在真空条件下工作的，工作时内部压力小于外部的大气压力，这类容器称为外压容器。

一、外压容器的稳定性

在化工生产中处于外压条件下操作的容器、设备很多，如石油分馏中的减压蒸馏塔、真空储罐及带有蒸汽加热夹套的反应釜等。

容器受外压作用后，在器壁内产生应力，与内压容器不同的是，这个应力不是拉应力而是压应力，其值与承受相同压力值的内压容器壁内的拉应力相等。当这个压应力达到材料的屈服极限或强度极限时，将同内压容器一样引起破坏。然而这种情况是很少见的，常常是在外压容器壁内的压应力远远没有达到材料的强度极限时（有时为屈服极限），圆筒就失去了它原来的形状，产生压扁或褶皱（压瘪）现象。这种在外压作用下，圆筒体失去原来形状而被压瘪的现象称为外压容器（圆筒）的失稳。外压容器的稳定性失效往往是主要的。因此保证外压容器的稳定性是外压容器能够正常操作的必要条件。

外压容器的筒壁所承受的外压未达到某一临界值以前，增加外压并不引起筒体形状的改变；而当外压一旦增大到某一临界值时，筒体的形状就发生了突变，圆形的筒体被压成椭圆形或出现波形。导致外压圆筒失稳的最小压力称为该外压圆筒的临界压力，用 p_{cr} 表示。当容器的外压力低于临界压力时，壳体亦能发生变形，但压力解除后壳体立即恢复其原来的形状；当外压力大于或等于临界压力时，壳体所产生的变形是永久变形，即使工作外压卸除后壳体亦不能恢复原来的形状。

由此，对于外压容器，其失效形式有两种：

① 一种是因强度不够而破裂；

② 另一种是因刚度不够而失稳。

二、影响临界压力的因素

影响临界压力的因素主要是筒体尺寸，此外材料性能、质量及圆筒形状、精度等对临界压力也有一定的影响。

①圆筒失稳时，筒壁材料环向"纤维"受到了弯曲。显然，增强筒壁抵抗弯曲的能力可提高临界压力。在其他条件相同的情况下，筒壁 δ_e 越厚，圆筒外直径 D_o 越小，即筒壁的 δ_e/D_o 越大，筒壁抵抗弯曲的能力越强，圆筒的临界压力 p_{cr} 越高。

② 封头的刚性较筒体高，圆筒承受外压时，封头对筒壁能够起到一定的支撑作用。这种支撑作用的效果将随着圆筒几何长度的增长而减弱。因而，在其他条件相同的情况下，筒体短者临界压力 p_{cr} 高。

③ 当圆筒长度超过某一极限值后，封头对筒壁中部的支撑作用将全部消失，这种得不到封头支撑作用的圆筒叫长圆筒；反之，叫短圆筒。显然，当两类圆筒的 δ_e/D_o 相同时，长圆筒的临界压力 p_{cr} 将低于短圆筒。为了在不变动圆筒几何长度的条件下，将长圆筒变为短圆筒，以便提高它的临界压力值，可在筒体外边（或内壁）焊上一至数个加强圈。只要加强圈有足够大的刚性，可以同样对筒壁起到支撑作用，从而使原来得不到封头支撑作用的筒壁得到了加强圈的支撑。

④ 圆筒的失稳不是由强度不足引起的，而是取决于刚度。材料弹性模量 E 值越大，则刚度越大，材料抵抗变形的能力越强，因而其临界压力也就越高。但是由于各种钢的 E 值相差不大，以选用高强度钢代替一般碳钢制造容器，并不能提高筒体的临界压力，反而提高了容器的成本。

⑤ 材料的组织不均匀和圆筒形状不精确都导致临界压力数值的降低。我国规定外压容器筒体的初始椭圆度（最大直径与最小直径差）不能超过公称直径的 0.5%，且不大于 25mm。

三、加强圈

如果在设计外压圆筒时，计算得到的许用压力小于工作压力，则可用增加厚度或缩短圆筒计算长度的方法解决。在圆筒的外部或内部设置加强圈可以减小圆筒的计算长度（见图 1-26），此方法往往比增加圆筒厚度所消耗的材料为省，且可减轻筒体重量。如果筒体是用不锈钢或其他贵重金属制成的，则在容器筒体的外部设置碳钢制的加强圈很有经济意义。

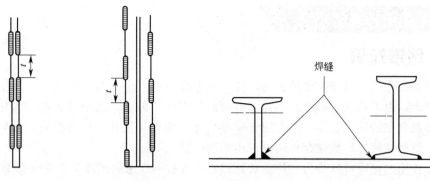

图 1-26 加强圈与圆筒的连接

加强圈应具有足够大的刚性，可用扁钢、角钢、工字钢等型钢制成。加强圈与圆筒之间可采用连续的或间断的焊接，当加强圈设置在容器外面时，加强圈每侧间断焊接的总长，应不少于圆筒外圆周长的 1/2，当设置在容器里面时，应不少于圆筒内圆周长的 1/3。

四、外压容器的压力试验

外压容器压力试验的试验介质、温度和试验方法等其他要求与内压容器的压力试验相同。

任务三　液体动力输送技术与操作

化工生产大多数是连续性的，对于需要连续输送的液体物料，其输送方式采用的是动力输送技术，借助输送机械直接施加于液体动能或静压能来输送液体。

任务情景

某化工公司以丙烯酸、甲醇为原料生产丙烯酸甲酯，年产 15000t 丙烯酸甲酯，年工作时间 300 天，连续性生产。丙烯酸年用量 13800t，企业采购周期为 10 天。原料丙烯酸从罐区储槽直接送至反应器的预热器，经预热后进入反应器进行反应，要求自动控制 1841.36kg/h 的输送流量，预热器设在车间二楼，预热器进口离地高 6.2m。管道经过管廊到达预热器，管廊离地面 5m，管道预计总长 60m，中间需设置 90°弯头 6 个，储罐离泵进口 7m。按下列要求完成原料丙烯酸的输送任务。

工作任务

1. 确定储罐形式。
2. 选择输送泵。
3. 确定流量控制方式。
4. 设计工艺流程。
5. 确定输送管路。
6. 确定输送泵型号。
7. 编制输送泵的操作要点。

技术理论与必备知识

一、储罐知识

化工单元操作的主要部件是静止的，称为化工静设备。这些静设备作用各不相同，形状结构差异很大，内部构件更是多种多样，但它们都有一个外壳，这个外壳统称为化工容器。储罐是一种最典型的化工容器，主要用于储存气体、液体、液化气体等介质，如氢气储罐、石油储罐、液氨储罐等；除储存作用外，还用作计量。

起储存作用的储罐可以是为工厂主装置起着承上启下作用的储罐和商业或物资供应部门的储罐。前者按用途可分为：原料罐、中间原料罐和成品罐。储罐将连续稳定地供给主装置所需的各种原料，承接主装置的主要产品，并连续稳定地供应进一步加工的下游产品或对外销售产品。储罐能在上、下装置之间起到缓冲作用，当主装置的下游装置出现事故或停车时，利用罐内储存的原料和储罐的储存能力，能使主装置不停车均衡地生产；反之，当主装置出现事故或停车时，也可以通过储罐的储存能力，保证下游装置维持连续生产。

起计量作用的储罐主要是用于液体的计量。可以是计量化学反应所需液体物料的计量罐（或称为高位槽）和液体成品销售时的计量罐；在商业销售中，当液体商品采用槽车运输时称重不方便，采用计量储罐方便易行。因此，储罐在石油、化工、能源、轻工、环保、制药及食品等行业应用非常广泛。

储罐一般由筒体、封头、支座、法兰及各种开孔接管组成，如图1-27所示。

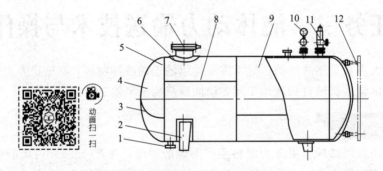

图 1-27 储罐的总体结构

1—法兰；2—支座；3—封头拼接焊缝；4—封头；5—环焊缝；6—补强圈；7—人孔；8—纵焊缝；
9—筒体；10—压力表；11—安全阀；12—液面计

(一)储罐分类

从不同的角度对储罐有各种不同的分类方法，常用的分类方法有以下几种。

1. 按几何形状分

按几何形状分为立式圆筒储罐、卧式圆筒储罐、球形储罐。

2. 按材料分

当容器由金属材料制成时叫金属容器；用非金属材料制成时，叫非金属容器。

3. 按压力等级分

按承压方式分类，储罐可分为内压容器与外压容器。

4. 按安全技术管理分

上面所述的几种分类方法不能综合反映压力容器面临的整体危害水平。例如储存易燃或毒性程度中度及以上危害介质的压力容器，其危害性要比相同几何尺寸、储存毒性程度轻度

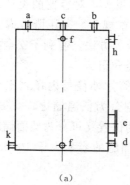

(a)

a—进口；b—备用口；c—排气口；d—出口；
e—人（手）孔；f—液位计口；h—溢流口；
k—放净口

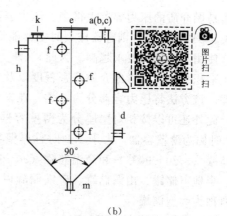

(b)

a—进口；b—备用口；c—排气口；d—出口；
e—人（手）孔；f—视镜；h—溢流口；
k—灯孔；m—放净口

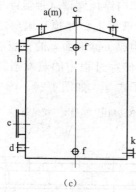

(c)

a—进口；b—备用口；c—排气口；d—出口；
e—人（手）孔；f—液位计口；h—溢流口；
k—放净口；m—回流口

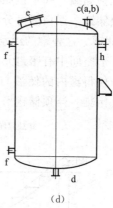

(d)

a—进口；b—备用口；c—排气口；d—出口；
e—人（手）孔；f—液位计口；h—溢流口

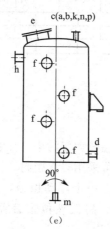

(e)

a—进口；b—备用口；c—排气口；d—出口；
e—人（手）孔；f—视镜；h—溢流口；k—灯孔；
m—放净口；n—压力计口；p—安全阀口

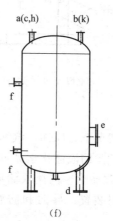

(f)

a—进口；b—备用口；c—排气口；d—出口；
e—人（手）孔；f—液位计口；h—安全阀口；
k—压力计口

图 1-28　立式固定顶储罐

或非易燃介质的压力容器大得多。压力容器的危害性还与其设计压力 p 和全容积 V 的乘积有关，pV 值越大，则容器破裂时爆炸能量越大，危害性也越大，对容器的设计、制造、检验、使用和管理的要求越高。为此，《压力容器安全技术监察规程》采用既考虑容器压力与容积乘积大小，又考虑介质危害程度以及容器品种的综合分类方法，有利于安全技术监督和管理。该方法将压力容器分为三类，在本项目任务一中已经介绍。

此外还可以按相对壁厚分为薄壁容器和厚壁容器，当筒体外径与内径之比小于或等于 1.2 时称为薄壁容器，大于 1.2 时称厚壁容器；可按温度划分为低温储罐（<−20℃）、常温储罐（−20～90℃）和高温储罐（90～250℃）；按所处的位置又可分为地面储罐、地下储罐、半地下储罐、山洞储罐、矿穴储罐以及海中储罐等。储罐的容积大于 1000m³ 以上时，习惯称为大型储罐。

(二)常用的储罐形式

1. 立式圆筒形储罐
立式圆筒形储罐按其罐顶结构可分为固定顶储罐和浮顶储罐两种类型。

（1）固定顶储罐　固定顶储罐是最常用的储罐，主要形式如图 1-28 所示。

（2）浮顶储罐　浮顶罐可分为浮顶储罐（外浮顶罐）和内浮顶储罐（带盖浮顶罐）。

① 浮顶储罐　这种罐的浮动顶（简称浮顶）漂浮在储液面上。浮顶与罐壁之间有一个环形空间，环形空间中有密封元件，浮顶与密封元件一起构成了储液面上的覆盖层，随着储液上下浮动，使得罐内的储液与大气完全隔开，减少储液储存过程中的蒸发损耗，保证安全，减少大气污染。浮顶储罐形式有双盘式、单盘式、浮子式等。如图 1-29、图 1-30 所示。

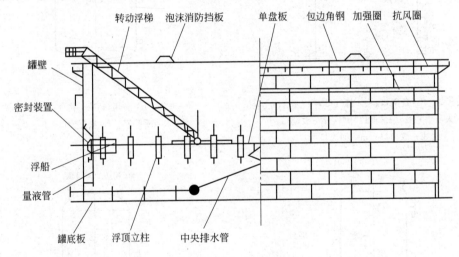

图 1-29　单盘式浮顶储罐

在一般情况下，原油、汽油、溶剂油以及需控制蒸发损耗及大气污染，控制放出不良气体，有着火危险的液体化学品可采用浮顶罐。浮顶罐按需要可采用二次密封。

② 内浮顶储罐　内浮顶储罐是在固定顶储罐内部再加上一个浮动顶盖，主要由罐体、内浮盘、密封装置、导向和防转装置、静电导线、通气孔、高低液位报警器等组成，如图 1-31 所示。

内浮顶储罐与浮顶储罐储液的收发过程相同。内浮顶储罐与固定顶储罐和浮顶储罐相比有许多优点：

a. 大量减少蒸发损耗。

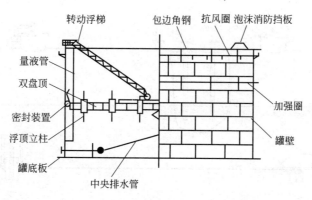

图 1-30　双盘式浮顶储罐

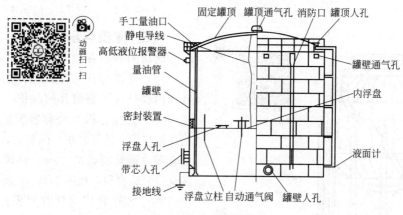

图 1-31　内浮顶储罐

b. 由于液面上有浮动顶覆盖，储液与空气隔离，减少空气污染和着火爆炸危险，易于保证储液质量，特别适用于储存高级汽油和喷气燃料以及有毒易污染的液体化学品。

c. 内浮顶罐的呼吸阀、阻火器等附件，投资少，经济效益高。

d. 因有固定顶，能有效地防止风沙、雨雪、粉尘污染储液，在各种气候条件下保证储液的质量，有"全天候储罐"之称。

e. 在密封效果相同情况下，与浮顶罐相比进一步降低蒸发损耗，这是由于固定顶盖的遮盖作用，使固定顶与内浮盘之间的气相层甚至比双盘式浮顶储罐有更为显著的隔热效果。

f. 内浮顶罐的内浮盘与浮顶罐的上部敞开不同，不可能有雨、雪荷载，内浮盘上荷载少、简单、轻便，可以省去浮盘上的中央排水管、浮梯等附件，易于施工和维护。密封部分的材料可避免日光照射而老化。

国内外内浮盘的材料除了碳钢和不锈钢外，还有铝合金板、硬泡沫塑料、各种复合材料等。内浮顶罐具有许多优点，应用范围越来越广，是一种很有发展前途的储罐。因此，内浮顶储罐可用来储存汽油、喷气燃料等易挥发性油品以及醛类（糠醛、乙醛）、醇类（甲醇、乙醇）、酮类（丙酮）、苯类（苯、甲苯、二甲苯、苯乙烯）等液体化学品。

2. 卧式圆筒形罐

卧式圆筒形罐适用于储存容量较小且需有一定压力的液体，如图 1-32 所示。

3. 圆球形罐

球形储罐适用于储存容量较大且压力较高的液体，如液氨、液化石油气、乙烯等。如图 1-33 所示。

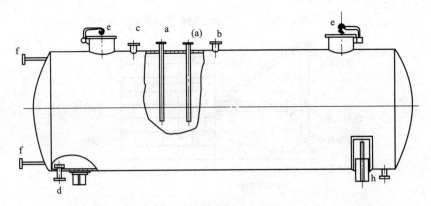

图 1-32　卧式圆筒形罐

a—进料口；b—备用口；c—放气口；d—出料口；e—人（手）孔；f—液位计口；h—放净口

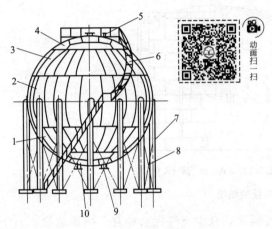

图 1-33　圆球形罐

1—下温带；2—赤道带；3—上温带；4—上极；
5—安全附件；6—梯子平台；7—支柱；
8—拉杆；9—接管、人孔；10—下极

(三) 储罐容积

储罐的容积有以下四种不同的含义。

（1）计算容积　计算容积是指按罐壁高度和内径计算的圆筒几何容积。

（2）公称容积　公称容积是指储罐的圆筒几何容积（计算容积）圆整后，以整数表示的容积，通常所说的 $100m^3$ 储罐、$1000m^3$ 储罐是指公称容积，如图 1-34(a) 所示。

（3）实际容积（储存容积）　实际容积是指储罐实际上可储存的最大容积。计算容积减去 A 部分的容积，便是实际容积，如图 1-34(b) 所示。

A 的取值根据储罐的形式和容积大小可在 $300\sim1100mm$ 范围内确定。

（4）操作容积（工作容积）　操作容积是指储罐液面上、下波动范围内的容积。实际容积减去 B 部分的容积，便是操作容积，如图 1-34(c) 所示。

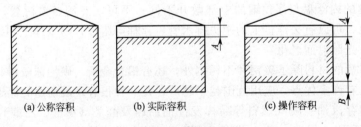

　　(a)公称容积　　　　(b)实际容积　　　　(c)操作容积

图 1-34　储罐容积

(四) 储罐附件

储罐为了进行正常的操作（工艺上的要求）、测试和维修（结构上的要求），往往要在封头或壳体上开孔。例如，为了控制操作过程，需要在容器上装设各种仪表（压力表、温度计、液位计、控制点等）；为了观察设备内部操作情况，需要安装视镜；为了正常操作，需

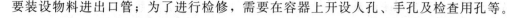

要装设物料进出口管；为了进行检修，需要在容器上开设人孔、手孔及检查用孔等。

二、流体输送机械

流体输送过程中，若在无外加能量的情况下，流体只能从高能状态向低能状态流动，利用流体的压差或液体的位差来克服流动的阻力，即实现流体的"自流"。然而，实际生产过程中流体从一处向另一处输送，往往需要提高其位置或增加其静压强，或克服管路沿途的阻力，这就需要向流体施加机械功，即向流体补加足够的机械能。向流体做功以提高流体机械能的装置就是流体输送机械。

化工生产中涉及的流体种类繁多、性质各异，对输送的要求也相差悬殊。为满足不同输送任务的要求，出现了多种形式的输送机械。

依据构造与作用原理可分为表 1-10 中的几种类型。

表 1-10　流体输送机械分类

类型		流体输送机械
动力式		离心泵、旋涡泵
容积式 （正位移式）	往复式	往复泵、计量泵、隔膜泵
	旋转式	齿轮泵、螺杆泵
流体作用式		喷射泵

化学工业的种类或制造过程的差异，导致化工泵所输送的液体的种类和性质不同。液体黏度有从蒸馏水、工业用水之类的液体到油脂工业等中的高黏度液体；温度有从 $-40 \sim 50℃$ 左右的盐水、液化石油气，到 $500℃$ 左右的热油或锡、铅等高温熔融金属。另一方面，涉及酸、碱、普通盐类、有机溶剂等，范围很广。此外，还有含微细颗粒的悬浮液，到造纸工业中构成两相流的浆料，其种类之多，难以计数。因此，必须选择结构和材料均适合的化工用泵。化工泵是化工生产中各种泵的总称。

（一）离心泵

离心泵是应用最广泛的液体输送机械，离心泵之所以能够被广泛地采用，因其具有以下优点：①结构简单，操作容易，便于调节和自控；②流量均匀，效率较高；③流量和扬程的适用范围较广；④适用于输送腐蚀性或含有悬浮物的液体。

1. 离心泵的类型

（1）清水泵　清水泵是化工生产中最常用的泵型，适宜输送清水或黏度与水相近、无腐蚀性以及无固体颗粒的液体。

清水泵中 IS 型、D 型、Sh 型几种最常用，其中以 IS 型泵最为先进，该类型泵是我国按国际标准（ISO）设计、研制的第一个新产品。它具有结构可靠、震动小、噪声小等显著特点，与我国过去生产的老产品（B 型或 BA 型）比较，其机械效率提高约 $3\% \sim 6\%$，是理想的节能产品。

IS 型泵结构如图 1-35 所示，它只有一个叶轮，从泵的一侧吸液，叶轮装在伸出轴承外的轴端处，如同伸出的手臂一样，故称为单级单吸悬臂式离心水泵。IS 型泵的全系列扬程范围为 8～98m，流量范围为 $4.5 \sim 360 \mathrm{m}^3/\mathrm{h}$。

若所要求的扬程较高而流量并不太大时，可采用多级泵，如图 1-36 所示。在一根轴上串联多个叶轮，从一个叶轮流出的液体通过泵壳内的导轮，引导液体改变流向，且将一部分动能转变为静压能，然后进入下一个叶轮的入口，因液体从几个叶轮中多次接受能量，故可达到较高的扬程。国产多级泵的系列代号为 D，称为 D 型离心泵。叶轮级数一般为 2~9 级，最多为 12 级。全系列扬程范围为 14~351m，流量范围为 10.8~850m³/h。

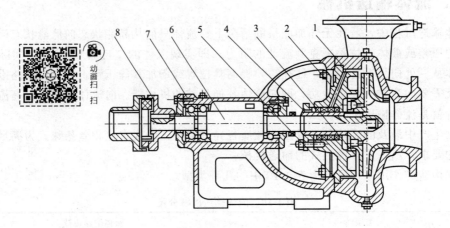

图 1-35　IS 型泵结构示意图

1—泵壳；2—叶轮；3—密封环；4—护轴套；5—后盖；6—泵轴；7—托架；8—联轴器部件

若输送液体的流量较大而所需的扬程并不高时，则可采用双吸泵。双吸泵的叶轮有两个吸入口，如图 1-37 所示。由于双吸泵叶轮的宽度与直径之比加大，且有两个入口，因此输液量较大。国产双吸泵的系列代号为 Sh，全系列扬程范围为 9~140m，流量范围为 120~12500m³/h。

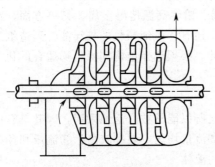

图 1-36　D 型泵示意图

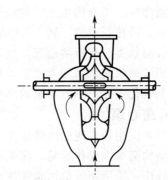

图 1-37　Sh 型泵示意图

（2）耐腐蚀泵　用来输送酸、碱等腐蚀性液体的离心泵应采用耐腐蚀泵，因为这些泵所输送的液体大多具有腐蚀性，在泵的结构和材料上，必须充分考虑耐腐蚀、耐磨损或维护等方面的问题。各种材料的耐腐蚀泵在结构上基本相同，多为容易操作的悬臂式单吸离心泵。耐腐蚀泵一是与腐蚀性液体接触的泵部件用耐腐蚀材料制成，二是密封要求高，由于填料本身被腐蚀的问题也很难彻底解决，所以耐腐蚀泵多采用机械密封装置。

我国生产的耐腐蚀泵系列代号为 F，后面的字母表示材料，材料的代号如表 1-11 所示。

表 1-11　耐腐蚀泵中与液体接触部件的材料代号

材料	1Cr18Ni9	Cr28	一号耐酸硅酸铸铁	高硅铁	HT20~40	耐碱铝铸铁
代号	B	E	1G	G15	H	J

材料	1Cr13	Cr18Ni12Mo2Ti	硬铝	铝铁青铜 9~4	工程塑料（聚三氟氯乙烯）
代号	L	M	Q	U	S

图 1-38 为 F 型不锈钢耐腐蚀泵结构图。泵采用了后开门的结构形式，具有检修方便，不需拆卸管线的特点。为了避免液体漏到托架上使之腐蚀，在轴封下部设有酸托盘。

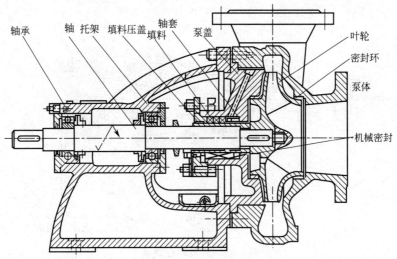

图 1-38　F 型不锈钢耐腐蚀泵结构图

F 型泵全系列的扬程范围为 15～105m，流量范围为 2～400m³/h。

长期以来 F 型泵是典型的耐腐蚀泵，现在又新开发了 IH 型泵，是 F 型耐腐蚀离心泵的节能、更新换代产品，比 F 型泵平均效率提高 5%，能满足化工流程中输送有腐蚀性、黏度类似于水的液体。泵输送介质的温度一般为－20～105℃。IH 泵的扬程为 5～125m，流量为 6.3～400m³/h。IH 型化工泵适应区域广泛，如化工、冶金、电力、造纸、食品、制药、合成纤维等工业部门，用于输送腐蚀性的或不允许污染的介质。

（3）油泵　油泵在炼油和石油化工等装置中广泛使用。由于油品挥发性强，又有易燃易爆性，有的油类还有腐蚀性，热油泵温度又比较高，因此对这类泵有些特殊要求：

① 对油泵的密封要求较严格，严防油品漏到泵外。为此，泵采用双端面机械密封，在输送管路上装有逆止阀，动力装置采用防爆或隔爆电机。

② 由于油品一般具有较强的挥发性，而且泵的排量一般均比较大，要求泵的抗汽蚀性能要好。因此单级泵的转速不宜过高，多级泵的第一级叶轮为双吸叶轮。有的还装有诱导轮，以提高泵的抗汽蚀性能。

③ 当输送 200℃以上的油品时，一般采用中心支承的方式，以防热变形不均。还要求对轴封装置和轴承等进行良好的冷却，故这些部件常装有冷却水夹套。

国产油泵的系列代号为 Y，称为 Y 型泵，有单吸和双吸、单级和多级（2～6 级）油泵，全系列的扬程范围为 60～603m，流量范围为 6.25～500m³/h。

图 1-39 为 Y 型离心油泵结构图。泵体为垂直剖分式，采用悬臂支撑，以适应温度变化时，泵能沿纵向自由变形。吸入口和排出口均朝上，有利于排出泵内蒸汽，改善汽蚀性能。密封部位有冷却水套，并设在泵盖上。对于热油泵，不仅托架冷却室应通冷却水，支架室也要通冷却水。泵在运转时要注意保温，只有当泵壳外表面的温度达到输送液体温度的 70% 后才能启动。Y 型泵常用弹性联轴节，有利于适应泵轴伸缩变化。

使用油泵的首要问题是由液体黏度引起的性能下降的问题。因此，使用最多的是不易因黏度而引起性能下降、结构简单的离心泵。但黏度更高时，因离心泵的输送有困难，要使用螺杆泵、齿轮泵或其他各种转子泵。

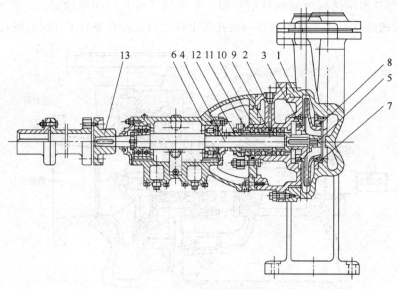

图 1-39 Y 型离心油泵

1—泵体；2—泵盖；3—叶轮；4—轴；5—叶轮螺母；6—托架结合部；7—泵体密封环；8—叶轮密封；
9—填料环；10—填料；11—中开填料压盖；12—轴套；13—弹性联轴器

（4）液下泵 图 1-40 为液下泵，又称潜液泵。它的泵体通常置于储槽液面以下，实际上是一种将泵轴伸长并竖直安置的离心泵。由于泵体浸在液体之内，因此对轴封的要求不高，适用于输送化工生产中比较贵重的，具有腐蚀性的料液，既节省了空间，又改善了操作环境，缺点是泵的机械效率不高。液下泵的结构形式有蜗壳式、螺桨式、透平式等多种，可单级，也可多级，视扬程和结构而定。

（5）磁力泵 磁力泵只有静密封而无动密封，用于输送液体时能保证一滴不漏。

磁力传动在离心泵上的应用与一切磁传动原理一样，是利用磁体能吸引铁磁物质以及磁体或磁场之间有磁力作用的特性，而非铁磁物质不影响或很少影响磁力的大小，因此可以无接触地透过非磁导体（隔离套）进行动力传输。

如图 1-41 所示的磁力泵为标准型结构，由泵体、叶轮、内磁钢、外磁钢、隔离套、泵内轴、泵外轴、滑动轴承、滚动轴承、联

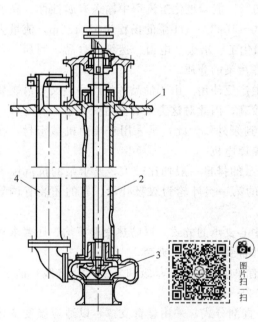

图 1-40 液下泵

1—安装平板；2—轴套管；3—泵体；
4—压出导管

轴器、电机、底座等组成（有些小型的磁力泵，将外磁钢与电机轴连在一起，省去泵外轴、滚动轴承和联轴器等部件）。

磁力泵的特点及应用如下：

① 由于传动轴不需穿入泵壳，因此从根本上消除了轴封的泄漏通道，实现了完全密封。

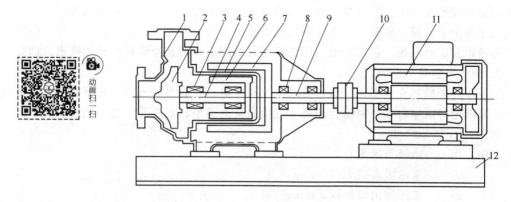

图 1-41 磁力泵结构示意图

1—泵体；2—叶轮；3—滑动轴承；4—泵内轴；5—隔离套；6—内磁钢；

7—外磁钢；8—滚动轴承；9—泵外轴；10—联轴器；11—电机；12—底座

② 传递动力时有过载保护作用。

③ 受到材料及磁性传动的限制，国内一般只用于输送 100℃ 以下、1.6MPa 以下的介质。由于隔离套材料的耐磨性一般较差，因此磁力泵一般输送不含固体颗粒的介质。

④ 磁力泵的效率比普通离心泵低；磁力泵的维护和检修工作量小。

磁力泵运用在不允许泄漏液体的输送上，尤其是在工业装置零排放要求日趋严格的形式下，备受青睐，与普通的机械密封或气体冲洗密封的密封型泵相比，磁力泵零部件较少，且无需密封液或气体冲洗系统。

（6）屏蔽泵 屏蔽泵属于离心式无密封泵，泵和驱动电机都被封闭在一个被泵送介质充满的压力容器内，此压力容器只有静密封。这种结构取消了传统离心泵具有的旋转轴密封装置，能做到完全无泄漏，如图 1-42 所示。

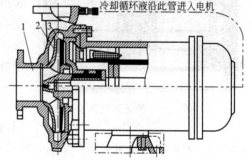

图 1-42 基本型屏蔽泵

1—吸入口；2—叶轮；3—集液室

屏蔽泵的特点如下：

① 由于泵壳与电动机连为一体，消除了泵轴与泵壳之间间隙泄漏问题，常用来输送一些对泄漏有严格要求的有毒有害液体。

② 利用被输送液体来润滑及冷却，去除了原有的润滑系统。

③ 泵轴与电动机轴合为一根，避免了原来易发生两轴对中不好而产生的振动问题。

④ 离心泵在运行时，要求流量高于最小连续流量。对屏蔽泵这点尤为重要，因为在小流量情况下，泵效率低且会导致发热，使流体蒸发而造成泵干转，引起滑动轴承的损坏。

（7）杂质泵 杂质泵（P 型泵）用于输送悬浮液及稠厚的浆液等，其系列代号为 P，又细分为污水泵 PW、砂泵 PS、泥浆泵 PN 等。对这类泵的要求是：不易被杂质堵塞、耐磨、容易拆洗。所以它的特点是叶轮流道宽，叶片数目少，常采用半闭式或开式叶轮。大多数杂质泵内带有保护套和衬板，以便磨损后更换。杂质泵由于流动损失较大，泵效率较低。

在化肥厂、碱厂、铝厂等工厂里，泵所输送的酸、碱药液中，含有大量的从数十目到数百目的固体颗粒。一般来讲，输送平均直径小于 0.3mm（84 目）的颗粒的泵，称为泥浆泵；输送大于这种颗粒的泵，称为砂泵。泵的形式，几乎都采用卧式单吸离心泵，有时也采用离心泵的变形无（单）叶片泵。污水泵特指输送污水的泵，一般应具有防缠绕、无堵塞的特点，主要用于宾馆、医院、住宅区的污水、废水、雨水的提升排送，污水处理厂的污染废水的排放以及市政工程、建筑工地、矿山等场合的废水，带悬浮颗粒及长纤维水的抽提。

2. 离心泵型号

工业生产中输送介质不同、输送要求不一样，离心泵有多种形式。在泵的产品目录或样本中，泵的型号由字母和数字组合而成，以代表泵的类型、规格等，现举例说明。

例如，IS 65-50-160

其中：IS——单级单吸离心水泵；

　　　 65——泵的吸入口内径，mm；

　　　 50——泵的排出口内径，mm；

　　　160——泵的叶轮直径，mm。

40FM1-26

其中：40——泵的吸入口直径，mm；

　　　 F——悬臂式耐腐蚀离心泵；

　　　 M——与液体接触部件的材料代号（M 表示铬镍钼钛合金钢）；

　　　 1——轴封类型代号（1 代表单端面密封）；

　　　26——泵的扬程，m。

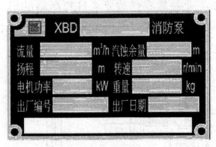

图 1-43　消防泵铭牌

3. 离心泵的主要性能参数与特性曲线

图 1-43 为一种消防泵的铭牌（消防泵是一种多级离心泵），标注了该泵的主要性能参数，便于人们正确地选择和使用。离心泵的主要性能参数有流量、扬程、轴功率、效率等，离心泵性能间的关系通常用特性曲线来表示。

（1）离心泵的主要性能参数

① 流量 Q　离心泵的流量是指离心泵在单位时间内排送到管路系统的液体体积，常用单位为 L/s 或 m^3/h。离心泵的流量与泵的结构、尺寸（主要指叶轮直径和宽度）及转速等有关。应予指出，离心泵总是和特定的管路相连接的，因此离心泵的实际流量还与管路特性有关。

② 扬程 H　离心泵的扬程又称压头，它是指离心泵对单位质量（1N）的液体所能提供的有效机械能量，其单位为 J/N 或 m（液柱）。其大小取决于泵的形式、规格（叶轮直径、叶片的弯曲程度等）、转速、流量以及液体的黏度。对于一定的离心泵，在一定转速下，H 和 Q 的关系目前尚不能从理论上作出精确的计算，一般均用实验的方法测定。

③ 效率 η　离心泵在输送液体的过程中，当外界能量通过叶轮传给液体时，不可避免地会有能量损失，即由原动机传递给泵轴的能量不能全部为液体所获得，致使泵的有效扬程和流量都较理论值为低，通常可以用泵的效率 η 来反映设备能量损失的大小。

离心泵的能量损失主要包括以下几项：

a. 容积损失　容积损失是指泵的液体泄漏所造成的损失。离心泵可能发生泄漏的地方很多，例如密封环、平衡孔及密封压盖。这样一部分已获得能量的高压液体通过这些部位被泄漏，致使泵排送到管路系统的液体流量少于吸入量，并多消耗了部分能量。容积损失主要与泵的结构及液体在泵的进、出口处的压力差有关。

b. 机械损失　由泵轴与轴承之间、泵轴与填料函之间以及叶轮盖板外表面与液体之间产生摩擦而引起的能量损失称为机械损失。

c. 水力损失　黏性液体流经叶轮通道和蜗壳时产生的摩擦阻力，以及在泵的局部处因流速或方向改变引起的环流和冲击而产生的局部阻力，统称为水力损失。这种损失使出泵的有效扬程低于理论扬程。水力损失与泵的结构、流量及液体的性质有关。

④ 轴功率 P　离心泵的轴功率是指泵所需的功率。当泵直接由电动机带动时，它即是电机带给泵轴的功率，单位为 J/s 或 W。离心泵的轴功率通常随设备的尺寸、流体的黏度、流量等的增大而增大，其值可用功率表等装置进行测量。

有效功率是指液体从叶轮获得的能量。由于存在以上三种能量损失，故轴功率必大于有效功率，即

$$\eta = \frac{P_e}{P} \times 100\% \tag{1-34}$$

式(1-34) 中的 P_e 为有效功率，指泵在单位时间内对液体所做的净功，单位为 J/s 或 W。

离心泵的有效功率 P_e 与泵的流量 Q 及扬程 H 之间的关系应满足下式：

$$P_e = \frac{QH\rho g}{3600} \tag{1-35}$$

$$\eta = \frac{QH\rho g}{3600P} \times 100\% \tag{1-36}$$

$$P = \frac{QH\rho g}{3600\eta} \times 100\% \tag{1-37}$$

(2) 离心泵的特性曲线　将实验测得的离心泵的流量 Q 与扬程 H、轴功率 P 及机械效率 η 间的关系，通过用特定的坐标系绘成一组关系曲线，称为离心泵的特性曲线或工作性能曲线。此曲线通常由泵的制造厂家提供并附于离心泵样本或说明书中，供用户选择和操作离心泵时参考。

离心泵的特性曲线由 H-Q、P-Q 及 η-Q 三条曲线所组成。

一种型号的离心泵的特性曲线与其转速有关，故一般测定的特性曲线上一定要标出泵的转速。

① H-Q 曲线　反映泵的扬程与流量间的关系。通常离心泵的扬程随流量的增大而下降（在流量极小时可能有例外）。

② P-Q 曲线　反映泵的轴功率与流量间的关系。离心泵的轴功率随流量的增大而上升，流量为零时轴功率最小。所以，在离心泵启动前应先关闭泵的出口阀门，以减小启动电流，达到保护电机的目的。

③ η-Q 曲线　反映泵的效率与流量间的关系。由图 1-44 可知，随着流量的不断增大，离心泵的效率将上升并达到一个最大值，此后流量再加大，离心泵的效率会下降。这说明在一定转速之下，离心泵存在一个最高效率点，通常称为设计点。离心泵在与最高效率点相对应的压头、流量下工作是最经济的。离心泵的铭牌上标明的参数指标就是该泵的最佳工况参数，即效率最高点对应的参数。在选用离心泵时，应使离心泵在该点附近工作（如图中波浪号所示的范围）。一般操作时效率应不低于最高效率的 92%。

4. 离心泵性能的主要影响因素

(1) 密度的影响　离心泵的扬程、流量、机械效率均与液体的密度无关，所以离心泵特性曲线中的 H-Q 及 η-Q 曲线保持不变。但泵的轴功率与输送液体的密度有关，随液体密度而改变。因此，当被输送液体的密度与水的不同时，原离心泵特性曲线中的 P-Q 曲线不再

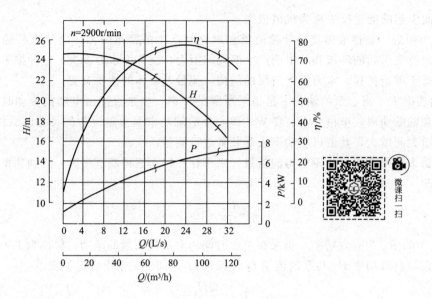

图 1-44 离心泵的特性曲线图

适用，此时泵的轴功率可按式（1-37）重新计算。

（2）黏度的影响 若被输送液体的黏度大于常温下清水的黏度，则泵体内部液体的能量损失增大，因此泵的扬程、流量都要减小，效率下降，而轴功率增大，亦即泵的特性曲线发生改变，对小型泵的影响尤为显著。当液体的运动黏度 γ（$\gamma = \mu/\rho$）大于 $2 \times 10^{-5} \, \mathrm{m^2/s}$ 时，需要参考有关手册予以校正。

（3）转速对离心泵特性的影响 离心泵的特性曲线都是在一定转速下测定的，但在实际使用时常遇到要改变转速的情况，此时泵的扬程、流量、效率和轴功率也随之改变。当液体的黏度与实验流体的黏度相差不大，且泵的机械效率可视为不变时，不同转速下泵的流量、扬程、轴功率与转速的近似关系为：

$$\frac{Q_1}{Q_2} = \frac{n_1}{n_2} ; \frac{H_1}{H_2} = \left(\frac{n_1}{n_2}\right)^2 ; \frac{P_1}{P_2} = \left(\frac{n_1}{n_2}\right)^3 \tag{1-38}$$

式中 Q_1、H_1、P_1——转速为 n_1 时，泵的流量、扬程、轴功率；

Q_2、H_2、P_2——转速为 n_2 时，泵的流量、扬程、轴功率。

式（1-38）称为离心泵的比例定律。当泵的转速变化在 $\pm 20\%$、泵的机械效率可视为不变时，用上式进行计算误差不大。

（4）叶轮直径对离心泵性能的影响 当泵的转速一定时，其扬程、流量与叶轮直径有关。对某一型号的离心泵，将其原叶轮的外周进行切削，该过程称为叶轮的"切割"。如果叶轮切削前后外径变化不超过 5% 且出口处的宽度基本不变，叶轮直径和泵的流量、扬程、轴功率之间的近似关系为：

$$\frac{Q_1}{Q_2} = \frac{D_1}{D_2} ; \frac{H_1}{H_2} = \left(\frac{D_1}{D_2}\right)^2 ; \frac{P_1}{P_2} = \left(\frac{D_1}{D_2}\right)^3 \tag{1-39}$$

式中 Q_1、H_1、P_1——叶轮直径为 D_1 时泵的流量、扬程、轴功率；

Q_2、H_2、P_2——叶轮直径为 D_2 时泵的流量、扬程、轴功率。

式（1-39）称为离心泵的切割定律。为方便用户的使用，通常离心泵的生产厂家以原叶轮为基准，按规范对叶轮分别进行 1~2 次切割，用 A 或 B 表示切割序号，以供用户选购。

微课扫一扫

5. 离心泵的工作点与流量调节

（1）管路特性曲线　安装于某管路中的一个固定转速的离心泵，其输液量应为管路中流体的流量，在此流量下离心泵所提供的压头应正好是液体在管道中流动所需要的压头。因此，离心泵的实际工作情况应该由离心泵的特性曲线和管路本身的特性共同决定。

如图 1-45 所示的 Q_e-H_e 曲线。这条曲线称为管路特性曲线，表示在特定管路系统中，于固定操作条件下，流体流经该管路时所需要的压头与流量的关系。此线的形状由管路布局与操作条件来确定，而与泵的性能无关。

（2）离心泵的工作点　离心泵安装于某一特定的管路之内，提供液体在管路中流动所必需的压头。如果把离心泵的特性曲线 Q-H 与其所在管路的特性曲线 Q_e-H_e 绘于同一坐标图上，如图 1-45 所示，两线交点 M 称为泵在该管路上的工作点。该点所对应的流量和压头既能满足管路系统的要求，又为离心泵所能提供，即 $Q=Q_e$，$H=H_e$。换言之，对所选定的离心泵，以一定转速在此特定管路系统运转时，只能在这一点工作。

（3）离心泵的流量调节　离心泵在指定的管路上工作时，由于生产任务发生变化，出现泵的工作流量与生产要求不相适应；或已选好的离心泵在特定的管路中运转时，所提供的流量不一定符合输送任务的要求。对于这两种情况，都需要对泵进行流量调节，实质上也就是要改变泵的工作点。由于离心泵的工作点为泵的特性和管路特性所决定，因此改变两种特性曲线之一均可达到调节流量的目的。

通过管路特性曲线的变化来改变工作点的调整方法是最为常用的一种方法。离心泵的出口管路上通常装有调节阀。改变阀门的开度，就会改变管路的局部阻力，从而使管路特性曲线发生变化，离心泵的工作点也随之发生变化。例如，当阀门关小时，管路的局部阻力加大，管路特性曲线变陡，如图 1-46 中曲线 I 所示。工作点由 M 点移至 A 点，流量由 Q_M 降到 Q_A。当阀门开大时，管路局部阻力减小，管路特性曲线变得平坦，如图中曲线 III 所示，工作点移至 B，流量加大到 Q_B。

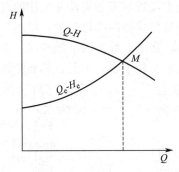

图 1-45　离心泵工作点的确定

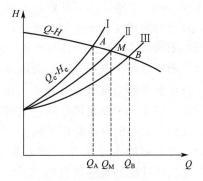

图 1-46　阀门开度对工作点的影响

6. 离心泵的并联和串联操作

在实际生产过程中，当单台离心泵不能满足输送任务要求时，可采用离心泵的并联或串联操作。

（1）离心泵的并联操作　将两台型号相同的离心泵并联操作，如图 1-47 所示，且各自的吸入管路相同，则两泵的流量和扬程必各自相同，也就是说具有相同的管路特性曲线和单台泵的特性曲线。在同一扬程下，两台并联泵的流量等于单台泵的两倍。但由于流量增大使管路流动阻力增加，因此两台泵并联后的总流量必低于原单台泵流量的两倍。

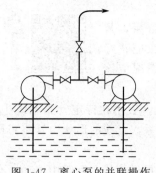

图 1-47　离心泵的并联操作

（2）**离心泵的串联操作**　将两台型号相同的泵串联操作，如图 1-48 所示，则每台泵的扬程和流量也是各自相同的，因此在同一流量下，两台串联泵的扬程为单台泵的两倍。同样扬程增大使管路流动阻力增加，两台泵串联操作的总扬程必低于单台泵扬程的两倍。

生产中究竟采用何种组合方式比较经济合理，则取决于管路特性。当管路特性随流量变化较小时，管路称为低阻管路；反之，则称为高阻管路。对于低阻管路，并联操作时流量的增幅要大些；对于高阻管路，串联操作时流量的增幅要大些。

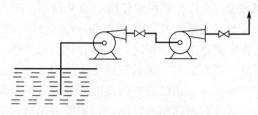

图 1-48　离心泵串联操作

7. 离心泵的工作原理和主要部件

动画扫一扫

（1）**离心泵的工作原理**　离心泵的装置简图如图 1-49 所示，它的基本部件是旋转的叶轮和固定的泵壳。具有若干弯曲叶片的叶轮安装在泵壳内并紧固于泵轴上，泵轴可由电动机带动旋转。泵壳中央的吸入口和吸入管路相连，在吸入管路底部装有底阀。泵壳旁侧的排出口与排出管路相连接，其上装有调节阀。

离心泵在启动前需向壳内灌满被输送的液体，启动后泵轴带动叶轮一起旋转，迫使叶片内的液体旋转，液体在离心力的作用下从叶轮中心被抛向外缘并获得能量，流速增大，一般可达 15～25m/s。液体离开叶轮进入泵壳后，由于泵壳中流道逐渐加宽而使液体的流速逐渐降低，部分动能转变为静压能。于是，具有较高压强的液体从泵的排出口进入排出管路，输送至所需的场所。当泵内液体从叶轮中心被抛向外缘时，在中心处形成了低压区。由于储槽液面上方的压强大于泵吸入口处的压强，致使液体被吸进叶轮中心。因此，只要叶轮不断地转动，液体便不断地被吸入和排出。由此可见，离心泵之所以能输送液体，主要是依靠高速旋转的叶轮。液体在离心力的作用下获得能量以提高压强。

（2）**离心泵的主要部件**　离心泵由两个主要部分构成：一是包括叶轮和泵轴的旋转部件；二是由泵壳、填料函和轴承组成的静止部件，但其中最主要的部件是叶轮和泵壳，下面分别简述其结构和作用。

① **叶轮**　叶轮是离心泵的关键部件，因为液体从叶轮获得了能量，或者说叶轮的作用是将原动机的机械能传给液体，使通过离心泵的液体静压能和动能均有所提高。

叶轮通常由 6～12 片后弯形叶片组成，按其机械结构可分为闭式、半闭式和敞开式三种，如图 1-50 所示。叶片两侧带有前、后盖板的称为闭式叶轮，它适用于输送清洁

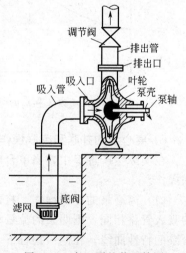

图 1-49　离心泵的装置简图

液体，一般离心泵多采用这种叶轮。没有前、后盖板，仅由叶片和轮毂组成的称为敞开式叶轮。只有后盖板的称为半闭式叶轮。敞开式和半闭式叶轮由于流道不易堵塞，适用于输送含有固体颗粒的液体悬浮液。但是由于没有盖板，液体在叶片间流动时易产生倒流，故这类泵的效率较低。

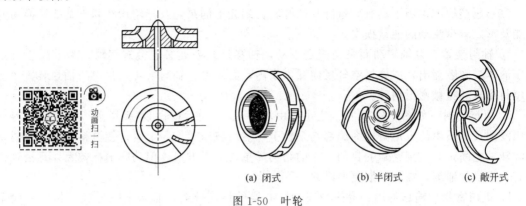

(a) 闭式　(b) 半闭式　(c) 敞开式

图 1-50　叶轮

　　闭式和半闭式叶轮在工作时，离开叶轮的一部分高压液体可漏入叶轮和泵壳之间的空隙处，因叶轮前侧液体吸入口处为低压，故液体作用于叶轮前、后两侧的压力不等，便产生了指向叶轮吸入口侧的轴向推力。该力使叶轮向吸入口侧窜动，引起叶轮和泵壳接触处的磨损，严重时造成泵的震动，破坏泵的正常工作。为了平衡轴向推力，最简单的方法是在叶轮后盖板上钻一些小孔。这些小孔称为平衡孔，如图 1-51（a）所示，它的作用是使后盖板与泵壳之间空隙中的一部分高压液体漏到前侧的低压区，以减少叶轮两

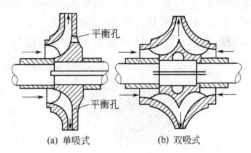

(a) 单吸式　(b) 双吸式

图 1-51　吸液方式

侧的压力差，从而平衡了部分轴向推力，但同时也会降低泵的效率。

　　叶轮按其吸液方式的不同还可以分为单吸式和双吸式两种，如图 1-51（a）、图 1-51（b）所示。单吸式叶轮的结构简单，液体只能从叶轮一侧被吸入。双吸式叶轮可同时从叶轮两侧对称地吸入液体。显然，双吸式叶轮不仅有较大的吸液能力，而且可基本上消除轴向推力。

　　② 泵壳　离心泵的泵壳通常制成蜗牛形，故又称为蜗壳，如图 1-52 所示。壳内有一界面逐渐扩大的流道，壳内的叶轮旋转方向与蜗壳内流道逐渐扩大的方向相一致。液体从叶轮外周高速流出，沿泵壳内通道流动，最终排出泵体。液体越接近出口，流道截面积越大，流速将逐渐降低，因此减少了流动能量的损失，且使部分动能转换为静压能。所以泵壳既是一

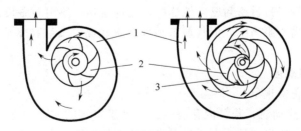

图 1-52　泵壳与导轮

1—泵壳；2—叶轮；3—导轮

个汇集由叶轮流出的液体的部件，又是一个转能装置。

为了减少液体直接进入泵壳内引起的能量损失，在叶轮与泵壳之间有时还装有一个固定不动而且带有叶片的导轮，如图1-52所示。导轮有若干逐渐转向和扩大的流道，使部分动能可转换为静压能，且可减少能量损失。

离心泵结构上采用了具有后弯叶片的叶轮，蜗壳形的泵壳及导轮均有利于动能转换为静压能及可以减少流动的能量损失。

③ 轴封装置　泵轴转动而泵壳固定不动，轴穿过泵壳处必定会有间隙。为了防止泵内高压液体沿间隙漏出，或外界空气反向漏入泵内，必须设置轴封装置。常用的轴封装置主要有填料密封和机械密封两种。

a. 填料密封　如图1-53所示。它主要由填料函壳、软填料和填料压盖组成。软填料可选用浸油及涂石墨的方形石棉绳缠绕在泵轴上，然后将压盖均匀上紧，使填料紧压在填料函壳和转轴之间，以达到密封的目的。它的结构简单，加工方便，但功率损耗较大，且沿轴仍会有一定量的泄漏，需要定期更换维修。

b. 机械密封　输送易燃、易爆或有毒、有腐蚀性液体时，轴封要求比较严格，一般采用机械密封装置，如图1-54所示。机械密封装置主要由装在泵轴上的随之转动的动环和固定在泵壳上的静环组成，两个环的环形端面在弹簧的弹力作用下贴紧在一起，起到密封的作用。因此机械密封又称为端面密封。动环一般用硬质金属材料制成，静环则用浸渍石墨或酚醛塑料等制成。机械密封装置正常工作时，两个环端面发生相对运动但保持贴紧，环面间由输送液体形成一层包膜，既改善密封作用，又可达到润滑的目的。

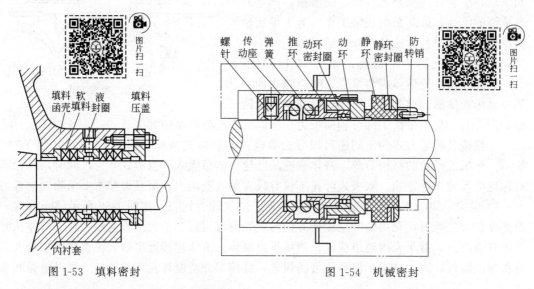

图1-53　填料密封　　　　　　　　　　　图1-54　机械密封

与填料密封相比较，机械密封密封性能好，结构紧凑，使用寿命长，功率消耗少，现已较广泛地应用于各种离心泵当中，但其加工精度要求较高，安装技术要求严格，价格较高，维修也较麻烦。

8. 离心泵的安装高度

（1）离心泵的不正常现象

① 气缚　离心泵启动时，若泵内存有空气，由于空气的密度很低，旋转后产生的离心力小，因而叶轮中心处所形成的低压不足以将储槽内的液体吸入泵内，虽启动离心泵也不能输送液体，这种现象称为气缚，表示离心泵无自吸能力，所以启动前必须向壳体内灌满液

体，即"灌泵排气"。若泵的位置低于槽内液面，则启动时就无需灌泵。离心泵装置中吸入管路的底阀是单向底阀，可以防止启动前所灌入的液体从泵内流出，滤网可以阻拦液体中的固体物质被吸入而防止堵塞管道和泵壳。

② 汽蚀 从离心泵的工作原理可知，在离心泵的叶轮中心（叶片入口）附近形成低压区，但是吸入口的低压是有限制的，当减小到等于或小于输送温度下液体的饱和蒸气压时，根据沸腾原理，液体将在泵的吸入口附近沸腾汽化并产生大量的气泡。这些气泡随同液体从泵低压区流向高压区后，在高压作用下迅速凝结或破裂，此时周围的液体以极高的速度冲向原气泡所占据的空间，在冲击点处产生几万千帕的压力，冲击频率可高达几万至几十万赫兹。由于冲击作用使泵壳震动并产生噪声，且叶轮局部处在巨大冲击力的反复作用下，使材料表面疲劳，从开始的点蚀到生成裂缝，最终形成海绵状物质剥落，使叶轮或泵壳受到破坏。这种现象称为离心泵的"汽蚀现象"。

汽蚀有以下危害：

a. 离心泵的性能下降，流量、压头和效率均降低。若生成大量的气泡，则可能出现气缚现象，且使泵停止工作。

b. 产生噪声和振动，影响离心泵的正常运行和工作环境。

c. 泵壳和叶轮的材料遭受损坏，降低了泵的使用寿命。

（2）离心泵的安装高度（又称为吸上高度）由以上分析可知，发生汽蚀的原因是泵叶片入口附近液体静压力低于某一值。而造成该处压力过低的原因是：输送温度下液体的饱和蒸气压、储槽到离心泵入口的管路阻力、离心泵的安装高度。为了使离心泵能正常运转，避免汽蚀现象的发生，就要求泵入口附近的最低压力必须维持在某一值以上，通常取输送温度下液体的饱和蒸气压作为最低压力。根据泵的抗汽蚀性能，合理地确定泵的安装高度，是防止发生汽蚀现象的有效措施。

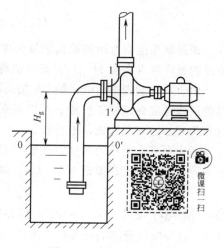

离心泵的安装高度指储槽液面至泵吸入口中心处的垂直距离，以 H_g 表示，如图1-55所示。

图1-55 离心泵吸上高度

离心泵的安装高度由伯努利方程式得出：

$$H_g = \frac{p_0 - p_1}{\rho g} - \frac{u_1^2}{2g} - H_{f,0\text{-}1} \tag{1-40}$$

式中 p_0——槽面压力，Pa；

p_1——泵入口处的压力，Pa；

u_1——泵入口处液体的流速，m/s；

$H_{f,0\text{-}1}$——液体在吸入管路的压头损失，m。

若储槽上方与大气相通，则 p_0 即为大气压 p_a，式（1-40）可表示为：

$$H_g = \frac{p_a - p_1}{\rho g} - \frac{u_1^2}{2g} - H_{f,0\text{-}1} \tag{1-41}$$

由式（1-41）可知，当槽面大气压力为101.3kPa、输送的液体为水时，离心泵的极限吸上高度约为 10.33m。由此可见，离心泵的吸上高度必须控制在一定的范围内。此高度有个极限值称为允许吸上高度（允许安装高度），即指离心泵在保证不发生汽蚀的前提下，泵的入口和吸入槽面间允许达到的最大垂直高度，以 $H_{g,\max}$ 表示，单位为 m。

为了便于确定离心泵的允许安装高度，在国产离心泵的新标准中，规定采用允许汽蚀余量来表示泵的抗汽蚀性能，以 Δh（或 NPSH）表示，单位为 m。其值由生产厂家在槽面压力为 98.06kPa（$10mH_2O$）的条件下用 20℃ 的清水实验测定出，常列在离心泵的性能表中。

允许汽蚀余量 Δh 是指在保证不发生汽蚀现象的前提下，离心泵入口处的静压头与动压头之和与操作温度下的饱和蒸气压头之差的最小值，即：

$$\Delta h = \frac{p_1}{\rho g} + \frac{u_1^2}{2g} - \frac{p_s}{\rho g} \tag{1-42}$$

式中 p_1——离心泵入口处所允许的最小压力，Pa；

       p_s——操作温度下液体的饱和蒸气压，Pa。

式(1-42) 即为汽蚀余量的定义式。

若将式(1-42) 代入式(1-40) 并整理，即可得离心泵允许吸上高度 $H_{g,\max}$ 的计算关系式为：

$$H_{g,\max} = \frac{p_0 - p_s}{\rho g} - \Delta h - H_{f,0-1} \tag{1-43}$$

根据泵性能表上所列输送流量条件下的允许汽蚀余量 Δh，应用式(1-43) 即可计算出离心泵的允许吸上高度 $H_{g,\max}$，该方法称为"允许汽蚀余量法"。

由于泵性能表中所列出的 Δh 值是以 20℃ 的清水为实验流体测定出来的，所以，当输送其他液体时应乘以校正系数 φ 予以校正。但因校正系数 φ 通常小于 1，根据式(1-43)，可把它作为外加的安全因数，不予校正。

考虑到吸入管路的锈蚀、气候的变化等因素，为安全起见，离心泵的实际吸上高度 H_g 通常应比允许吸上高度低 0.5～1m，即

$$H_g = H_{g,\max} - (0.5 \sim 1.0) \tag{1-44}$$

➤ 例1-17 型号 IS80-65-125 的离心泵，转速为 2900r/min，流量为 50～60m³/h，扬程为 50m。已知吸入管路的压头损失为 2m 水柱，当地的大气压为 100kPa。试计算：用此泵将敞口蓄水池中的 50℃ 的水输送出去，泵的安装高度。

解   查得 50℃ 的水的饱和蒸气压 $p_s = 1.231 \times 10^4$ Pa，密度为 $\rho = 998.1$ kg/m³，

在样本上查得：在 $Q = 60$ m³/h 时，IS80-65-125 的汽蚀余量为 3.5m。则

$$
\begin{aligned}
H_{g,\max} &= \frac{p_0 - p_s}{\rho g} - \Delta h - H_{f,0-1} \\
&= \frac{100 \times 10^3 - 12.31 \times 10^3}{998.1 \times 9.81} - 3.5 - 2.0 = 3.46 \text{ (m)}
\end{aligned}
$$

(二)往复式泵

往复式泵是活塞泵、柱塞泵和隔膜泵的总称。

1. 往复泵（活塞泵）

往复泵是一种容积式泵，在化工生产过程中应用较为广泛，主要适用于小流量、高扬程的场合，输送高黏度液体时的效果也比离心泵好，不能输送腐蚀性液体和有固体粒子的悬浮液。它依靠活塞的往复运动并依次开启吸入阀和排出阀，从而吸入和排出液体。

（1）往复泵的结构 如图1-56所示为往复泵的结构示意图。主要部件有泵缸、活塞、活塞杆、吸液阀和排出阀。活塞杆与传动机构相连接而做往复运动。吸液阀和排出阀均为单向阀。泵缸内活塞与阀门间的空间为工作室。当活塞自左向右移动时，工作室的容积增大，形成低压，将液体经吸液阀吸入泵缸内。在吸液体时，排出阀因受排出管内液体压力作用而关闭。当活塞移到右端点时，工作室的容积最大，吸入的液体量也最多。此后，活塞便改为由右向左移动，泵缸内液体受到挤压而使其压力增大，致使吸液阀关闭而推开排出阀将液体排出，活塞移到左端点后排液完毕，完成了一个工作循环。此后活塞又向右移动，开始另一个工作循环。

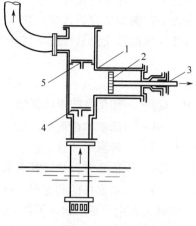

图1-56 往复泵工作原理示意图
1—泵缸；2—活塞；3—活塞杆；
4—吸液阀；5—排出阀

所以，往复泵是靠活塞在泵缸内左右两端点间做往复运动而吸入和压出液体的。活塞在两端点间的运动距离称为冲程或位移。活塞往复一次，只吸入和排出液体各一次的泵，称为单动泵。单动泵在吸液时就不能排液，故排液不连续；同时因活塞由连杆和曲轴带动，活塞在左右两端点之间的往复运动也是不等速的，所以排液量也就随着活塞的移动有相应的起伏，其流量曲线如图1-57（a）所示。

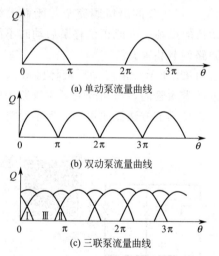

(a) 单动泵流量曲线

(b) 双动泵流量曲线

(c) 三联泵流量曲线

图1-57 往复泵的流量与时间关系曲线

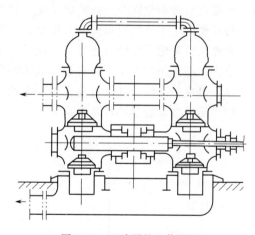

图1-58 双动泵的工作原理

为了改善单动泵流量的不均匀性，常采用双动泵或三联泵。双动泵的工作原理如图1-58所示，在活塞两侧的泵体内都装有吸入阀和排出阀，因此无论活塞向哪一侧运动，总有一个吸入阀和排出阀打开，即活塞往复一次，吸液和排液各两次，使吸入管路和排出管路总有液体流过，所以送液连续，但流量曲线仍有起伏，如图1-57（b）所示。三联泵实质上为三台单动泵并联构成，它是在传动轴上按120°均布了三个曲柄连杆，传动轴每旋转一周则三个曲柄连杆带动所连接的活塞依次做往复运动各一次。其流量曲线如图1-57（c）所示，排液量较为均匀。

（2）往复泵的特性

① 流量 往复泵的流量只与泵的几何尺寸和活塞的往复次数有关，而与泵的扬程及管

路情况无关，即无论在什么扬程下工作，只要往复一次，泵就排出一定体积的液体，所以往复泵是一种典型的容积式泵。其特性曲线如图1-59所示。

往复泵的理论流量可按下式计算。

$$单动泵 \quad Q_T = ASn_r \tag{1-45}$$

$$双动泵 \quad Q_T = (2A - a)Sn_r \tag{1-46}$$

式中　Q_T——往复泵的理论流量，m^3/min；

　　　　A——活塞的截面积，m^2；

　　　　S——活塞的冲程，m；

　　　　n_r——活塞每分钟往复次数，次/min；

　　　　a——活塞杆的截面积，m^2。

实际上，由于活塞衬填不严，吸入阀和排出阀启闭不及时，并随着扬程的增高，液体漏损量加大等原因，往复泵的实际流量低于理论流量。

② 扬程　往复泵的扬程与泵的几何尺寸无关，只要泵的机械强度及原动机的功率允许，输送系统要求多高的扬程，往复泵就可提供多大的扬程。实际上，活塞环、轴封、吸入和排出阀等处的泄漏，降低了往复泵可能达到的扬程。

③ 吸上真空度　往复泵的吸上真空度亦随泵安装地区的大气压强、输送液体的性质和温度而变，所以往复泵的吸上高度也有一定的限制。但是，往复泵内的低压是靠工作室的扩张来造成的，所以在开动之前，泵内无须充满液体，即往复泵有自吸作用。

（3）流量调节　往复泵及其他正位移泵均不能像离心泵那样简单地用排出管路上的阀门来调节流量，这是因为往复泵的流量与管路特性无关，若把泵的出口阀完全关闭而继续运转，则泵内压强会急剧升高，造成泵壳、管路和电动机的损坏。因此正位移泵启动时不能把出口阀关闭，也不能用出口阀调节流量，一般采用回路调节装置。

往复泵通常用旁路调节流量，其调节示意图如图1-60所示。泵启动后液体经吸入管路进入泵内，经排出阀排出，并有部分液体经旁路阀返回吸入管内，从而改变了主管路中的液体流量，可见旁路调节并没有改变往复泵的总流量。这种调节方法简便可行，但不经济，一般适用于流量变化较小的经常性调节。

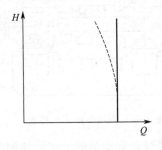

图1-59　往复泵的特性曲线

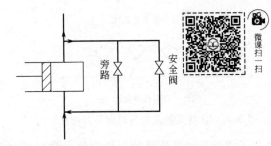

图1-60　往复泵的旁路调节系统

2. 计量泵

在连续或半连续的生产过程中，往往需要按照工艺流程的要求来精确地输送定量的液体，有时还需要将若干种液体按比例地输送，计量泵就是为了满足这些要求而设计制造的。

计量泵是往复式泵的一种，从基本构造和操作原理看和往复泵相同，如图1-61是柱塞式计量泵。它们都是通过偏心轮把电机的旋转运动变成柱塞的往复运动。偏心轮的偏心距离可以调整，使柱塞的冲程随之改变。若单位时间内柱塞的往复次数不变，则泵的流量与柱塞的冲程成正比，所以可通过调节冲程而达到比较严格地控制和调节流量的目的。送液量的精确度一般在±1%以内，有的甚至可达±0.5%。

3. 隔膜泵

隔膜泵最大的特点是采用隔膜薄片将柱塞与被输送的液体隔开，隔膜一侧均用耐腐蚀材料或复合材料制成，如图1-62所示。另一侧则装有水、油或其他液体。当工作时，借助柱塞在隔膜泵缸内做往复运动，迫使隔膜交替地向两边弯曲，使其完成吸入和排出的工作过程。被输送介质不与柱塞接触，所以介质绝对不会向外泄漏。根据不同介质，隔膜分为氯丁橡胶、氟橡胶、丁腈橡胶等，可以满足不同场合的要求，特别适用于各种剧毒、易燃、易挥发液体，各种强酸、强碱、强腐蚀性液体等介质的输送。

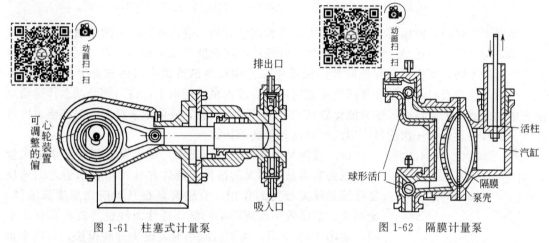

图 1-61　柱塞式计量泵　　　　　　　图 1-62　隔膜计量泵

(三)其他类型的化工泵

1. 旋涡泵

旋涡泵是一种特殊类型的离心泵，但其工作过程、结构以及特性曲线的形状等与离心泵和其他类型泵都不大相同。

(1) 旋涡泵的结构　旋涡泵由泵壳和叶轮组成，其结构见图1-63。它的叶轮由一个四周铣有凹槽的圆盘构成，叶片呈辐射状排列，数目可多达几十片，如图1-64(a) 所示。工作原理如图1-64(b) 所示，叶轮上有叶片，在泵壳内旋转，壳内有引液道，吸入口和排出口间有间壁，间壁与叶轮间的缝隙很小，使吸入腔和排出腔得以分隔开。

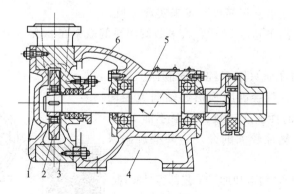

图 1-63　旋涡泵的结构

1—泵盖；2—叶轮；3—泵体；4—托架；5—泵轴；6—轴封装置

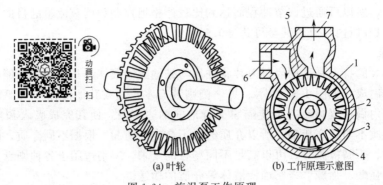

(a) 叶轮　　　　(b) 工作原理示意图

图 1-64　旋涡泵工作原理

1—叶轮；2—叶片；3—泵壳；4—饮水道；5—间壁；6—进口；7—出口

旋涡泵工作时，液体按叶轮的旋转方向沿着流道流动。进入叶轮叶片间的液体，受叶片的推动，与叶轮一起运动。叶片间的液体与叶轮的圆周速度可认为相等，而与泵流道内液体的圆周速度不同，即作用在叶轮叶片间流道中和作用在泵的流道中液体质点上的离心力不同，所以液体质点可从叶轮叶片间的流道中流出后进入泵的流道中，将一部分动量传递给泵流道中的液流。同时，有一部分能量较低的液体又进入叶轮，液体依靠纵向旋涡在流道内每经过一次叶轮就得到一次能量，因此可以达到很高的扬程。

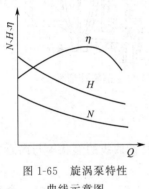

图 1-65　旋涡泵特性
曲线示意图

（2）旋涡泵的特性及操作要点　旋涡泵适用于要求输送量小、压头高而黏度不大的液体。液体在叶片与引水道之间的反复迂回是靠离心力的作用，故旋涡泵在开动前也要灌满液体。旋涡泵的最高效率比离心泵的低，特性曲线也与离心泵有所不同，如图 1-65 所示。当流量减小时，压头升高很快，轴功率也增大，所以应避免此类泵在太小的流量或出口阀全关的情况下作长时间运转，以保证泵和电机的安全。为此也采用正位移泵所用的回流支路来调节流量。旋涡泵的 N-Q 线是向下倾斜的，当流量为零时，轴功率最大，所以在启动泵时，出口阀必须全开。

（3）旋涡泵的特点和应用

① 旋涡泵是一种结构非常简单的高扬程泵，与同样尺寸、转数相同的离心泵相比，其扬程要高 2~4 倍。与相同扬程的容积泵相比，其尺寸要小、结构也简单。旋涡泵体积小、重量轻的特点在船舶装置中具有极大的优越性。

② 具有自吸能力或借助于简单装置来实现自吸。

③ 效率较低，最高不超过 50%，大多数旋涡泵的效率在 20%~40%，只适用于小功率的场合。

④ 旋涡泵抽送的介质只限于纯净的液体。当液体中含有固体颗粒时，就会因磨损引起轴向或径向的间隙过大而降低泵的性能或导致旋涡泵不能工作。旋涡泵不能用来抽送黏性较大的介质，某些旋涡泵可实现气液混输。

⑤ 旋涡泵结构简单，铸造和加工工艺都容易实现。

2. 旋转泵

齿轮泵是旋转泵的一种。如图 1-66 所示，齿轮

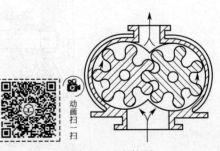

图 1-66　齿轮泵

泵是由一对相互啮合的齿轮在相互啮合的过程中引起的空间容积的变化来输送液体的，因此，齿轮泵是一种容积泵。

（1）齿轮泵的结构 两齿轮与泵体间形成吸入和排出两个空间。当齿轮按图 1-66 中所示的箭头方向转动时，吸入空间内两轮的齿互相拨开，呈容积增大的趋势，从而形成低压将液体吸入，然后分为两路沿泵内壁被齿轮嵌住，并随齿轮转动而达到排出空间。排出空间内两轮的齿互相合拢，呈容积减小的趋势，形成高压而将液体排出。

（2）齿轮泵的特点和应用

① 齿轮泵运转时转速等于常数，所以流量是常数，是一种定量式容积泵。

② 由于齿轮啮合间容积变化不均匀，流量也是不均匀的，产生的流量与压力是脉冲式的。齿数越少，流量脉动率越大，越会引起系统的压力脉动，产生振动和噪声，又会影响传动的平稳性。

③ 齿轮泵流量均匀，尺寸小而轻便，结构简单紧凑，坚固耐用，维护保养方便，扬程高而流量小，适用于输送黏稠液体以至膏状物，如润滑油、燃烧油，可作润滑油泵、燃油泵、输油泵和液压传动装置中的液压泵。

④ 齿轮泵不宜输送黏度低的液体，不能输送含有固体粒子的悬浮液，以防齿轮磨损，影响泵的寿命。由于齿轮泵的流量和压力脉动较大以及噪声较大，而且加工工艺较高，不易获得精确的配合。

三、流量、液位检测仪表

化工生产正常运行必须对流体输送过程的工艺参数进行检测。流体输送过程常见的工艺参数有压力（p）、液位（L）、流量（F）。压力检测仪表已在任务一中介绍，下面介绍液位、流量检测仪表。

（一）液位检测及仪表

液位计是用来观察设备内部液位变化的一种装置，为设备操作提供部分依据，一般用于两种目的。一是通过测量液位来确定容器中物料的数量，以保证生产过程中各环节必须定量的物料。二是通过液位测量来反映连续生产过程是否正常，以便可靠地控制过程的进行。

1. 液位检测仪表的分类

液位检测仪表的种类很多，大体上可分成接触式和非接触式两大类。表 1-12 给出了常见的各类液位检测仪表的工作原理、主要特点和应用场合。

表 1-12 液位检测仪表的分类

液位检测仪表的种类			检测原理	主要特点	用途
接触式	直读式	玻璃管液位计	连通器原理	结构简单，价格低廉，显示直观，但玻璃易损，读数不十分准确	现场就地指示。易燃液体不宜使用玻璃管液位计，当使用玻璃管液位计时，应加护套等保护措施。
		玻璃板液位计			
	差压式	压力式液位计	利用液柱对某定点产生压力的原理而工作	能远传	可用于敞口或密闭容器中，工业上多用差压变送器
		吹气式液位计			
		差压式液位计			
	浮力式	恒浮方式	浮标式	基于浮于液面上的物体随液位的高低而产生的位移来工作	结构简单，价格低廉	测量储罐的液位
			浮球式			
		变浮力式	沉筒式	基于沉浸在液体中的沉筒的浮力随液位变化而变化的原理工作	可连续测量敞口或密闭容器中的液位、界位	需远传显示、控制的场合

续表

液位检测仪表的种类		检测原理	主要特点	用途
接触式	电气式 电阻式液位计	通过将物位的变化转换成电阻、电容、电感等电量的变化来实现液位的测量	仪表轻巧,滞后小,能远距离传送,但线路复杂,成本较高	用于高压腐蚀性介质的物位测量
	电容式液位计			
	电感式液位计			
非接触式	核辐射式物位仪表	利用核辐射透过物料时,其强度随物质层的厚度而变化的原理工作	能测各种物位,但成本高,使用和维护不便	用于腐蚀性介质的物位测量
	超声波式物位仪表	利用超声波在气、液、固体中的衰减程度、穿透能力和辐射声阻抗各不相同的性质工作	准确性高,惯性小,但成本高,使用和维护不便	用于对测量精度要求高的场合
	光学式物位仪表	利用物位对光波的折射和反射原理工作	准确性高,惯性小,但成本高,使用和维护不便	用于对测量精度要求高的场合

2. 常用液位计

常用的液位计,按结构形式一般可分为玻璃管液位计、玻璃板液位计、浮标液位计、浮子液位计、磁性浮子液位计(又称磁翻板液位计)、防霜液位计。使用较早的是玻璃管液位计和玻璃板液位计,前者用在常、低压设备,后者用在中压和高压设备,目前最常用的是磁性浮子液位计。

动画扫一扫

(1) 玻璃管液位计　玻璃管液位计是一种直读式液位测量仪表,如图 1-67 所示,仪表的两端各装有一个针形阀,将液位计与容器隔开,以便进行清洗检修,更换零件。在针形阀里,装有一个 10mm 的钢球,当玻璃管发生意外事故而破裂时,钢球在设备内压的作用下自动封闭,以防止容器内部介质继续外流。在上下阀体两端,分别装有放气塞与流液塞,根据工艺操作条件或严寒地区的需要,还可装设伴热(或冷却)管。常用的玻璃管为 DN 15~40mm,大于 DN25mm 的应用较少。

液位计玻璃管不得任意增长。一般用于蒸气介质时,不应大于 505mm;应用于非蒸气介质可达 1200mm。

(2) 玻璃板液位计　玻璃板液位计一般有两种形式,反射式与透光式。

① 反射式玻璃板液位计 [图 1-68(a)、图 1-68(b)],玻璃板与液面接触的一面刻有几道棱形槽,光线通过在液面以上的玻璃板时,由于在棱柱进行全反射,使气体部分呈银白色。而在液面以下,由于液体与玻璃的折射不同,光线穿过棱形进入液体而被吸收,使液体部分呈黑色。由于这个原因使气体与液体之间有明显清晰的界面,反射式液位计适用于稍有色泽的液体介质,而且环境光线较好的场合。

② 透光式玻璃板液位计 [图 1-68(c)、图 1-68(d)],也叫双平板式玻璃板液位计,适用于无色透明液体,而且要求具有较好的观察位置及光线较好的场合。在光线较差时工作,可在背后加照明装置。根据工艺条件和严寒地区的要求,由于介质与环境温差过大,造成液体介质的黏度增大,而不能及时正确反映真实液面情况时,反射式和透光式都可做成带有加热或冷却装置的形式(夹套型),图 1-68(b)、图 1-68(d) 所示为矩形管式加热或冷却装置。反射式与透光式板式液位计结构强度好,但制造较麻烦,应用于中高压或要求较严酷的场合。

(3) 浮标液位计　如图 1-69 所示,绳索的一端连接浮标,通过滑轮绳索的另一端挂有平衡重物,使浮标所受的重力和浮力之差与平衡重物的拉力相平衡,保证浮标可以随意地停

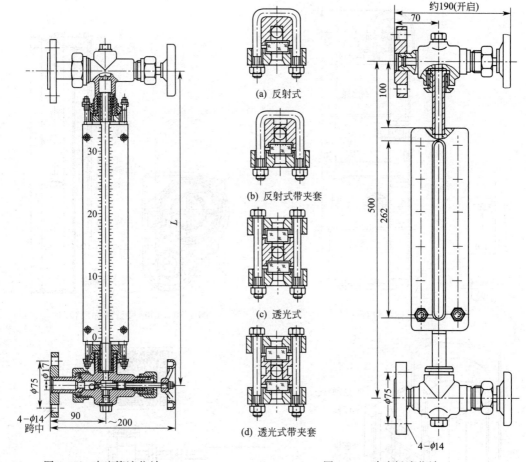

图 1-67　玻璃管液位计　　　　　　　　图 1-68　玻璃板液位计

留在任一液面上。

　　这种液位计，绳索热胀冷缩以及滑轮的机械摩擦使得误差较大。同时，也难以做成密闭结构形式，应用于常压的大型容器。

　　（4）钢卷尺型浮标液位计　如图 1-70 所示，由浮标、钢带发条和液位指示部件组成。液位降低时，由浮标的自重使钢带被拉伸。液位上升时，钢带松弛，则由大约 10N 卷力的发条卷盘将钢带卷紧，直到发条卷力与浮标的重力相等为止。钢带上打有等距离的孔眼与带齿卷盘相啮合，然后通过齿轮机构在数字盘显示液面指示。

　　这种液位计由一弹簧提供机械力，动作准确可靠。能密闭操作，适用于有压力的大型容器的液面指示。如需远距离传送信号时，该液位计还可由发信器将带齿转盘的回转变为脉冲信号，发给远距离的接收器，由接收器将脉冲信号转化为数字液位指示，对群罐场合可采用切换开关，实现一台接收器多点显示。

　　（5）磁性浮子液位计　如图 1-71 为翻板式磁性浮子液位计，由连通管组件、浮标和翻板指示装置组成。浮标在连通管中漂浮于液体的液面上，液位的变化通过浮标内的磁钢把信号传出，浮标中磁钢的位置恰好与液位相一致，铝框架上安装了许多铁片制的翻板，翻板两面涂不同颜色。翻板受磁钢吸引而翻转，从而能够指示液位的变化。

　　该液位计能承受较高的压力。主要零件可采用不锈钢制造，能耐腐蚀。缺点是：①精确性差，在液面波动时，带磁铁的浮子与外面的指标位置有 20～30mm 范围的滞后现象；

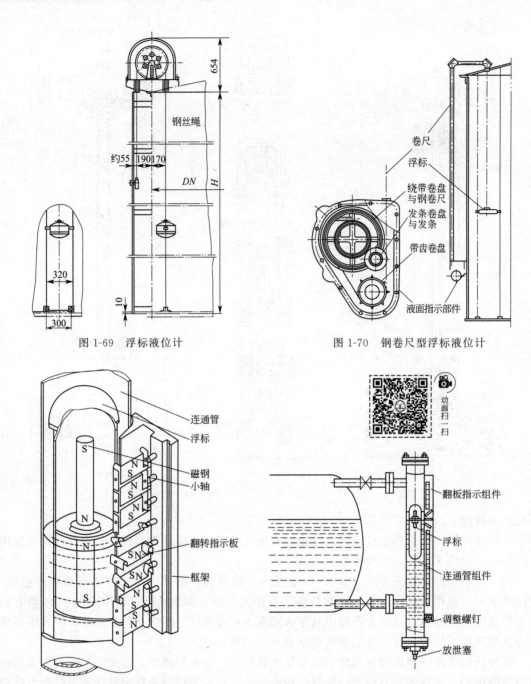

图 1-69 浮标液位计

图 1-70 钢卷尺型浮标液位计

图 1-71 磁性浮子液位计

②浮子与管子间间隙小，在物料中有固体物料，或含有铁素物质时，浮子会卡住，不灵活；

③不锈钢浮子要求厚 0.3～0.5mm，铅浮子厚 0.6～1mm。

（6）超声波液位计　超声波液位计（图 1-72）采用非接触式测量，由一个完整的超声波传感器和控制电路组成。液位计安装在储罐顶部，通过超声波传感器发射的超声波经液体表面反射，返回需要的时间用于计算传感器至被测液体的距离，通过温度传感器对超声波传输过程中的温度影响进行修正，换算成液面距超声波传感器的距离，通过液晶显示并输出 4～20mA DC 模拟信号，实现现场仪表远程读取。

超声波液位计安装简单、操作方便，适用环境温度范围-40～95℃，且带自动温度补偿，不受搅拌器影响。但有一定测量盲区，安装时必须计算预留出传感器安装位置与测量液体之间的距离。超声波液位计不能应用于真空、蒸汽含量过高或液面有泡沫等工况。

图 1-72　超声波液位计

（7）雷达液位计　雷达液位计（图 1-73）采用发射-反射-接收的工作模式，有调频连续波式和脉冲波式。采用调频连续波技术的液位计，功耗大，电子电路复杂；采用脉冲波技术的液位计，功耗低，可用二线制的 24V DC 供电，容易实现本质安全，精确度高，适用范围更广。

雷达天线发射出电磁波，这些波经被测对象表面反射后，被天线接收，电磁波从发射到接收的时间与到液面的距离成正比，再将距离信号转化为液位信号，输出 4～20mA DC 模拟信号，实现现场仪表远程读取。

雷达液位计有喇叭式、杆式、缆式，其能够应用于更复杂的工况，测量精度比超声波液位计高，测量范围大很多。用雷达液位计需要考虑介质的介电常数，相对价位较高。

图 1-73　雷达液位计

（二）流量检测及仪表

流量分为瞬时流量和累积流量。瞬时流量是指在单位时间内流过管道某一截面流体的数量，简称流量，其单位一般用立方米/秒（m^3/s）、千克/秒（kg/s）。累积流量是指在某一段时间内流过流体的总和，即瞬时流量在某一段时间内的累积值，又称为总量，单位用千克（kg）、立方米（m^3）。

流量和总量又有质量流量、体积流量两种表示方法。单位时间内流体流过的质量表示为质量流量。以体积表示的称为体积流量。

1. 流量检测仪表分类

通常把测量流量的仪表称为流量计，把测量总量的仪表称为计量表。流量的检测方法很多，所对应的检测仪表种类也很多，如表 1-13 所示。

表 1-13　流量检测仪表分类比较

流量检测仪表种类		检测原理	特点	用途	
差压式	孔板	基于节流原理,利用流体流经节流装置时产生的压力差实现流量测量	已实现标准化,结构简单,安装方便,但差压与流量为非线性关系	管径＞50mm、低黏度、大流量、清洁的液体、气体和蒸气的流量测量	
	喷嘴				
	文丘里管				
转子式	玻璃管转子流量计	基于节流原理,利用流体流经转子时,截流面积的变化来实现流量测量	压力损失小,检测范围大,结构简单,使用方便,但需垂直安装	适于小管径、小流量的流体或气体的流量测量,可进行现场指示或信号远传	
	金属管转子流量计				
容积式	椭圆齿轮流量计	采用容积分界的方法,转子每转一周都可送出固定容积的流体,则可利用转子的转速来实现测量	精度高、量程宽,对液体的黏度变化不敏感,压力损失小,安装使用较方便,但结构复杂,成本较高	小流量、高黏度、不含颗粒和杂物、温度不太高的流体流量测量	液体
	皮囊式流量计				气体
	旋转活塞流量计				液体
	腰轮流量计				液体、气体
速度式	靶式流量计	利用叶轮或涡轮被液体冲转后,转速与流量的关系进行测量	安装方便,精度高,耐高压,反应快,便于信号远传,需水平安装	可测脉动、洁净、不含杂质的流体的流量	
	涡轮流量计				
	电磁流量计	利用电磁感应原理来实现流量测量	压力损失小,对流量变化反应速度快,但仪表复杂、成本高,易受电磁场干扰,不能振动	可测量酸、碱、盐等导电液体溶液以及含有固体或纤维的流体的流量	
	超声波流量计	利用流体流动对超声束(或超声脉冲)的作用来实现流量测量	非接触式测量、无压力损失,对流量变化反应速度快,不能振动	可测量洁净的高黏度液体、强腐蚀性液体、非导电性液体以及气体	
旋涡式	旋进旋涡型	利用有规则的旋涡剥离现象来测量流体的流量	精度高、范围广、无运动部件、无磨损、损失小、维修方便、节能好	可测量各种管道中的液体、气体和蒸气的流量	
	卡门旋涡型(涡街流量计)				
质量流量计	科里奥利质量流量计(直接测量式)	利用流体在振动管中流动时,产生与质量流量成正比的科里奥利力原理制成的一种直接式质量流量仪表	精度高,但要对管道壁进行定期的维护,防止腐蚀	可用于液体、浆体、气体或蒸汽的质量流量的测量	
	热式质量流量计(直接测量式)	通过电加热将速度传感器加热到高于工况温度,使速度传感器和测量工况温度的传感器之间形成恒定温差,电加热消耗的能量与气体的质量流量成正比	可靠性高、重复性好、测量精度高、压损小、量程比宽、响应速度快、无须温压补偿	可测量单一组分或固定比例的多组分气体的质量流量,测量大口径气体质量流量	
	间接式质量流量计	同时测量流体的体积流量和温度、压力值,利用流体密度与温度、压力之间的关系,由运算放大器计算得到流体质量	与体积流量计测量方式相同;单片机为核心的智能仪表,可导出十几种参数供用户使用;采用温度或压力补偿方式减少积累误差	高温高压难以直接测量质量流量场合,测量准确度要求不高的场合	

2. 常用流量计

(1) 孔板流量计　在被测管道内插入一块带孔的金属板,孔板两侧连接上 U 形管压差计。如图 1-74 所示。

① 孔板流量计的使用方法　安装在水平管段中,前后要有一定的稳定段,通常前面稳定段长度约为 $(15\sim40)d$,后面为 $5d$;孔板中心位于管道中心线上。

② 流量计算

a. 计算公式

$$u_0 = C_0 \sqrt{\frac{2R(\rho_s - \rho)g}{\rho}} \tag{1-47}$$

$$V_s = u_0 S_0 \tag{1-48}$$

式中　u_0——流体在孔口处的流速，m/s；

　　　R——U形管压差计读数，m；

　　ρ_s、ρ——指示液及被测流体的密度，kg/m^3；

　　　V_s——流体流量，m^3/s；

　　　S_0——孔口流通面积，m^2；

　　　C_0——孔流系数。

b. 孔流系数 C_0　孔流系数由实验测定。实验结果如图 1-75 所示。

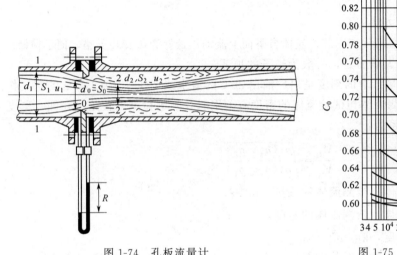

图 1-74　孔板流量计

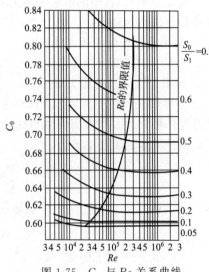

图 1-75　C_0 与 Re 关系曲线

图中横坐标 Re 是按管内径计算的，S_0/S_1 为孔口截面与管道截面之比。由图中可看出，当 Re 值超过一定值后，C_0 为常数，孔板流量计在 C_0 为常数范围内使用比较精确。式(1-47) 计算时一般都需用试差法，在假设 C_0 值时设在常数范围。

③ 计算步骤　设 C_0（由 S_0/S_1 在图 1-75 中 C_0 的常数范围内设）→计算 u_0 ［式(1-47)］→计算 Re→查图（图 1-75）得 C_0→与假设的 C_0 值比较，相等为止。

例1-18　用孔板流量计来测量管路中流体的流量，孔口直径为 0.04mm。密度为 1600kg/m^3、黏度为 2mPa·s 的某溶液流经 $\phi 80 \times 2.5$ 钢管。U形管压差计内指示液为汞，其读数为 400mm。求管路中流体流量。

解　首先计算孔口截面与管道截面之比：

$$\frac{S_0}{S_1} = \frac{d_0^2}{d_1^2} = \frac{40^2}{75^2} = 0.0284$$

在 C_0 为常数范围内假设：$C_0 = 0.63$

则由式(1-47) 得：

$$u_0 = 0.63 \sqrt{\frac{2 \times 0.4 \times (13600 - 1600) \times 9.81}{1600}} = 4.83 \; (\text{m/s})$$

校核 C_0

求 u_1：
$$u_1 = u_0 \times \frac{d_0^2}{d_1^2} = 4.83 \times \frac{0.04^2}{0.075^2} = 1.38 \ (\text{m/s})$$

求 Re：
$$Re = \frac{0.075 \times 1.38 \times 1600}{2 \times 10^{-3}} = 82.8 \times 10^3$$

查图 1-75 得：$C_0 = 0.63$，也刚好在临界线上。

实际应用中，孔板流量计的压差计经常与一些显示仪表连接，只要在显示仪表上直接读出显示流量即可。

（2）转子流量计

① 转子流量计的构造如图 1-76 所示。一根截面自下而上逐渐扩大的垂直锥形玻璃管（或透明塑料管），其上带有刻度，管内装有一个密度大于被测流体的金属或其他材料制成的转子（或称浮子）。转子的形状大多为陀螺状，其侧面刻有线槽，流体从下而上流过时会使转子旋转，故称为转子。

② 转子流量计的使用方法

a. 安装　转子流量计必须垂直安装，流体自下而上流动；最好旁边安装支路，便于检修。

b. 读数　读转子的最大截面处，一般为转子的顶部。

c. 刻度校正　转子流量计上的刻度是出厂前用 20℃ 的清水或 20℃、101.3kPa 的空气作为试验流体标定的。当被测流体与试验流体的密度有差别时，须进行刻度校正。在同一刻度之下，两种流体的流量关系为：

$$\frac{V_1}{V_2} = \sqrt{\frac{\rho_1(\rho_s - \rho_2)}{\rho_2(\rho_s - \rho_1)}} \tag{1-49}$$

式中　V_1、V_2——标定流体、被测流体的流量，m^3/s；

ρ_1、ρ_2——标定流体、被测流体的密度，kg/m^3；

ρ_s——转子密度，kg/m^3。

d. 增大量程　把转子流量计安装在并联支路中，由支、主管的直径可通过连续性方程得到总管流量，如图 1-77 所示。

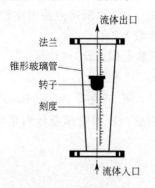

图 1-76　转子流量计

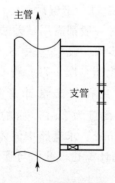

图 1-77　支路测量法

转子流量计读取流量方便，能量损失小，测量范围也宽，能用于腐蚀性流体的测量。但因流量计管壁大多为玻璃制品，故不能经受高温和高压，在安装和使用过程中也容易破碎，且安装要求也高。

孔板流量计与转子流量计的主要区别在于：前者的节流口面积不变，流体流经节流口所产生的压差随流量不同而变化，这种流量计称为差压流量计；而后者是节流口面积随流量而变化，流体流经节流口的压差保持不变，这种流量计称为变截面流量计或恒压降流量计。

（3）椭圆齿轮流量计　椭圆齿轮流量计是容积式流量计中的一种，它对被测流体的黏度变化不敏感，特别适合于高黏度的流体（如重油、聚乙烯醇、树脂等），甚至糊状物的流量测量。

椭圆齿轮流量计的主要部件是测量室（即壳体）和安装在测量室内的两个互相啮合的椭圆齿轮 A 和 B，两个齿轮分别绕自己的轴相对旋转，与外壳构成封闭的月牙形空腔。如图 1-78 所示。

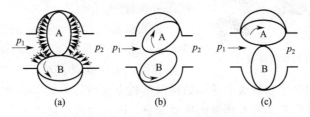

图 1-78　椭圆齿轮流量计

椭圆齿轮流量计特别适用于高黏度介质的流量检测。它的测量精度很高（±0.5％），压力损失小，安装使用较方便。目前椭圆齿轮流量计有就地显示和远传显示两种形式，配以一定的传动机构和积算机构，还可以记录或显示被测介质的总量。

（4）电磁流量计　应用法拉第电磁感应定律作为检测原理的电磁流量计，是目前化工生产中检测导电液体流量的常用仪表。

图 1-79 为电磁流量计原理图，将一个直径为 D 的管道放在一个均匀磁场中，并使之垂直于磁力线方向。管道由非导磁材料制成，如果是金属管道，内壁上要装有绝缘衬里。

这种测量方法可测量各种腐蚀性液体以及带有悬浮颗粒的浆液，不受介质密度和黏度的影响，但不能测量气体、蒸气和石油制品等的流量。

（5）涡轮流量计　涡轮流量计是一种速度式流量仪表，它具有结构简单、精度高、测量范围广、耐压高、温度适应范围广、压力损失小、维修方便、重量轻、体积小等特点。一般用来测量封闭管道中低黏度液体或气体的体积流量或总量。

涡轮流量计由涡轮流量变送器和显示仪表两部分组成。其中，涡轮变送器包括壳体、涡轮、导流器、电磁感应转换器和前置放大器几部分，如图 1-80 所示。

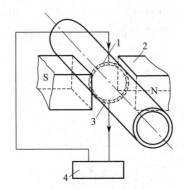

图 1-79　电磁流量计原理图
1—导管；2—磁极；3—电极；4—仪表

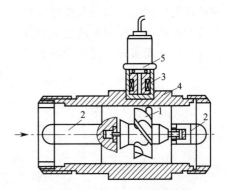

图 1-80　涡轮流量变送器结构
1—涡轮；2—导流器；3—电磁感应器；
4—外壳；5—放大器

被测流体冲击涡轮叶片，使涡轮旋转，涡轮的转速与流量的大小成正比。经电磁感应转换装置把涡轮的转速转换成相应频率的电脉冲，经前置放大器放大后，送入显示仪表进行计数和显示，根据单位时间内的脉冲数和累计脉冲数即可求出瞬时流量和累积流量。

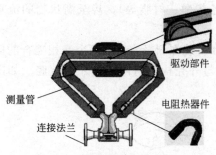

测量管

驱动部件

连接法兰

电阻热器件

图 1-81　科里奥利质量流量计

（6）科里奥利质量流量计　科里奥利质量流量计（图 1-81）直接测量质量流量，有很高的测量精确度。可测量高黏度的各种液体、含有固形物的浆液、含有微量气体的液体、有足够密度的中高压气体，测量管路内无阻碍件和活动件，是应用最广泛的质量流量计。

被测量的流体通过振动的测量管，流体在管道中的流动相当于直线运动，测量管的振动会产生一个角速度，由于振动是受到外加电磁场驱动的，有着固定的频率，因而流体在管道中受到的科里奥利力仅与其质量和运动速度有关，而质量和运动速度即流速的乘积就是需要测量的质量流量，因而通过测量流体在管道中受到的科里奥利力，便可以测量其质量流量。

四、自动控制

流体输送过程主要控制的工艺参数是流量、压力、液位。为满足生产工艺的要求，流量、压力、液位常要求维持在一定的数值上，或按一定的规律变化。实际生产中利用一定的仪器设备，使得上述要求自动实现。现以流体输送过程中常见的液位自动控制来说明自动控制系统。

（一）自动控制系统

图 1-82 是一个简单的水槽液位控制系统。其控制的目的——使水槽液位维持在其设定值（譬如水槽液位 L 满刻度的 50%）的位置上。

图 1-82(a) 为人工控制。假如进水量增加，导致水位增加，人眼睛观察玻璃液面计中的水位变化，并通过神经系统传给大脑，经与大脑中的设定值（50%）比较后，知道水位偏高（或偏低），故发出信息，让手开大（或关小）阀门，调节出水量，使液位变化。这样反复进行，直到液位重新稳定到设定值上，从而实现了液位的人工控制。

图 1-82(b) 为自动控制，现场的液位检测变送仪表将水槽液位检测出来，并转换成统一的标准信号传送给控制器，控制器再将测量信号与预先输入的设定信号进行比较得出偏差，并按预先确定的某种控制规律（比例、积分、微分的某种组合）进行运算后，输出统一标准信号给控制阀，控制阀改变开启度，控制出水量。这样反复进行，直到水槽液位恢复到设定值为止，从而实现水槽液位的自动控制。

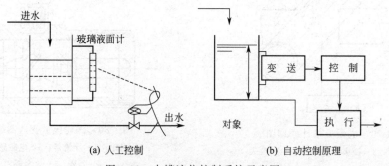

进水

玻璃液面计

出水

变送

控制

对象

执行

(a) 人工控制

(b) 自动控制原理

图 1-82　水槽液位控制系统示意图

显然，过程自动控制系统要代替人工控制的基本对应关系如下：

(二)自动控制系统的基本组成

过程自动控制系统的基本组成框图如图 1-83 所示。自动控制系统主要由工艺对象和自动化装置（执行器、控制器、检测变送仪表）两个部分组成。

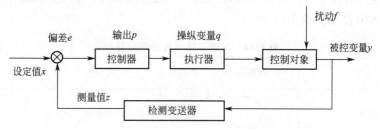

图 1-83　过程自动控制系统基本组成框图

对象是指需要控制的工艺设备（塔、器、槽等）、机器或生产过程，如上例中的水槽；

检测变送仪表的作用是把被控变量转化为测量值，如上例中的液位变送器是将液位检测出来并转化成统一标准信号（如 4～20mA DC）；

比较机构的作用是将设定值与测量值比较并产生偏差值；

控制器的作用是根据偏差的正负、大小及变化情况，按预定的控制规律实施控制作用，比较机构和控制器通常组合在一起，可以是气动控制器、电动控制器、可编程序调节器、集中分散型控制系统（DCS）等；

执行器的作用是接受控制器送来的信号，相应地去改变操纵变量 q 以稳定被控变量 y，最常用的执行器是气动薄膜调节阀、电动调节阀；

被控变量 y 是指被控对象中，通过控制能达到工艺要求设定值的工艺变量，如上例中的水槽液位；

设定值 x 是被控变量的希望值，由工艺要求决定，如上例中的 50% 液位高度；

测量值 z 是指被控变量的实际测量值；

偏差 e 是指设定值与被控变量的测量值（统一标准信号）之差；

操纵变量 q 是由控制器操纵，能使被控变量恢复到设定值的物理量或能量，如上例中的出水量；

扰动 f 是除操纵变量外，作用于生产过程对象并引起被控变量变化的随机因素，如进料量的波动。

(三)简单控制系统图

带控制点工艺流程图中，自动控制是用符号表达的，化工工艺技术人员应该看懂自动控制系统图。简单控制系统，是指由一个测量变送器、一个控制器、一个执行器和一个控制对象所构成的闭环控制系统，也称为单回路控制系统。简单控制系统是自动控制的基础，复杂控制系统是由简单控制系统构成的，在此介绍简单控制系统图。图 1-84 为简单液位自动控制系统图。

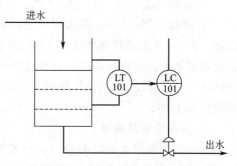

图 1-84　简单液位自动控制系统图

图 1-85 仪表控制符号示意图

控制符号图通常包括字母代号、图形符号和数字编号等。将表示某种功能的字母及数字组合成的仪表位号置于图形符号之中，就表示出了一块仪表的位号、种类及功能。如图 1-85 所示。

1. 图形符号

（1）连接线　通用的仪表信号线均以细实线表示。在需要时，电信号可用虚线表示；气信号在实线上打双斜线表示。

（2）仪表的图形符号　仪表的图形符号是一个细实线圆圈。对于不同的仪表，其安装位置也有区别，图形符号如表 1-14 所示。

表 1-14　仪表安装位置的图形符号

序号	安装位置	图形符号	序号	安装位置	图形符号
1	就地安装仪表	○	4	就地仪表盘面安装仪表	⊖
2	嵌在管道中的就地安装仪表	○	5	集中仪表盘后安装仪表	○
3	集中仪表盘面安装仪表	⊖	6	就地仪表盘后安装仪表	○

2. 字母代号

（1）同一字母在不同位置有不同的含义或作用　处于首位时表示被测变量或被控变量；处于次位时作为首位的修饰，一般用小写字母表示；处于后继位时代表仪表的功能或附加功能。例如：

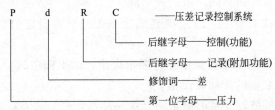

根据上述规定，我们不难看出：PdRC 实际上是一个集中仪表盘面安装的"压差记录控制系统"的代号。

（2）常用字母功能

① 首位变量字母　压力（P）、流量（F）、物位（L）、温度（T）、成分（A）。

② 后继功能字母　变送器（T）、控制器（C）、执行器（K）。

③ 附加功能　R——仪表有记录功能；I——仪表有指示功能；都放在首位和后继字母之间。S——开关或联锁功能；A——报警功能；都放在最末位。需要说明的是，如果仪表同时有指示和记录附加功能，只标注字母代号"R"；如果仪表同时具有开关和报警功能，只标注代号"A"；当"SA"同时出现时，表示仪表具有联锁和报警功能。常见字母变量的功能见表 1-15。

3. 仪表位号及编号

每台仪表都应有自己的位号，一般由数字组成，写在仪表符号（圆圈）的下半部。例如：图 1-85 表示第一工段 08 号仪表。

表 1-15　字母变量的功能

字母	第一位字母		后继字母	字母	第一位字母		后继字母
	被测变量或初始变量	修饰词	功能		被测变量或初始变量	修饰词	功能
A	分析（成分）Analytical		报警 Alarm	O	供选用 User's choice		节流孔 Orifice
B	喷嘴火焰 Burner Flame		供选用 User's choice	P	压力或真空 Pressure or Vacuum		试验点（接头）Testing Point（connection）
C	电导率 Conductivity		控制 Control				
D	密度 Density	差 Differential		Q	数量或件数 Quantity or Event	积分、积算 Integrate, Totalize	积分、积算 Integrate, Totalize
E	电压（电动势）Voltage		检测元件 Primary Element				
F	流量 Flow	比（分数）Ratio		R	放射性 Radioactivity		记录、打印 Recorder or Print
G	尺度（尺寸）Gauging		玻璃 Glass	S	速度、频率 Speed or Frequency	安全 Safety	开关或联锁 Switch or Interlock
H	手动 Hand			T	温度 Temperature		传送 Transmit
I	电流 Current		指示 Indicating	U	多变量 Multivariable		多功能 Multivariable
J	功率 Power	扫描 Scan		V	黏度 Viscosity		阀、挡板、百叶窗 Valve, Damper, Louver
K	时间或时间程序 Time or Time Sequence		自动-手动操作器 Automatic-Manual	W	重量或力 Weight or Force		套管 Well
L	物位 Level		指示灯 Light	X	未分类 Undefined		未分类 Undefined
M	水分或湿度 Moisture or Humidity			Y	供选用 User's Choice		继动器或计算器 Relay or Computing
N	供选用 User's choice		供选用 User's choice	Z	位置 Position		驱动、执行或未分类的执行器 Drive, Actuate or Actuate of undefined

综上所述，图 1-85 表示了一个集中仪表盘面安装的"压差控制器带记录"，并且安装在第一工段 08 号位置上。需要说明的是，在工程上执行器使用最多的是气动执行阀，所以控制符号图中，常用阀的符号代替执行器符号。同时，也不难得出图 1-84 简单液位控制系统的控制符号图，其中，液位变送器用符号 LT 表示，液位控制器用符号 LC 表示，101 表示仪表的工段及位号。

4．仪表符号图

实例如图 1-86 所示。

（四）复杂控制系统

简单控制系统是目前过程控制系统中最基本、使用最广泛的系统，但随着工业过程的发展、生产工艺的更新，特别是生产规模的大型化和生产过程的复杂化，必然导致各变量之间的相互关系更加复杂，对控制手段的要求也越来越高。为了适应更高层次的要求，在简单控制系统基础上，出现了串级、均匀、比值、分程、前馈、选择等复杂控制系统以及一些更新型的控制系统，这里介绍化工生产中应用最广泛的串级控制系统，其他复杂控制系统参见化工自动化方面教材。

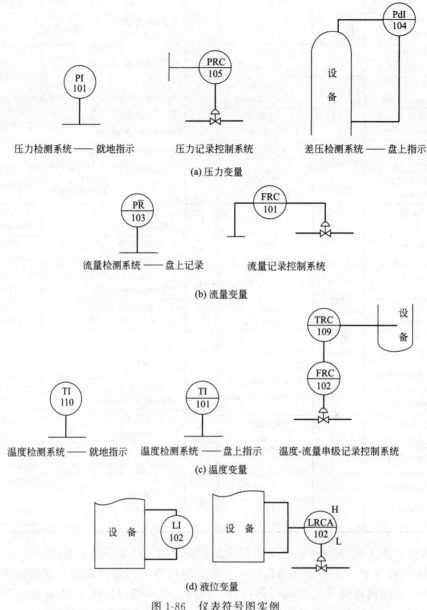

图 1-86   仪表符号图实例

在复杂控制系统中，串级控制系统的应用是最广泛的。以精馏塔控制为例，如图 1-87 所示，精馏塔的塔釜温度是保证塔底产品分离纯度的重要依据，一般需要其恒定，所以要求有较高的控制质量。为此，我们以塔釜温度为被控变量，以对塔釜温度影响最大的加热蒸气为操纵变量组成"温度控制系统"，如图 1-87(a) 所示。

但是，如果蒸气流量频繁波动，将会引起塔釜温度的变化。尽管图 1-87(a) 的温度简单控制系统能克服这种扰动，可是，这种克服是在扰动对温度已经产生作用，使温度发生变化之后进行的。这势必对产品质量产生很大的影响。所以这种方案，并不十分理想。

因此，使蒸气流量平稳就成了一个非解决不可的问题。希望谁平稳就以谁为被控变量是很常用的方法，图 1-87(b) 的控制方案就是一个保持蒸气流量稳定的控制方案。这是一种预防扰动的方案，就克服蒸气流量影响这一点，应该说是很好的。但是对精馏塔而言，影响塔釜温度的不只是蒸气流量，比如说进料流量、温度、成分的干扰，也同样会使塔釜温度发生改变，这是方案（b）所无能为力的。

所以，最好的办法是将二者结合起来，即将最主要、最强的干扰以图 1-87(b)——流量控制的方式预先处理（粗调），而其他干扰的影响最终用图 1-87(a)——温度控制的方式彻底解决（细调）。但若将图 1-87(a)、1-87(b) 机械地组合在一起，在一条管线上就会出现两个控制阀，这样就会出现相互影响、顾此失彼（即关联）的现象。所以将二者处理成图 1-87(c)，即将温度控制器的输出串接在流量控制器的外设定上，由于出现了信号相串联的形式，所以就称该系统为"提馏段温度串级控制系统"。这里需要说明的是，二者结合的最终目的是为了稳定主要变量（温度）而引入了一个副变量（流量），从而组成一个"复杂控制系统"。

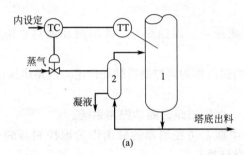

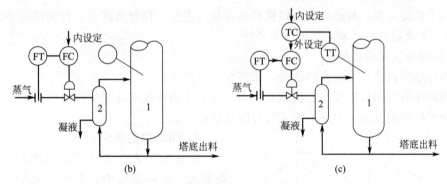

图 1-87　精馏塔塔底温度控制

1—精馏塔塔釜；2—再沸器

（1）串级控制系统的组成　由前面的分析可知，显然串级控制系统中有两个测量变送器、两个控制器、两个对象、一个控制阀，其系统组成框图如图 1-88 所示。为了区分，我们以主、副来对其进行描述，故有如下的常用术语：

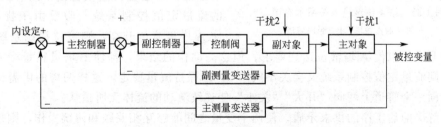

图 1-88　精馏塔塔底温度-流量串级控制系统

① 主变量　工艺最终要求控制的被控变量，如上例中精馏塔塔釜的温度。

② 副变量　为稳定主变量而引入的辅助变量，如上例中的蒸气流量。

③ 主对象　表征主变量的生产设备，如上例中包括再沸器在内的精馏塔塔釜至温度检测点之间的工艺设备。

④ 副对象　表征副变量的生产设备，如上例中的蒸气管道。

⑤ 主控制器　按主变量与工艺设定值的偏差工作，其输出作为副控制器的外设定值，在系统中起主导作用，如图 1-87(c) 中的 TC。

⑥ 副控制器　按副变量与主控制器来的外设定值的偏差工作，其输出直接操纵控制阀，如图 1-87(c) 中的 FC。

⑦ 主测量变送器　对主变量进行测量及信号转换的变送器，如图 1-87(c) 中的 TT。

⑧ 副测量变送器　对副变量进行测量及信号转换的变送器，如图 1-87(c) 中的 FT。

⑨ 主回路　是指由主测量变送器，主、副控制器，控制阀和主、副对象构成的外回路，又叫主环或外环。

⑩ 副回路　是指由副测量变送器、副控制器、控制阀和副对象构成的内回路，又称副环或内环。

由图 1-88 可见，主控制器的输出作为副控制器的外设定，这是串级控制系统的一个特点。

(2) 串级控制的特点

① 主回路为定值控制系统，而副回路是随动控制系统。

② 结构上是主、副控制器串联，主控制器的输出作为副控制器的外设定，形成主、副两个回路，系统通过副控制器操纵执行器。

③ 抗干扰能力强，对进入副回路扰动的抑制力更强，控制精度高，控制滞后小。因此，它特别适用于滞后大的对象，如温度等系统。

(3) 回路和变量的选择

① 副回路应包括尽可能多的扰动，尤其是主要扰动。

② 副回路的时间常数要小、反应要快。一般要求副环比主环至少快三倍。

③ 所选择的副变量一定是影响主变量的直接因素。

1. 均匀控制系统

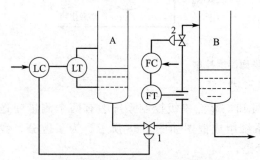

图 1-89　塔釜物料供求关系示意图
A—第一脱乙烷塔；B—脱丙烷塔

工业生产装置的生产设备都是前后紧密联系的。前一设备的出料往往是后一设备的进料。如图 1-89 所示，脱丙烷塔（简称 B 塔）的进料来自第一脱乙烷塔（简称 A 塔）的塔釜。对 A 塔来说，需要保证塔釜液位稳定，故有图 1-89 中的液位定值控制系统。而对 B 塔来说，希望进料量较稳定，故有图 1-89 中的流量定值控制系统。假设由于扰动作用，使 A 塔釜液位升高，则液位控制系统会使阀门 1 开度开大，以使 A 塔液位达到要求。但这一动作的结果，却使 B 塔进料量增大，高于设定值，则流量定值控制系统又会关小阀门 2，以保持流量稳定，这样两塔的供需就出现了矛盾，在同一个管道上两阀"开大""关小"使连续流动的流体无所适从。

为了解决前后工序的供求矛盾，使两个变量之间能够互相兼顾和协调操作，则采用均匀控制系统，事实上均匀控制是按系统所要完成的功能命名的。

(1) 均匀控制的特点　多数均匀控制系统都要求兼顾液位和流量两个变量，也有兼顾压力和流量的,其特点是:不仅要使被控变量保持不变(不是定值控制),而且要使两个互相联系的变量都在允许的范围内缓慢变化。

(2)均匀控制方案

① 简单均匀控制系统 简单均匀控制系统如图 1-90 所示,在结构上与一般的单回路定值控制系统是完全一样的。只是在控制器的参数设置上有区别。

② 串级均匀控制系统 简单均匀控制系统结构非常简单,操作方便。但对于复杂工艺对象常常存在着控制滞后的问题。减小滞后的最好方法就是加副环构成串级控制系统,这就形成了串级均匀控制系统,如图 1-91 所示。

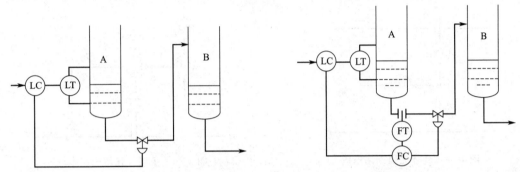

图 1-90 均匀控制系统示意图   图 1-91 串级均匀控制系统示意图

串级均匀控制系统在结构上与一般串级控制系统也完全一样,但目的不一样,差别主要在于控制器的参数设置上。整个系统要求一个"慢"字,与串级系统的"快"要求相反。主变量和副变量也只是名称上的区别,主变量不一定起主导作用,主、副变量的地位由控制器的取值来确定。两个控制器参数的取值都是按均匀控制的要求来处理的。副控制器一般选比例作用就行了,有时加一点积分作用,其目的不全是为了消除余差,而只是弥补一下为了平缓控制而放得较弱的比例控制作用。主控制器用比例控制作用,为了防止超出控制范围也可适当加一点积分作用。主控制器的比例度越大,则副变量的稳定性就越高,实际工作中主控制器比例度可以大到不失控即可。在控制器参数整定时,先副后主,结合具体情况,用经验试凑法将比例度从小到大逐步调试,找出一个缓慢的衰减非周期过程为宜。

2. 比值控制系统

在工业生产中,常会遇到将两种或两种以上物料按一定比例(比值)混合或进行化学反应的问题。如合成氨反应中,氢氮比要求严格控制在 3:1,否则,就会使氨的产量下降;加热炉的燃料量与鼓风机的进氧量也要求符合一定的比值关系,否则,会影响燃烧效果。比值控制的目的就是实现两种或两种以上物料的比例关系。

(1)比值系数 在需要保持比值关系的两种物料中,必有一种物料处于主导地位,称为主物料(主流量),表征这种物料的变量称为主动量 F_1;而另一种物料按主物料进行配比,在控制过程中,随主物料变化而变化,称为从物料(副流量),表征其特征的变量称为从动量 F_2。且 F_1 与 F_2 的比值称为比值系数,用 K 表示,$K=F_1/F_2$。

(2)比值控制方案

① 开环比值控制系统 图 1-92 为开环比值控制系统,F_1 为不可控的主动量,F_2 为从动量。当 F_1 变化时,要求 F_2 跟踪 F_1 变化,以保持 $F_1/F_2=K$。由于 F_2 的调整不会影响 F_1,故为开环系统。

开环控制方案构成简单,使用仪表少,只需要一台纯比例控制器或一台乘法器即可。而实质上，开环比值控制系统只能保持阀门开度与 F_1 之间成一定的比例关系。而当 F_2 因阀前后压力差变化而波动时，系统不起控制作用，实质上很难保证 F_1 与 F_2 之间的比值关系。该方案对 F_2 无抗干扰能力，只适用于 F_2 很稳定的场合，故在实际生产中很少使用。

② 单闭环比值控制系统　为了解决开环比值控制对副流量无抗干扰能力的问题，我们增加了一个副流量闭环控制系统，这就构成了单闭环比值控制系统，如图 1-93 所示。它从结构上与串级控制系统很相似，但由于单闭环比值控制系统主动量 F_1 仍为开环状态，而串级控制系统主、副变量形成的是两个闭环，所以二者还是有区别的。

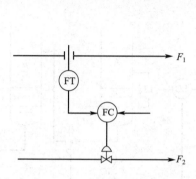

图 1-92　开环比值控制系统

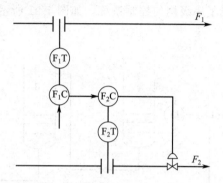

图 1-93　单闭环比值控制系统

该方案中，副变量的闭环控制系统有能力克服影响到副流量的各种扰动，使副流量稳定。而主动量控制器 F_1C 的输出作为副动量控制器 F_2C 的外设定值，当 F_1 变化时，F_1C 的输出改变，使 F_2C 的设定值跟着改变，导致副流量也按比例地改变，最终，保证 $F_1/F_2=K$。

单闭环比值控制系统构成较简单，仪表使用较少，实施也较方便，特别是比值较为精确，因此其应用十分广泛，尤其适用于主物料在工艺上不允许控制的场合。但由于主动量不可控，所以总流量不能固定。

除了以上介绍的比值控制系统外，还有双闭环比值控制系统以及变比值控制系统，在此不再作介绍。

3. 分程控制系统

（1）分程控制系统的构成　分程控制系统是由一个控制器的输出，带动两个或两个以上工作范围不同的控制阀。控制阀多为气动薄膜控制阀，分气开和气关两种形式。它的工作信号是 20~100kPa 的气信号，对于气开阀来说，控制器送来的气压信号越大，阀门的开度也越大，即信号为 20kPa 时，阀全关（开度为 0），信号为 100kPa 时，阀全开（开度为100%），气关阀则相反。而控制器送给控制阀的信号一般都是 4~20mA DC 的直流电流，要用电/气转换器或电/气阀门定位器来实现由 4~20mA DC 到 20~100kPa 的转换。分程控制系统就是利用阀门定位器的这种功能将控制器的输出分成几段，用每段分别控制一个阀门。如通过调整阀门定位器，使 A 阀在 20~60kPa 的信号范围内走完全程，使 B 阀在 60~100kPa 的信号范围内走完全程。

分程控制系统中控制阀的作用方向的选择（气开或气关），要根据生产工艺的实际需要来确定。

（2）分程控制的应用场合

① 实现几种不同的控制手段　工艺上有时要求对一个被控变量采用两种或两种以上的介质或手段来控制。图 1-94 所示为一个反应器的温度分程控制系统。反应器配好物料以后，开始要用蒸汽加热热水对反应器加热启动反应。由于合成反应是一个放热反应，待化学反应开始

后，需要及时用冷水移走反应热，以保证产品质量。这里就需要用分程控制手段来实现两种不同的控制工程。图中 A 阀为气关阀，B 阀为气开阀。

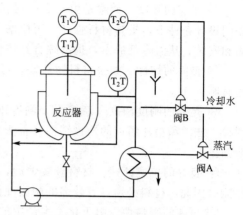

图 1-94 夹套式反应器的
温度分程控制系统

开始时，反应器内的温度没有达到设定值，即测量值很小，故"正作用控制器"（控制器有正反作用之分，正作用时，控制器输出随测量值增加而增加，反作用时，控制器输出随测量值增加而减少）的输出很小，经阀门定位器转换后的气动信号也很小，接近 20kPa。于是，阀 A 全开，阀 B 全关，蒸汽进入热水发生器，使反应器内的温度升高。随着温度的升高，控制器输出值增大，从分程关系图上可以看出，A 阀开度减小，蒸汽量减小。当反应开始后，放热反应使反应器内温

度升得更高，此时控制器的输出值会越来越大，经阀门定位器转换后的信号大于 60kPa，于是 A 阀全关，停止进蒸汽。同时 B 阀逐渐开大，冷水进入夹套，给反应器降温。从而完成了用两种手段实现对一个被控变量进行控制的任务。

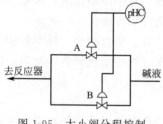

图 1-95 大小阀分程控制

② 用于扩大控制阀的可调范围，改善控制品质 在生产过程中，有时要求控制阀有很大的可调范围才能满足生产需要。如化学"中和过程"的 pH 值控制，有时流量有大幅度的变化，有时只有小范围的波动。用大口径阀不能进行精细调整，用小口径阀又不能适应流量大的变化。这时可用大小两个不同口径的控制阀，如图 1-95 所示并联即可。

4．选择性控制系统

一般的过程控制系统只能在生产工艺处于正常状态下工作，如果出现特殊情况，通常有两种处理方法。一是利用联锁保护系统自动报警后停车；二是转为人工操作，使生产逐步恢复正常。但这两种方法都存在着不足，因为紧急停车虽然安全，但经济损失很大，时间也长。人工紧急处理虽然经济，但人工操作紧张，容易出错，操作的可靠性也较差。而选择性控制系统能克服二者的不足。所谓选择性控制系统，就是有两套控制系统可供选择。正常工况时，选择一套，而生产短期内处于不正常状态时，则选择另一套。这样既不停车又达到了自动保护的目的。所以，选择性控制又叫取代控制或超驰控制。如果说自动联锁是硬保护的话，那么选择性控制就是软保护。

选择性控制什么时候用哪一套控制系统要由选择器来选择。根据选择器的位置及选择的内容不同，可将选择性控制系统分为如下几种类型：

① 选择器在变送器与控制器之间，对被控变量进行选择。

② 选择器在控制器与控制阀之间，对不同的控制器或操纵变量进行选择。

⚙ 任务实施

一、选用储罐及液位计

1．化工生产对储罐的基本要求

（1）安全性能要求

① 足够的强度　储罐是由一定的材料制造而成的，其安全性与材料强度紧密相关。在相同设计条件下，提高材料强度，可以增大许用应力，减薄壁厚，减轻重量，便于制造、运输和安装，从而降低成本，提高综合经济性。

② 良好的韧性　如果材料韧性差，可能因其本身的缺陷或在波动载荷作用下而发生脆性破断。

③ 足够的刚度和抗失稳能力　刚度不足是过程设备过度变形的主要原因之一。例如，螺栓、法兰和垫片组成的连接结构，若法兰因刚度不足而发生过度变形，将导致密封失效而泄漏。

④ 良好的抗腐蚀性　材料被腐蚀后，不仅会导致壁厚减薄，而且有可能改变其组织和性能。因此，材料必须具有较强的耐腐蚀性能。

⑤ 可靠的密封性　由于化工生产中的介质往往具有危害性，若发生泄漏不仅有可能造成环境污染，还可能引起中毒、燃烧和爆炸。因此密封的可靠性是化工设备安全运行的必要条件。

（2）工艺性能要求　储罐的储存量要达到生产要求，否则将影响整个过程的生产效率，造成经济损失。

（3）使用性能要求　形式合理，制造简单，运输与安装方便。对于小型储罐，运输、安装一般比较方便，但对于大型储罐，则应考虑采用现场组装的条件和方法。

（4）操作、控制、维护简便　能设有防止错误操作的报警装置，要有测量、报警和调节装置，能检测液位、压力、温度（必要时）等状态参数，当操作过程中出现异常情况时，能发出警报信号。

2. 储罐容积的确定

确定储罐容积（一种介质）可根据该种介质进出储罐的流量和装置对介质储存天数进行计算，其计算公式为：

$$V = (W_1 - W_2)n\varphi$$

式中　V——储罐总容积，m^3；

　　　W_1——介质进入罐区的流量，m^3/d；

　　　W_2——介质流出罐区的流量，m^3/d；

　　　n——介质的储存时间，d；

　　　φ——装料系数。

储罐的装料系数一般取值如下：

储罐公称容积≥$1000m^3$ 的固定顶罐　$\varphi = 0.9$

储罐公称容积＜$1000m^3$ 的固定顶罐　$\varphi = 0.85$

浮顶罐或内浮顶罐　$\varphi = 0.85$

球罐和卧罐　$\varphi = 0.9$

储罐的总容积除以储罐的个数便得每个储罐的容积。

储罐的个数应满足不同装置生产操作的要求。一般储罐个数为 2～4 台，若生产需要，储罐个数可较多。

3. 储罐的选用

储存介质的性质是选择储罐形式的一个重要因素。介质最重要的特性有：闪点、沸点、饱和蒸气压、密度、腐蚀性、毒性程度、化学反应活性等。

储存液体的闪点、沸点以及饱和蒸气压与液体的可燃性密切相关，是选择储罐形式的主要依据。饱和蒸气压是指在一定温度下，储存在密闭容器中的液化气体，达到气液两相平衡时，气液分界面上的蒸气压力。饱和蒸气压与储存设备的容积大小无关，仅依赖于温度的变化，即随温度的升高而增大。日常生活中常用的液化石油气和液化天然气由于是一种混合物，因而它们的饱和蒸气压与各组分的混合比例有关。一般情况下，液化气体储存设备的压力直接受温度的影响，通常取大气环境最高温度时的介质饱和蒸气压作为其最高工作压力。应根据最高工作压力初步选择储罐类型。一般情况下，球形、椭圆形、蝶形、球冠形封头的圆筒形储罐和球罐可以承受较高的储存压力，而立式平底筒形储罐的承压能力较差，储存介质的压力不大于 0.1MPa。

其次，再根据储存量的大小选择合适的储罐形式。单台立式圆筒形储罐（非平底形）的容积一般不宜大于 $20m^3$，卧式圆筒形储罐的容积一般不宜大于 $100m^3$，当总的储存容量超过 $100m^3$ 但小于 $500m^3$ 时，可以选用几台卧罐组成一个储罐群，也可以选用一台或二台球罐；如总容量大于 $500m^3$，且储存压力较高时，建议选用球罐或球罐群。若是常压储存，且储存容量较大时（$>100m^3$），为了减少蒸发损耗或防止污染环境，保证储液不受空气污染时，宜选用外浮顶罐或内浮顶罐；若是常压或低压储存，蒸发损耗不是主要问题，环境污染也不大，可不必设置浮顶；若需要适当加热储存，宜选用固定顶罐。

储存介质的密度，将直接影响载荷的分析与罐体应力的大小。介质的腐蚀性是储存设备材料选择的首要依据，将直接影响制造工艺与设备造价；而介质的毒性程度则直接影响设备制造与管理的等级和安全附件的配置。

同时，介质的黏度或冰点也直接关系到储存设备的运行成本。这是因为当介质为具有高黏度或高冰点的液体时，为保持其流动性，就需要对储存设备进行加热或保温，使其保持便于输送的状态。

另外，在选择储罐形式时，还需考虑储存场地的位置、大小和地基承载能力。

4.液位计的选型

化工生产中选择液位计时应考虑以下因素：

① 测量对象，如被测介质的物理和化学性质，以及工作压力和温度、安装条件、液位变化的速度等；

② 测量和控制要求，如测量范围、测量（或控制）精确度、显示方式、现场指示、远传、与计算机的接口、安全防腐、可靠性及施工方便性。

选择液位计的一般经验如下：

① 高度 3m 以下的常压罐、压力罐、拱顶罐、浮顶罐，介质流动性较好，不结晶、不含有堵塞通道的固体颗粒，不易燃易爆的物料，一般可采用玻璃管式或玻璃板式液位计现场指示；现场指示并远传，宜采用带远传磁翻板液位计。

② 储罐高度 3m 以上、物料易堵塞、液面测量要求不甚严格的常压设备，可采用浮标液位计、钢卷尺液位计。

③ 具有一定压力，储有易燃、易爆、有毒的介质，要求密闭操作的大型拱顶罐、浮顶罐可选用钢卷尺液位计、光导式液位计、雷达式液位计、超声波式液位计。

④ 对盛装易燃、毒性程度为极高、高度危害介质的液化气体容器，应采用雷达式液位计、超声波式液位计。

⑤ 原油、重质油储罐液位测量宜采用非接触式（雷达式、超声波式）；腐蚀性液体储罐液位测量宜采用非接触式，若选用浮子式、差压式等接触式应选用耐腐材质。

5. 磁翻板液位计的装设

采用何种安装方式，需根据储罐的不同开口方式和容许可开口部位进行选择，地下储罐或容器不适宜侧面开孔，容器侧面安装所需周围空间过少或者测量的介质黏度较大，往往采用顶部安装，而最常见的是侧侧安装，如图 1-96 右侧所示。

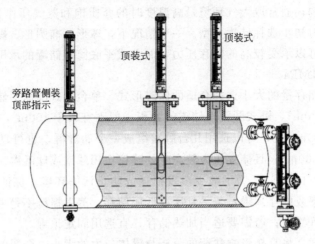

图 1-96　磁翻板液位计安装示意图

①　磁浮子安装要求：为了避免运输途中磁浮子在浮筒内滑动撞击受损，磁翻板液位计在出厂前一般将浮子固定在浮筒边。在安装前打开下法兰，再将磁浮子重端也就是带磁性的一端向上放进浮筒内，注意不能倒装。

②　阀门安装要求：磁翻板液位计与容器之间应装有阀门，以便清洗和检修时可随时切断物料。

③　浮筒内外环境要求：磁翻板液位计筒体周围不允许有磁体靠近，尤其禁止使用铁质卡箍，否则会影响液位计正常工作；介质内不应含有固体杂质或磁性物质，避免对浮子构成卡阻。可根据介质情况，定期清洗浮筒，清除内部杂质。

④　运用前应先用校正磁钢将零位以下的翻片置成红色，其他翻片置成银白色。

⑤　磁翻板液位计投入运行时，应先打开上引液管阀门，然后慢慢开启下引液管阀门，让液体介质平稳流入，避免液体介质带着浮子急速上升，造成翻片翻转失灵或翻乱（如遇此现象，可用磁钢进行校正）。

⑥　防腐型磁翻板液位计安装要求：对于 304 内衬 PTFE 防腐型磁翻板液位计，由于浮筒与法兰衔接处采用独特的密封结构，需借助专用的工具装配，必须保证密封可靠性。

⑦　超长型磁翻板液位计的安装要求：对于超长型磁翻板液位计（测量范围大于 4m），一般进行分段安装。分段方法有两种形式，可根据现场设备的实际接口形式而定。图 1-97（a）是将一台液位计分成两段，安装时先组装对接好连接法兰，在进行对接操作时可适当松开显示面板，支承点的数量根据液位计的长短来定；图 1-97（b）是分成两台或若干台独立的液位计，这种形式的结构要求储罐中间的两块法兰的中心线处在同一水平面上，以实现液位显示的连续性。

二、确定输送泵

应根据装置的工艺参数、输送介质的物理和化学性质、操作周期和泵的结构特性等因素合理选择。工业生产中几种常用泵的性能比较列于表 1-16 中，以便我们正确选用。

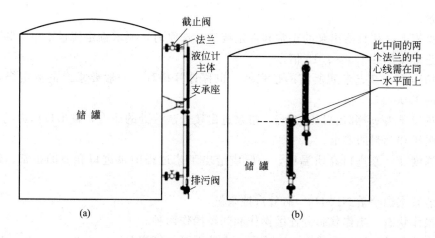

图 1-97　超长液位计安装示意图

表 1-16　几种常用泵的性能比较

泵的类型		非正位移泵		正位移泵	
		离心泵	旋涡泵	往复泵	旋转泵
流量	均匀性	均匀	均匀	脉动	尚均匀
	恒定性	随管路特性而变		恒定	恒定
	范围	广，宜大流量	小流量	较小流量	小流量
压头		不易达到高压头	压头低	高	较高
效率		稍低	低	高	较高
操作	流量调节	出口阀调节	旁路调节	旁路或转速、行程调节	旁路调节
	自吸作用	无	部分型号有	有	有
	启动	出口阀关闭	出口阀全开	出口阀全开	出口阀全开
	维修	简便	简便	麻烦	较简便
适用场合		流量和压头适用范围广，尤其适用于大流量、中压头，不太适合高黏度液体	小流量、较高压头，低黏度液体	小流量、高压头，不含杂质的黏性液体	小流量、较高压头，高黏度液体

　　离心泵具有结构简单、输液无脉动、流量调节简单等优点，因此应尽可能选用离心泵。

　　泵的系列是指泵厂生产的同一类结构和用途的泵，如 IS 型清水泵、IH 型化工泵、Y 型油泵、ZA 型化工流程泵、SJA 型化工流程泵等。当泵的类型确定后，就可以根据介质特性和工艺参数来选择泵的系列和材料。

1. 输送介质的物理化学性能

　　输送介质的物理化学性能直接影响泵的性能、材料和结构，是选型时需要考虑的重要因素。介质物性与水类似可选择清水泵，有腐蚀性需要选择耐腐蚀泵，颗粒含量较大可选择杂质泵，介质为剧毒、贵重或有放射性等不允许泄露物质时，应考虑选用无泄漏泵（如：屏蔽泵、磁力泵）或带有泄漏收集和泄漏报警装置的双端面机械密封，介质为液化烃等易挥发液体应选用低汽蚀余量泵。

2. 工艺参数

（1）流量 Q　工艺装置生产中，要求泵输送的介质量，工艺人员一般应给出正常、最小和最大流量。

泵数据表上往往只给出泵的正常和额定流量。选泵时，要求额定流量不小于装置的最大流量或取正常流量的 $1.1 \sim 1.15$ 倍。

（2）扬程 H　工艺装置所需的扬程值，也称计算扬程。一般要求泵的额定扬程为装置所需扬程的 $1.05 \sim 1.1$ 倍。

（3）进口压力 p_s 和出口压力 p_d　指泵进出接管法兰处的压力，进出口压力的大小影响到壳体的耐压和轴封的要求。

（4）温度 T　泵进口介质温度，一般应给出工艺过程中泵进口介质的正常、最低和最高温度。

（5）装置汽蚀余量 NPSHa　有效汽蚀余量。

（6）操作状态　操作状态分连续操作和间歇操作两种。

（7）安装条件　选择卧式泵、立式泵（含液下泵、管道泵）。

泵的类型、系列和材料选定后就可以根据泵厂提供的样本及有关资料确定泵的型号。为了选用方便，在生产厂家提供的泵样本中，各类离心泵都附有系列特性曲线，这些特性曲线使泵的选用方便可靠。图 1-98 就是 IS 型水泵的系列特性曲线图。图中各条曲线上的黑点表示该泵效率最高时的性能。

3. 离心泵选型步骤

一般按下述步骤进行。

（1）确定输送系统的流量与压头　液体的输送量一般为生产任务所规定，如果流量在一定范围内波动，选泵时应按最大流量考虑。根据输送系统管路的安排，用伯努利方程式计算在最大流量下管路所需的压头。

（2）选择离心泵的类型与型号　根据输送液体的性质和操作条件确定泵的类型，然后根据生产任务所规定的流量 Q 和设计管路所要求的压头 H 从产品样本或产品目录中选择合适的型号。显然，选出的泵所能提供的流量和压头不见得与管路所要求的流量 Q_e 和压头 H_e 完全相符，且考虑到操作条件的变化和备有一定的裕量，所选泵的流量和压头可稍大一点，但在该条件下对应泵的效率应比较高，即点（Q_e、H_e）位置应靠在泵的高效率范围所对应的 H-Q 曲线下方。

（3）核算泵的轴功率　若输送液体的密度大于水的密度，可按式（1-37）核算泵的轴功率。

例1-19 若某输水管路系统要求流量为 $50 m^3/h$，压头为 18m，试选择一台适宜的离心泵并核算泵阀门调节流量多消耗的功率。

解　（1）泵的型号　由于输送清水，故选用 IS 型水泵。根据 $Q_e = 50 m^3/h$，$H_e = 18m$ 的要求，在 IS 型水泵的系列特性曲线图上标出相应的点，因该点在标有：IS80-65-125 型泵弧线的下方，故可选用 IS 80-65-125 型水泵，转速为 2900r/min，在附录查得该泵的性能如下：

$$Q = 50 m^3/h, \ H = 20m, \ N = 3.63kW, \ NPSHr = 3.0m, \ \eta = 75\%$$

（2）用阀门调节流量多消耗的功率　因阀门调节流量多消耗的压头为：

$$\Delta H = 20 - 18 = 2 \ (m)$$

故多消耗的轴功率为：

$$\Delta P = \frac{\Delta H Q \rho g}{3600 \eta} \times 100\% = \frac{2 \times 50 \times 1000 \times 9.8}{3600 \times 0.75 \times 1000} = 0.363 \ (kW)$$

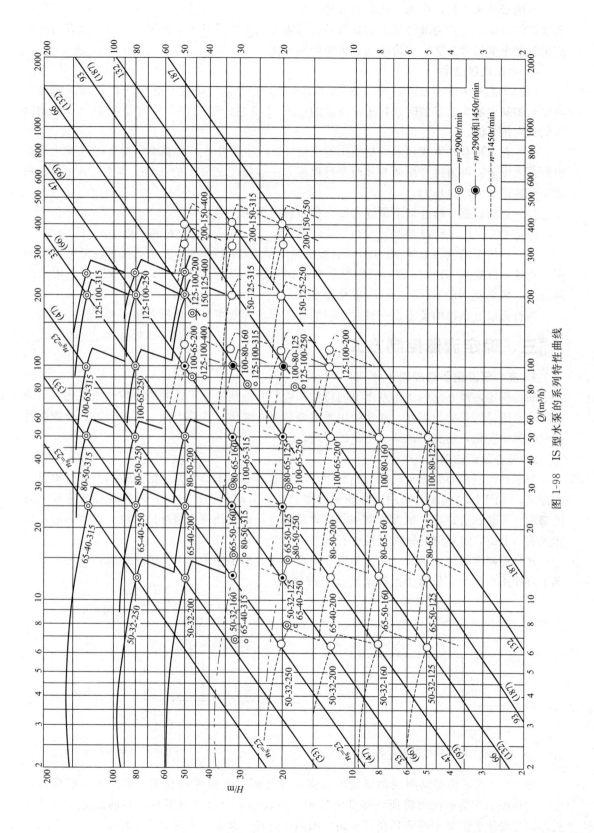

图 1-98　IS 型水泵的系列特性曲线

泵的型号选出后，应列出该泵的各种性能参数。当符合以上条件者有两种以上规格时，要选择综合指标高者为最终选定的泵型号。具体可比较以下参数：效率（泵效率高者为优）、重量（泵重量轻者为优）和价格（泵价格低者为优）。

4. 容积式泵选型

（1）工艺要求的额定流量 Q 和额定出口压力 p 的确定　额定流量 Q 一般直接采用最大流量，如缺少最大流量值时，取正常流量的 $1.1 \sim 1.5$ 倍。额定出口压力 p 指泵出口可能出现的最大压力值。

（2）查容积泵样本或技术资料给出的流量 $[Q]$ 和压力 $[p]$　流量 $[Q]$ 指容积式泵输出的最大流量。可通过旁路调节和改变行程等方法达到工艺要求的流量。压力 $[p]$ 指容积式泵允许的最大出口压力。

（3）选型依据　符合以下条件者即为初步确定的泵型号。

流量 $Q \leqslant [Q]$，且 Q 越接近 $[Q]$ 越合理；压力 $p \leqslant [p]$，且 p 越接近 $[p]$ 越合理。

（4）校核泵的汽蚀余量 NPSHr＜装置汽蚀余量 NPSHa，如不合乎此要求，需降低泵的安装高度，以提高 NPSHa 值；或向泵厂家提出要求，以降低 NPSHr 值；或同时采用上述两方法，最终使 NPSHr＜NPSHa-安全余量 S。

当符合以上条件的泵不止一种时，应综合考虑选择效率高、价格低廉和可靠性高的泵。

三、确定流量控制方式

1. 离心泵流量手动控制

如前所述，离心泵的工作点由泵的特性和管路特性所决定，改变两种特性曲线之一均可达到调节流量的目的，因此，通常采用手动调节离心泵出口管路上调节阀的开度，使管路特性曲线发生变化，达到手动调节流量的目的。

2. 离心泵自动控制

与手动控制离心泵流量的原理相同，自动调节离心泵出口管路上的自控阀，进行流量自动控制，如图 1-99 所示。采用这种控制方案时，调节阀装在出口端，因为离心泵的吸上高度有限，若装在进口端，则大大增加进口管路阻力，可能使离心泵产生汽蚀。调节阀装在检测仪表的下游，这样对保证测量精度有好处。

这种控制方案简便易行，广泛采用。缺点是在流量小的情况下，效率很低，这种控制方案不宜使用在排出流量低于正常流量 30% 的场合。

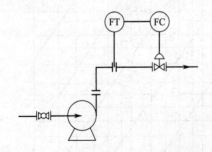
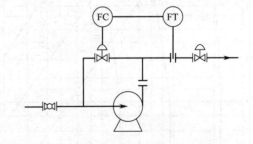

图 1-99　离心泵的节流控制方案　　　　　图 1-100　离心泵旁路阀控制方案

图 1-100 所示为旁路阀控制流量的方案，通过调节旁路阀的开度，实现实际流量的调节。这种控制方案也比较简便，而且调节阀口径较小。但这种方案对旁路的那部分液体来说，原先提供的能量全部消耗在调节阀。因此，这种方案总的来说效率比较低。

图 1-101 所示为改变泵的转速控制流量的方案，通过改变泵的转速，改变泵的工作点，实现流量调节。这种调节方案的优点是机械效率高，但结构相对复杂，因此，多用于流量较大的场合。

对于泵，稳定了一定的压力，就等于稳定了流量。在流量测量有困难的情况下，也可以通过控制压力来控制流量，如图 1-102 所示。

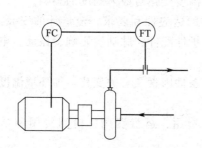

图 1-101　离心泵转速调节控制方案

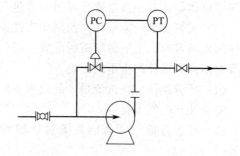

图 1-102　离心泵压力控制调节方案

在输送Ⅰ级和Ⅱ级毒性液体或甲、乙类可燃液体过程中，为防止操作人员疏于值守，接受罐溢流产生危险；防止内浮顶原料罐液位降低到浮盘立柱高度后，浮盘被立柱顶住不能下降，空气进入液面与浮盘之间的空间，形成爆炸性气体，必须设置高液位报警，高高液位联锁停止进料，内浮顶储罐必须设置低液位报警、低低液位联锁停止出料，应满足现行 SH/T 3007《石油化工储运系统罐区设计规范》、AQ 3036《危险化学品重大危险源 罐区现场安全监控装备设置规范》、AQ 3053《立式圆筒形钢制焊接储罐安全技术规程》等技术要求。

四、设计工艺流程

工艺流程设计应符合以下原则。

(1) 科学性原则　符合动力输送原理：储罐内液体被吸入输送机械，液体在运行的输送机械中获得动力后，以一定的压力通过管路排至接受罐。

(2) 完整性原则　液体机械输送流程：液体储罐、机械泵、管路、接受罐、接受罐大小呼吸尾气处理系统（对于易挥发液体）。

(3) 安全、环保原则　采取技术措施，避免空气吸入液体储罐形成爆炸性混合气体措施，防止静电产生，防止液体储罐成为外压容器失稳吸瘪，防止输送系统超压造成事故。采取技术措施，防止液体储罐、接受罐大小呼吸尾气造成环境污染（对于易挥发液体）。

(4) 方便操作控制原则　应设置必要的检测仪表，检测、指示操作过程及结果；正确选用操作调节阀门。自动控制要符合生产工艺要求。

五、确定管路

动力输送管路构成与压力输送、真空输送类似，由管道、阀门等管件构成，但动力输送一般都要求进行流量调节、控制。因此，其管路一般均要求安装流量检测、控制元件。

动力输送的管径、材质的确定与压力输送、真空输送相同，已在前两个任务中介绍，本任务主要介绍流量检测仪表确定。

1. 流量计选用

选择流量计的原则，首先要了解各种流量计的结构原理和流体特性等，同时根据安装现场情况及环境条件，也要考虑经济方面的因素。一般情况下，主要从五个方面进行选择：

（1）性能要求　流量计性能要满足生产要求，是测量流量（瞬时流量）还是总量（累积流量），准确度、重复性、线性度、流量范围和范围度、压力损失、输出信号特性和流量计的响应时间等。

（2）流体特性　所选择的测量方法和流量计不仅要适应被测流体的性质，还要考虑测量过程中流体物性某一参量变化对另一参量的影响，如温度变化对液体黏度的影响。

（3）安装要求　流量计在使用中应注意安装条件的适应性和要求，流量计的安装方向、流体的流动方向、上下游管道的配置、阀门位置、防护性配件、脉动流影响、振动、电气干扰等对不同流量计产生不同影响。

（4）环境条件　在选流量计的过程中应考虑环境条件因素及有关变化，如环境温度、湿度、安全性和电气干扰等。

（5）经济方面　考虑购置流量计的费用、安装费用、运行费用、检测费用和维护费用等。

工业上常用的容积式流量计、差压式流量计、转子流量计均为体积流量计，当被测流体的压力、温度等参数发生较大变化时，会因流体密度的变化带来很大的测量误差，在容积式和差压式流量计中，被测流体的密度可能变化 30%，使流量计量产生 30%～40% 的误差。化学反应过程原料配比不是体积比，而是质量比；产品质量的严格控制、精确的成本核算都需要精确，科里奥利质量流量计直接测量质量、精度高，化工生产中越来越应用广泛。

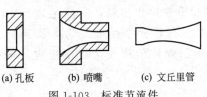

(a) 孔板　(b) 喷嘴　(c) 文丘里管

图 1-103　标准节流件

差压式流量计是利用流体流经节流装置时产生的静压差来实现流量测量，孔板、喷嘴、文丘里管称为节流元件。它们的结构形式、技术要求、取压方式、使用条件等均有统一的标准，所以称为标准节流装置，其结构如图 1-103。实际使用过程中，只要按照标准要求进行加工，可直接投入使用。标准节流装置的使用条件：

① 流体必须充满圆管和节流装置，并连续地流经管道；

② 管道内的流束（流动状态）必须是稳定的，且是单向、均匀的，不随时间变化或变化非常缓慢；

③ 流体流经节流件时不发生相变；流体在流经节流件以前，其流束必须与管道轴线平行，不得有旋转流。

标准节流装置的选择原则：

① 在允许压力较小时，可采用文丘里管和文丘里喷嘴；

② 在检测某些容易使节流装置玷污、磨损和变形的脏污或腐蚀性等介质的流量时，采用喷嘴较孔板为好；

③ 在流量值和差压值都相等条件下，喷嘴的开孔界面比值 β 较孔板的小。这种情况下，喷嘴有较高的检测精度，而且所需的直管长度也较短。

④ 在加工制造和安装方面，以孔板最简单，喷嘴次之，文丘里管、文丘里喷嘴最为复杂，造价也高，并且所需的直管长度也较短。

例1-20　20℃ 的水在内径为 150mm 的钢管内流过，流量要求不低于 $50m^3/h$。试选用孔板直径。

解　根据题意，管内水的流量范围不小于 $50m^3/h$。为使所选用的孔板流量计的孔流系

数 C_0 在全程范围内均为常数，故应按最小流量确定孔板的直径。

查附录（水的重要物理性质）得：$\rho = 998.2 \text{kg/m}^3$　$\mu = 1.005 \times 10^{-3} \text{Pa} \cdot \text{s}$

$$u_{小} = \frac{50/3600}{\frac{\pi}{4} \times 0.15^2} = 0.786 \text{（m/s）}$$

$$Re_{小} = \frac{0.15 \times 0.786 \times 998.2}{1.005 \times 10^{-3}} = 1.2 \times 10^5$$

由 $Re_{小} = 1.2 \times 10^5$ 查图 1-75。在横坐标 1.2×10^5 位置，向上作直线，交于 Re-C_0 曲线，得 $S_0/S_1 = 0.325$，$C_0 = 0.64$。

故孔板的孔口直径为：$d_0 = d_1 \sqrt{\dfrac{S_0}{S_1}} = 150 \times \sqrt{0.325} = 85 \text{（mm）}$

2. 管路布置与安装

化工生产中输送距离较长，管路走向变化多的场合一般均采用动力输送，因此，需要考虑管路的布置与安装，首要应考虑到安装、检修、操作上的方便与人身安全；其次应尽可能减少基建费用；另外还须根据生产的特点、设备的布置、物料的性质以及建筑的结构等方面进行综合考虑。现将一些通常应当注意的事项介绍如下：

（1）便于安装、检修、操作和节省基建费用等考虑

① 除了下水道、上水总管和煤气管外，管路铺设尽可能采用明线。

② 并列管路上的管件和阀门互相错开。

③ 车间内的管路尽可能沿厂房墙壁安装，管与管之间和管与墙壁之间的距离以能容纳活动接头或法兰，以及便于检修为宜，具体数据可参阅表 1-17 的规定。

表 1-17　管与墙的安装距离

公称直径/mm	25	40	50	80	100	125	150
管中心与墙的距离/mm	120	150	170	170	190	210	230

④ 管路的倾斜度通常为 3/1000～5/1000，对含有固体结晶或颗粒较大的物料管要大于或等于 1/100。

⑤ 为了便于区别各种类型的管路，通常应在管路的保护层或保温层表面涂以颜色，其具体颜色及涂色方法可查阅有关资料的规定。

（2）从保证操作与人身安全考虑

① 所有管路，特别是输送腐蚀性介质的管路，在穿越通道时，不得装设各种管件、阀门以及可拆卸连接，以防止因滴漏而造成对人体的伤害。

② 管路离地面的高度以便于检修为准，但通过人行横道时，最低点距地面不小于 2m，通过公路时不得小于 4.5m，与铁路路轨净距离不得小于 6m。

③ 管路的跨距（两支座间的距离）一般不超过表 1-18 的规定。

表 1-18　管路的跨距

公称管径/mm	50	76	100	125	150	200	250	300	400
跨距/m	3.0	4.0	4.5	5.0	6.0	7.0	8.0	9.0	9.0

④ 输送腐蚀性介质的管路与其他管路并列时，应保持一定距离，而且其位置应略低一些，或采用如图 1-104 所示的三角支架，这样可避免发生滴漏时影响其他管路。

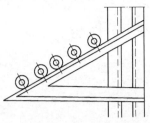

图1-104 三角支架安装

⑤ 输送易燃易爆（如醇类、烃类流体等）物料时，由于在物料流动时常有静力产生而使管路成为带电体，为了防止静电积聚，必须将管路可靠接地。

⑥ 随着季节的变化以及管道中介质温度的影响，管路的工作温度往往与安装时的温度相差较大，由于热胀冷缩的作用，管子的长度亦相应地要发生变化。如果管路不能自由伸缩，管材中则会有热应力产生，过大的热应力将造成管路的弯曲，以至破裂等。通常钢管温度在335K以上时，就应当考虑安装伸缩器以解决冷热变形的补偿问题。伸缩器又名补偿器，形式较多，图1-105(a)所示的凸面式补偿器，结构紧凑，但补偿能力有限，应用较少；图1-105(b)所示填料函式补偿器结构紧凑，又具有相当大的补偿能力（通常可达到200mm以上），但轴向力较大，填料需经常维修，介质可能泄漏，安装要求也高，只在铸铁和陶瓷等管路中使用；图1-105(c)所示的圆角弯方形补偿器，其优点是结构简单，易于制造，补偿能力大，是目前使用较多的一种。此外，当管路呈垂直或任意角度相交时，利用管路本身的弹性变形，可以自动地补偿管路的热变形，如图1-105(d)。

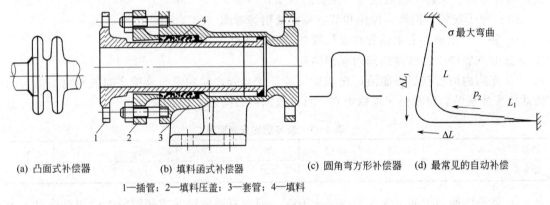

(a) 凸面式补偿器　　　(b) 填料函式补偿器　　　(c) 圆角弯方形补偿器　　(d) 最常见的自动补偿

1—插管；2—填料压盖；3—套管；4—填料

图1-105 管路的热补偿装置

（3）从尽量降低基建费用和操作费用出发

① 各种管路应集中铺设，这样可以共同利用管架；铺设时要尽量走直线，少拐弯，少交叉，而且力求整齐美观。

② 热的管路应避开冷的管子，特别是冷冻盐水的管路；衬橡胶管或聚氯乙烯塑料管应避开热的管路；如果这些管路装在同一支架上，应将热的管路装在最上面。

③ 管路安装完毕后，应按规定进行强度和严密性试验；未经试验合格，在焊接及其他连接处不得涂漆和保温；管路在第一次使用前须用压缩空气或惰性气体进行吹扫。

（4）管路的使用与防护

① 化工管路常见故障及处理方法　化工管路在运行过程中，往往会发生泄漏、堵塞等故障。因此，在生产过程中，我们应注意经常检查，及时发现问题并排除。化工管路常见故障及处理方法见表1-19。

② 化工管路的防护　一般都采用涂料，不同的用途选用不同的涂料，见表1-20。不同的材料选用不同的底漆，见表1-21。另外，管路涂料的颜色一般由输送物料定：主要物料为红色，水为绿色，空气为蓝色，放空、有毒及危险品用黄色。

表 1-19　管路常见故障及处理方法

序号	常见故障	原因	处理方法
1	管泄漏	裂纹,孔洞(管内外腐蚀,磨损),焊接不良	装旋塞、缠带、打补丁、箱式堵漏、更换
2	管堵塞	不能关闭 杂质堵塞	拆卸阀或管段清除 连接旁通,设法清除
3	管振动	流体脉动 机械振动	用管支撑固定或撤掉管支撑件,但必须保证强度
4	管弯曲	管支撑不良	用管支撑固定或撤掉管支撑件,但必须保证强度
5	法兰泄漏	螺栓松动 密封垫片损坏	箱式堵漏,紧固螺栓,更换螺栓 更换密封垫、法兰
6	阀泄漏	压盖填料不良,杂质吸附在其表面	紧固填料函 更换压盖填料 更换阀部件或阀 阀部件磨合

表 1-20　不同用途对涂料的选择

涂料种类 用途	油性漆	酯胶漆	大漆	酚醛漆	沥青漆	醇酸漆	有机硅	乙烯基漆	环氧漆	聚氨酯漆
一般防护	△	△				△				
防化工大气			△							
耐酸			△	△	△			△		△
耐碱			△		△			△		△
耐盐类					△			△		
耐溶剂			△					△		
耐油			△			△		△		
耐水			△	△	△		△	△	△	
耐热							△			
耐磨								△	△	
耐候性	△				△		△	△		△

表 1-21　不同金属对底漆的选择

金属	底漆品种
黑色金属	铁红醇酸、铁红纯酚醛、硼钡酚醛、铁红环氧、铁红油性、红丹、过氯乙烯漆、沥青等
铝及铝镁合金	锌黄油性、醇酸或丙烯酸、磷化、环氧等
锌	锌黄、纯酚醛、磷化、环氧、锌粉
镉	锌黄、环氧
铜及其合金	氨基、铁红醇酸、磷化、环氧
铬	铁红醇酸
铅	铁红醇酸
锡	铁红醇酸、磷化、环氧

六、计算管路所需压头

根据工艺要求和操作、检修要求确定液体输送高度以及管路长度、管件阀门等，可以参考例1-21，利用伯努利方程计算液体物料通过直管的阻力和通过一些阀门、弯头等管件的局部阻力，计算的阻力就是泵需要提供的最小压头。

例1-21 如例1-21附图所示，用泵将储槽中密度为1200kg/m³的溶液（物性接近于纯水）送到蒸发器内，储槽中液面维持恒定，其上方压力为大气压。蒸发器内压力为26.7kPa（真空度）。蒸发器进料口高于储槽液面15m，输送管道为$\phi 68\text{mm} \times 4\text{mm}$的钢管，送液量20m³/h，能量损失为120J/kg，试为该系统选用一台合适的离心泵。

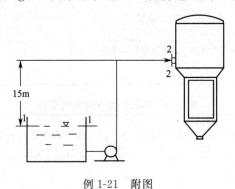

例1-21 附图

解 离心泵的选用步骤为：①根据被输送流体的性质选用泵的类型；②根据工艺要求的流量和扬程来选用泵的型号；③核算电机功率。

① 选用泵的类型：这里被输送液体的物性与水相近，所以选用IS型单级单吸离心泵。

② 估算泵所需的扬程，以便选用泵的大小。

取1-1和2-2截面，并以1-1截面为基准水平面；

$$z_1 + \frac{p_1}{\rho g} + \frac{u_1^2}{2g} + H_e = z_2 + \frac{p_2}{\rho g} + \frac{u_2^2}{2g} + h_f$$

$z_1 = 0$　　　　　　$z_2 = 15\text{m}$

$p_1 = 0$　　　　　　$p_2 = -26.7 \times 10^3 \text{Pa}$（表压）

$u_1 = 0$　　　　　　$u_2 = \dfrac{20}{3600 \times \frac{\pi}{4} \times 0.06^2} = 1.97$（m/s）

$H_e = ?$　　　　　　$h_f = \dfrac{120}{9.81} = 12.23$（m）

代入上式求得：$H = 25.16\text{m}$

根据工艺要求的流量$Q = 20\text{m}^3/\text{h}$，扬程$H = 25.16\text{m}$，选用IS 65-50-160型号的离心泵，其性能参数如下：

型号	流量/(m³/h)	扬程/m	转速/(r/min)	汽蚀余量/m	泵效率	功率/kW	
						轴功率	配带功率
IS 65-50-160	25	32	2900	2.0	65%	3.35	5.5

③ 核算电机功率。泵需提供的有效功率为：

$$P_e = W G_s = H_e g G_s = 25.16 \times 9.81 \times \frac{20 \times 1200}{3600} = 1645.5（W）$$

轴功率为：$P = \dfrac{N_e}{\eta} = \dfrac{1645.5}{65\%} = 2531.54W = 2.53kW$ 小于所配电机 5.5kW，所以适用。

七、离心泵操作与控制

（一）离心泵的运行

1. 运行前的准备工作

① 第一次运行前，将所有的阀打开（除压力表阀、真空表阀外），用压缩空气吹洗整个管路系统。

② 检查各部分螺栓、连接件是否有松动。有松动的要加以紧固，在紧固地脚螺栓时要重新对中找正。

③ 盘车。用手盘动联轴器使泵转子转动数圈，看机组转动是否灵活，是否有响声和轻重不匀的感觉，以判断泵内有无异物或轴是否弯曲，密封件安装正不正，软填料是否压得太紧等。

④ 检查机组转向。在检查转向时，最好使联轴器脱开，看启动电机是否与泵的工作叶轮转向箭头一致。但不能开动电机带动泵空转，以免泵零件之间干磨造成损坏。

⑤ 检查润滑油、封油、冷却水系统，应无堵塞，无泄漏。

2. 启动

① 关闭压力表阀、真空表阀。

② 关闭出口阀，开启进料阀进行灌泵。待离心泵泵体上部放气旋塞冒出的全是液体而无气泡时，即泵已灌满，关闭放气阀。

③ 开冷却水、密封部冲洗液等。

④ 启动电机，打开压力表、真空表阀。

3. 正常运行

① 电机启动 2～3min 后，慢慢打开出口阀，调节流量直至达到要求。

② 观察压力表和真空表的读数，达到要求数值后，要检查轴承温度。一般滑动轴承温度不大于 65℃；滚动轴承温度不大于 70℃。运转要平稳，无杂音。流量和扬程均达到标牌上的要求。

③ 泵正常工作后，检查密封情况。机械密封漏损量不超过 10 滴/min，软填料密封不超过 20 滴/min。

4. 停车

① 与接料岗位取得联系后，应先关闭压力表、真空表阀，再慢慢关闭离心泵的出口阀。使泵轻载，又能防止液体倒灌。

② 按电动机按钮，停止电机运转。

③ 关闭离心泵的进口阀及密封液阀、冷却水等。

5. 运行中切换

在运转泵与备用泵切换使用时，应先按离心泵的启动程序做好所有准备工作，然后开动备用泵。待备用泵运转平稳后，缓慢打开备用泵排出阀，同时逐步关闭运转泵的出口阀，以保证工艺所需流量的稳定，不致产生较大的波动。在原运转泵出口阀全部关死后，即可停止原动机。

6. 操作中的注意事项

① 在启动电机初期，出口阀关闭运转的时间一般不要超过 3～5min，因为此时流量为零，泵运转消耗的功率变为热能被泵内液体吸收，容易使泵发热。

② 暖泵。对输送高温液体的离心泵，在启动前要使泵预热到工作状态。因为泵都是根据一定操作温度设计的。在高于操作温度时，由于金属材料热膨胀的原因，各零部件的尺寸以及它们之间的间隙都要发生变化，所以不预热就启动离心泵必然会造成损坏。

预热时速度要缓慢、均匀，使各零部件膨胀的尽可能一致。预热速度一般为每小时升温50℃以内（金属制泵）。为了使泵内零件对称而均匀的加热，应一边预热一边盘车，每隔十分钟盘车半圈，当温度高于150℃以后，应每隔五分钟就盘转一次，以防泵轴产生变形。热态泵停车时，也应每隔20～30min盘车半转，使之均匀冷却，以免泵轴弯曲，在温度很高时，不能突然通入大量的冷却液，以防局部应力过大而使泵开裂。

③ 盘车。泵启动前要进行盘车。其目的不仅是为了使各零件均匀加热，而且要检查泵是否正常（如轴承的润滑情况，是否有卡轴现象，泵是否有堵塞或冻结，密封是否泄漏等）。因为轴上叶轮自重的影响，轴中间产生一定的挠度。特别是多级泵轴长、叶轮多、自重大、轴的挠度大。所以，对备用泵也要经常盘车，每次转 180°为好。

④ 空转。切忌离心泵空转。因为在泵内没有液体空运转时，必然会使机件干摩擦，造成密封环、轴封、平衡盘等很快磨损，同时温度也急剧升高，烧坏摩擦副，或者引起抱轴。泵在运行过程中如果发现因液体抽空、或吸入管漏气而空转时，也应立即停车。

7. 离心泵常见故障分析及处理

离心泵常见故障及处理方法见表1-22。

表 1-22　离心泵常见故障及处理方法

故 障 现 象	产生故障的原因	处 理 方 法
启动后不出水	(1)启动前泵内灌水不足 (2)吸入管或仪表漏气 (3)吸入管浸入深度不够 (4)底阀漏水	(1)停车重新灌水 (2)检查不严密处，消除漏气现象 (3)降低吸入管，使管口浸没深度大于 0.5～1m (4)修理或更换底阀
运转过程中输水量减少	(1)转速降低 (2)叶轮阻塞 (3)密封环磨损 (4)吸入空气 (5)排出管路阻力增加	(1)检查电压是否太低 (2)检查并清洗叶轮 (3)更换密封环 (4)检查吸入管路，压紧或更换填料 (5)检查所有阀门及管路中可能阻塞之处
轴功率过大	(1)泵轴弯曲，轴承磨损或损坏 (2)平衡盘与平衡环磨损过大，使叶轮盖板与中段磨损 (3)叶轮前盖板与密封环、泵体相磨 (4)填料压得过紧 (5)泵内吸进泥沙及其他杂物 (6)流量过大，超出使用范围	(1)矫直泵轴，更换轴承 (2)修理或更换平衡盘 (3)调整叶轮螺母及轴承压盖 (4)调整填料压盖 (5)拆卸清洗 (6)适当关闭出口阀
振动过大,声音不正常	(1)叶轮磨损或阻塞,造成叶轮不平衡 (2)泵轴弯曲,泵内旋转部件与静止部件有严重摩擦 (3)两联轴器不同心 (4)泵内发生汽蚀现象 (5)地脚螺栓松动	(1)清洗叶轮并进行平衡找正 (2)矫正或更换泵轴,检查摩擦原因并消除 (3)找正两联轴器的同心度 (4)降低吸液高度,消除产生汽蚀的原因 (5)拧紧地脚螺栓
轴承过热	(1)轴承损坏 (2)轴承安装不正确或间隙不适当 (3)轴承润滑不良(油质不好,油量不足) (4)泵轴弯曲或联轴器没找正	(1)更换轴承 (2)检查并进行修理 (3)更换润滑油 (4)矫直或更换泵轴,找正联轴器

(二)控制系统的投运

不管是哪种控制系统，其投运一般都分三大步骤，即准备工作，手动操作，自动运行。

1. 准备工作

（1）熟悉工艺过程。了解工艺机理、各工艺变量间的关系、主要设备的功能、控制指标和要求等。

（2）熟悉控制方案。对所有的检测元件和控制阀的安装位置、管线走向等要心中有数，并要掌握过程控制工具的操作方法。

（3）对检测元件、变送器、控制器、执行器和其他有关装置，以及气源、电源、管路等进行全面检查，保证处于正常状态。

（4）负反馈控制系统的构成。过程控制系统应该是具有被控变量负反馈的闭环系统。即如果被控变量值偏高，则控制作用应该使之降低，反之亦然。

"负反馈"的实现，完全取决于构成控制系统各个环节的作用方向。也就是说，控制系统中的对象、变送器、控制器、执行器都有作用方向，可用"＋""－"号来表示。为使控制系统构成负反馈，则四个环节的作用方向的乘积应为"－"。以下就各环节的作用方向进行分析。

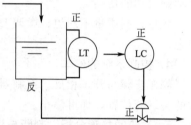

图 1-106　储槽液位控制系统

① 被控对象的作用方向　确认被控变量和操纵变量，当控制阀开大时，如果被控变量增加，则对象为"正作用方向"（记为"＋"号），反之为"反作用方向"（记为"－"号）。例如，图 1-106 所示的储槽液位控制系统，被控变量为储槽液位 L，操纵变量为流体流出的流量 F。当控制阀开大时，F 增大，则 L 下降，所以该对象的作用方向为"反作用方向"（－）。

② 变送器的作用方向　一般来说变送器的作用方向只有一个选择，即"正方向"，因为它要如实反映被控变量的大小，所以被控变量液位 L 增加，其输出信号也自然增大。所以变送器总是记为"＋"。

③ 执行器的作用方向（指阀的气开、气关形式）　在前面已经提到过，要从安全角度来选择执行器的气开、气关形式。一般来说，假若出现突发事故，断掉信号后，从安全角度，工艺上需要阀全开，则选用"气关阀"（记为"－"号）；若需要阀全关，则选用"气开阀"（记为"＋"号）。如果本例不允许储槽液位过低，否则会发生危险，则从安全角度，选用"气开阀"（＋）。

④ 控制器的作用方向　前面三个环节的作用方向除了变送器是固定的以外，其余两个是随工艺和控制方案的确定而确定的，不能随意改变。所以就希望控制器的作用方向能具有灵活性，可根据需要任意选择和改变。这就是控制器一定要有正/反作用选择功能的原因所在。控制器的作用方向要由其他几个环节来决定。

由于要求："对象"×"变送器"×"执行器"×"控制器"＝"负反馈"

故对于本例题就有："－"×"＋"×"＋"×"控制器"＝"－"

所以，"控制器"＝"＋"，即该控制器必须为"正作用"。上述为简单系统控制器的作用方向选择准则及方法，目的是为了构成"负反馈"。

⑤ 控制器控制规律的选择　构成负反馈的过程控制系统，只是实现良好控制的第一步。下一步就是要选择好控制器的控制规律。控制规律对控制质量影响很大，必须根据不同的过

程特性（包括对象、检测元件、变送器及执行器作用途径等）来选择相应的控制规律，以获得较高的控制质量，前面已经描述，这里不再重复。

2．手动投运

① 通气、加电，首先保证气源、电源正常。

② 测量、变送器投入工作，用高精度的万用表检测测量变送器信号是否正常。

③ 使控制阀的上游阀、下游阀关闭，手调旁路阀门，使流体从旁路通过，使生产过程投入运行。

④ 用控制器自身的手操电路进行遥控（或者用手动定值器），使控制阀达到某一开度。等生产过程逐渐稳定后，再慢慢开启上游阀，然后慢慢开启下游阀，最后关闭旁路，完成手动投运。

3．切换到自动状态

在手动控制状态下，一边观察仪表指示的被控变量值，一边改变手操器的输出信号（相当于人工控制器）进行操作。待工况稳定后，即被控变量等于或接近设定值时，就可以进行手动到自动的切换。

如果控制质量不理想，微调 PID 的 δ、T_i、T_d 参数，使系统质量提高，进入稳定运行状态。

4．控制系统的停车

停车步骤与开车相反。控制器先切换到"手动"状态，从安全角度使控制阀进入工艺要求的关、开位置，即可停车。

5．系统的故障分析、判断与处理

过程控制系统投入运行，经过一段时间的使用后会逐渐出现一些问题。作为工艺操作人员，掌握一些常见的故障分析和排除故障处理诀窍，对维护生产过程的正常运行具有重要的意义。下面简单介绍一些常见的故障判断和处理方法。

(1) 仪表故障判断　在工艺生产过程出现故障时，首先判断是工艺问题还是仪表本身的问题，这是故障判别的关键。一般来讲主要通过下面几种方法来判断：

① 记录曲线的比较

a. 记录曲线突变　工艺变量的变化一般是比较缓慢的、有规律的。如果曲线突然变化到"最大"或"最小"两个极限位置上，则很可能是仪表的故障。

b. 记录曲线突然大幅度变化　各个工艺变量之间往往是互相联系的。一个变量的大幅度变化一般总是引起其他变量的明显变化。如果其他变量无明显变化，则这个指示大幅度变化的仪表（及其附属元件）可能有故障。

c. 记录曲线不变化（呈直线）　目前的仪表大多数很灵敏，工艺变量有一点变化都能有所反映。如果较长时间内记录曲线一直不动或原来的曲线突然变直线，就要考虑仪表有故障。这时，可以人为地改变一点工艺条件，看看仪表有无反应，如果无反应，则仪表有故障。

② 控制室仪表与现场同位仪表比较　对控制室的仪表指示有怀疑时，可以去看现场的同位置（或相近位置）安装的直观仪表的指示值，两者的指示值应当相等或相近，如果差别很大，则仪表有故障。

③ 仪表同仪表之间比较　对一些重要的工艺变量，往往用两台仪表同时进行检测显示，如果二者不同时变化，或指示不同，则其中一台有故障。

(2) 工艺问题的经验判断及处理方法　利用一些有经验的过程工艺技术人员对控制系统

及工艺过程中积累的经验来判别故障，并进行排故处理。某些故障及其处理方法如表 1-23 所示。

表 1-23　故障的经验判断处理表

故障	原因	排故方法
控制过程的调节质量变坏	对象特性变化、设备参数变坏	调整 PID 参数
测量不准或失灵	测量元件损坏 管道堵塞、信号线断	分段排查 更换元件
控制阀控制不灵敏	阀芯卡堵或腐蚀	更换
仪表压缩机的输出管道喘振	控制阀全开或全闭	不允许全开或全闭

技术评估

一、确定储罐

根据储存液体的理化性质，确定储存方式，是采用常温常压储存，还是常温加压储存、低温常压储存、低温加压储存，从而选择储罐形式、储罐材质，罐壁厚应由设备专业计算确定。

常温常压储存，根据储存液体的理化性质，判断在全年最低气温下是否凝固，判断是否为易挥发性液体，判断其火灾危险性等级，判断蒸汽对环境的影响，判断大气对储存液体的影响，从而确定是否需要采取加热、保温措施，选择固定顶储罐还是浮顶储罐，确定大小呼吸尾气的处理方式，确定是否需要采用惰性气体保护。根据安全需要、生产要求选择液位计，如远传磁性翻板液位计、雷达液位计、超声波液位计等，从经济性方面考虑，远传磁性翻板液位计较适宜。

常温加压储存、低温加压储存、低温常压储存，根据工艺参数，确定加压罐的安全附件，配置压力表、温度计、液位计；确定低温罐的保冷要求，低温获取方式。

根据生产用量和采购周期，计算储罐容积，作为原料储罐，采用至少 2 只储罐，确定单只储罐的容积，再根据储罐的安装空间、经济性原则，确定储罐的规格。

二、选择输送泵

根据输送液体的理化性质、含固体量，任务的输送要求，选泵步骤，选择输送泵类型。根据生产任务所规定的流量 Q 和估算所需要的压头 H，从产品样本或产品目录中初选型号。

三、操作控制

输送任务要求自动控制流量，仅考虑物料输送，可根据离心泵出口流量检测值自动调节出口阀的开度或输送泵电机的频率。根据输送任务、流量计量控制要求，选择合适的流量计和流量控制方式。考虑开、停车等不稳定性操作，以及防止自控系统故障影响生产的连续性，在自控系统基础上，考虑泵出口管路是否设手动旁路。

四、设计工艺流程

根据上述确定的储罐、输送泵、操作控制方式，设计工艺流程。同时，应根据输送液体的性质，采取相应的安全、环保措施。如，对易燃、易挥发液体，应配备大小呼吸尾气的处理设施，配备惰性气体保护设施；对于大气的组分影响物性的液体，应配置惰性气体保护设施。加热储罐、低温储罐，应配备达到工艺温度要求的设施。

根据储存液体的安全技术要求，设计相应的报警、自控系统和安全仪表系统。

五、输送管路

输送液体管径的计算、管材的选用、管道的安装等与压力输送的要求相同。流速选择还须结合管道特性曲线的要求，本输送任务还应考虑原料在反应器内的流速。

六、核算泵的安装高度

根据所设计的工艺流程，计算输送管路的阻力、所需扬程，选择泵的规格；核算管道特性曲线，使离心泵正常流量下的工作点在所选泵最高效率的 92% 区域内。

七、编写操作规程

结合学校实训装置编制操作规程，参考《危险化学品岗位安全生产操作规程编写导则》（DB37/T 2401）编写，至少须包含以下内容：

① 岗位任务；

② 生产工艺：工艺原理、工艺流程、主要设备；

③ 工艺控制指标：原料指标、工艺参数指标、操作质量指标；

④ 操作步骤：开车准备、开车、运行、正常停车、生产异常现象及处理措施。

在实训装置上实操验证操作规程的合理性、可行性、安全性，实操应规范、精心、精细，应文明操作。

技术应用与知识拓展

一、往复泵操作运行及故障处理

动画扫一扫

1. 往复泵的运行

（1）运行前的准备

① 严格检查往复泵的进、出口管线及阀门、盲板等，如有异物堵塞管路的情况，一定要予以清除。

② 检查润滑油是否加至油窗上指示刻度。若不到，向油杯内加入清洁润滑油，并微微开启针形阀，使往复泵保持润滑。

③ 排除气缸内的冷凝水，打开油缸内的排气阀，之后给少许蒸汽暖缸。

④ 检查盘根的松动、磨损情况。

（2）启动

① 盘车 2～3 转，检查有无受阻情况，发现问题及时处理。

② 第一次使用要引入液体灌泵，以排除泵内存留的空气，缩短启动过程，避免干摩擦。引入液体后看泵体的温升变化情况。

③ 打开压力表、安全阀的前阀。

④ 全开泵的出口阀，关小出口管路上的旁路阀。

⑤ 启动泵，观察流量、压力、泄漏情况。

（3）正常运行

① 慢慢开启旁路阀，调节流量直至符合要求范围。

② 观察压力表的读数，要求运行平稳。注意检查泵的温度及密封情况。

（4）停车

① 做好停泵前的联系、准备工作。

② 停泵。

③ 关闭泵的出、入口阀门。

④ 关压力表阀、安全阀。

⑤ 放掉油缸内压力。

⑥ 打开气缸放水阀，排缸内存水。

⑦ 做好防冻工作，搞好卫生。

2. 操作中的注意事项

① 泵启动前一定要将泵的出口阀开启，若完全关闭运转，则泵内压强会急剧升高，造成泵壳、管路和电动机的损坏。

② 介质必须清洁，因输送液体中固体粒子对泵的使用寿命及正常运转有很大影响，所以泵入口端应加装过滤器，过滤器网孔径不低于 $50\mu m$。

③ 出口压力在满足工艺生产情况下不得超压。

④ 看运行是否正常，是否有抽空或振动情况。

3. 往复泵常见故障分析及处理

往复泵常见故障及处理方法见表1-24。

表 1-24 往复泵常见故障及处理方法

故障现象	产生故障的原因	处理方法
泵开不动	(1)进汽阀阀芯折断,使阀门打不开 (2)气缸内有积水 (3)摇臂销脱落或圆锥销切断 (4)汽、油缸活塞环损坏 (5)气缸磨损间隙过大 (6)汽门阀板、阀座接触不良 (7)蒸汽压力不足 (8)活塞杆处于中间位置,致使汽门关闭 (9)排出阀阀板装反,使出口关死	(1)更换阀门或阀芯 (2)打开放水阀,排除缸内积水 (3)装好摇臂销和更换圆锥销 (4)更换汽、油缸活塞环 (5)更换气缸或活塞环 (6)刮研阀板及阀座 (7)调节蒸汽压力 (8)调整活塞杆位置 (9)重新将排出阀安装正确
泵抽空	(1)进口温度太高产生汽化,或液面过低吸入气体 (2)进口阀未开或开得小 (3)活塞螺帽松动 (4)由于进口阀垫片吹坏,使进出口被连通 (5)油缸套磨损,活塞环失灵	(1)降低进口温度,保证一定液面或调节往复次数 (2)打开进口阀至一定开度或调节往复次数 (3)上紧活塞螺帽 (4)更换进口阀垫片 (5)更换缸套或活塞环
产生响声或振动	(1)活塞冲程过大或汽化抽空 (2)活塞螺帽或活塞杆螺帽松动 (3)缸套松动 (4)阀敲碎后,碎片落入缸内 (5)地脚螺钉松动 (6)十字头中心架连接处松动	(1)调节活塞冲程和往复次数 (2)上紧活塞螺帽和活塞杆、螺帽 (3)上紧缸套螺钉 (4)扫除缸内碎片,更换阀 (5)固定地脚螺栓 (6)修理或更换十字头
压盖漏油、漏气	(1)活塞杆磨损或表面不光滑 (2)填料损坏 (3)填料压盖未上紧或填料不足	(1)更换活塞杆 (2)更换填料 (3)加填料或上紧压盖
气缸活塞杆过热	(1)注油器单向阀失灵 (2)润滑不足 (3)填料过紧	(1)更换单向阀 (2)加足润滑油 (3)松填料压盖

续表

故障现象	产生故障的原因	处理方法
压力不稳	(1)阀关不严或弹簧弹力不均匀 (2)活塞环在槽内不灵活	(1)研磨阀或更换弹簧 (2)调整活塞环与槽的配合
流量不足	(1)阀不严 (2)活塞环与缸套间隙过大 (3)冲程次数太少 (4)冲程太短	(1)研磨或更换阀门,调节弹簧 (2)更换活塞环或缸套 (3)调节冲程数 (4)调节冲程

二、其他泵的操作及故障处理

动画扫一扫

1. 旋涡泵的操作及故障处理

(1) 旋涡泵的运行操作

① 运行前的准备工作

a. 检查泵的进、出口管线及阀门、盲板等,如有异物堵塞管路的情况,一定要予以清除。

b. 检查转向,看启动电机与泵的转向箭头是否一致,但不能开动电机带动泵空转,以免泵零件之间干磨造成损坏。

c. 全开进口阀门。泵在吸上情况下使用,起动前应灌泵或抽真空;泵在倒灌情况下使用,启动前用所输送液体将泵灌满,排除泵中的空气后,将出口管路的阀门关闭。

d. 用手转动泵轴3~5圈,以使液体充满泵体内。

e. 检查各部位是否正常。

② 启动

a. 关闭进、出口压力(或真空)计。如有旁通管,此时也应关闭。

b. 灌泵。待离心泵泵体上部放气旋塞冒出的全是液体而无气泡时,即泵已灌满,关闭放气阀。

c. 启动电机的同时,迅速打开出口管路阀门。然后,打开进、出口压力(或真空)计。

d. 停泵时间超过半个月以上,再次启动前用手转动泵轴3~5圈。

③ 正常运行

a. 调节旁路阀开度,观察流量计读数的变化,直至流量满足要求。注意,在出口阀门全关的情况下,泵连续运行时间不得超过2分钟。

b. 定时检查电机电流值,不得超过电机额定电流。

c. 进口阀门应全开。不能用进口阀调节流量,避免发生汽蚀。

d. 泵轴承温度不得超过70℃。

e. 注意泵运行有无杂音,如有异常状态应及时清除。

④ 停车

a. 做好停泵前的联系、准备工作。

b. 高温型先降温,降温速度<10℃/min,待温度降低到80℃以下才能停车。

c. 关闭进、出口压力(或真空)计,停止电机,迅速关闭出口阀门。若倒灌状态下使用,还要关闭进口阀门。

d. 如果密封采用外部引液,还要关闭外部引液阀。

e. 短时间停车,如环境温度低于液体凝固点,要放净泵内液体。下次启动前,用手转动泵轴3~5圈。

f. 长期停车,除将泵内的腐蚀性液体放净外,各零部件应拆卸、清洗、涂油重装后妥善保管。

（2）旋涡泵常见故障分析及处理

旋涡泵常见故障分析及处理方法见表1-25。

表1-25　旋涡泵常见故障分析及处理方法

常见故障	产生故障的原因	处理方法
泵打不上液体或液量小	(1)吸入阀门未全开 (2)底阀或过滤器被堵塞 (3)吸入管路"漏气" (4)吸入管路有"气堵" (5)液位过低或液体温度过高 (6)转速不足或反转	(1)全开吸入阀门 (2)及时清理 (3)堵漏或更换管子、管件 (4)启动几次,无效,加放气孔或改装管路,避免形成"气袋" (5)提高液位或储罐内增设冷却装置 (6)检查电压或接线
泵出口压力小	(1)叶轮磨损严重或损坏 (2)压力表管路不畅或堵塞	(1)更换或修复 (2)清除堵塞,畅通管路
产生外泄漏	(1)轴上密封圈未压紧 (2)压盖与密封圈有偏斜 (3)密封圈使用已久,已磨损	(1)调整密封圈 (2)调整密封圈 (3)更换密封圈
产生异常声响	(1)泵体或吸入管路进空气 (2)管路局部堵塞不畅 (3)泵轴与电机轴对中不达标 (4)泵或管路未紧固 (5)泵发生汽蚀	(1)检查修复 (2)检查清理 (3)重新安装 (4)上紧螺帽 (5)提高液位或关小泵出口阀开度或降低液体温度
严重发热	(1)轴套上密封圈压得太紧 (2)泵轴与电机轴对中不好 (3)泵体内部转动不灵活	(1)调整密封圈 (2)检查后重新安装 (3)检查后重新调整

2. 旋转泵的操作及故障处理

旋转泵是正位移泵,操作特性与往复泵相似,在一定转速下,泵的流量固定,且不随泵的压头而变;泵有自吸能力,启动前无需灌泵;流量调节的方式均是采用旁路调节（也可采用变频电机,通过调节转速调节流量）,因此,运行操作类似于往复泵,在此不再复述。此处介绍齿轮泵、螺杆泵的故障分析及处理方法。

（1）齿轮泵常见故障分析及处理　齿轮泵常见故障分析及处理方法见表1-26。

表1-26　齿轮泵常见故障及处理方法

常见故障	产生故障的原因	处理方法
泵打不上液体或液量小	(1)被抽液体温度低时黏度大 (2)吸入管高度超过最大吸入真空度 (3)泵旋转方向不符 (4)吸入管路过滤器堵塞 (5)吸入管线及泵体漏入空气	(1)预热被抽液体,降低其黏度 (2)提高液面高度或降低吸入管高度 (3)将电动机接线调整 (4)及时清理过滤器 (5)检查后予以修复
泵出口压力小	(1)泵轴向间隙过大或齿轮端面密封不良引起内漏 (2)压力表管路不畅或堵塞 (3)内部零件磨损严重	(1)调整间隙,修复密封面 (2)清除堵塞,畅通管路 (3)更换零件或修复
产生外泄漏	(1)轴上密封圈未压紧 (2)压盖与密封圈有偏斜 (3)密封圈使用已久,已磨损	(1)调整密封圈 (2)调整密封圈 (3)更换密封圈

常见故障	产生故障的原因	处理方法
产生异常声响	(1)泵体或吸入管路进空气 (2)管路局部堵塞不畅 (3)泵轴与电机轴对中不达标 (4)齿轮面磨损严重 (5)轴套磨损严重	(1)检查修复 (2)检查清理 (3)重新安装 (4)更换齿轮 (5)更换轴套
严重发热	(1)轴套上密封圈压得太紧 (2)泵轴与电机轴对中不好 (3)预热油温偏高 (4)泵体内部转动不灵活	(1)调整密封圈 (2)检查后重新安装 (3)降低预热油温 (4)检查后重新调整

(2) 螺杆泵常见故障分析及处理 螺杆泵常见故障分析及处理方法见表1-27。

表1-27 螺杆泵常见故障及处理方法

故障现象	产生故障的原因	处理方法
泵不吸液	(1)吸入管路堵塞或漏气 (2)吸入高度超过允许吸入真空高度 (3)电动机反转 (4)介质黏度过大	(1)检修吸入管路 (2)降低吸入高度 (3)改变电机转向 (4)将介质加温
压力表指针波动大	(1)吸入管路漏气 (2)安全阀没有调好或工作压力过大,使安全阀时开时闭	(1)检修吸入管路 (2)调整安全阀或降低工作压力
流量下降	(1)吸入管路堵塞或漏气 (2)螺杆与泵套磨损 (3)安全阀弹簧太松或阀瓣与阀座接触不严 (4)电动机转速不够	(1)检修吸入管路 (2)磨损严重时应更换零件 (3)调整弹簧,研磨阀瓣与阀座 (4)修理或更换电动机
轴功率急剧增大	(1)排出管路堵塞 (2)螺杆与泵套严重摩擦 (3)介质黏度太大	(1)停泵,清洗管路 (2)检修或更换有关零件 (3)将介质升温
泵振动大	(1)泵与电动机不同心 (2)螺杆与泵套不同心或间隙大 (3)泵内有气 (4)安装高度过大,泵内产生汽蚀	(1)调整同心度 (2)检修调整 (3)检修吸入管路,排除漏气部位 (4)降低安装高度或降低转速
泵发热	(1)泵内严重摩擦 (2)机械密封回油孔堵塞 (3)油温过高	(1)检查、调整螺杆和泵套 (2)疏通回油孔 (3)适当降低油温
机械密封大量漏油	(1)装配位置不对 (2)密封压盖未压平 (3)动环或静环密封面碰伤 (4)动环或静环密封圈损坏	(1)重新按要求安装 (2)调整密封压盖 (3)研磨密封面或更换新的 (4)更换密封圈

3. 隔膜泵的操作及故障处理

隔膜泵是一种往复泵,流量调节的方式采用旁路调节(也可采用变频电机,通过调节转速调节流量),因此,其运行操作类似于往复泵,在此不再复述。

隔膜泵常见故障及处理方法见表1-28。

表 1-28　隔膜泵常见故障及处理方法

故障现象	产生故障的原因	处理方法
不排液或排液不足	(1)吸入管堵塞或吸入管路阀门未打开 (2)吸入管路太长,急转弯太多 (3)吸入管路漏气 (4)吸入阀或排出阀密封面损坏 (5)隔膜内有残存的空气 (6)补油阀组或隔膜腔等处漏气、漏油 (7)安全阀、补偿阀动作不正常 (8)柱塞填料处泄漏严重 (9)电机转速不够或不稳定 (10)吸入液面太低	(1)检查吸入管和过滤器,打开阀门 (2)加粗吸入管,减少急转弯 (3)将漏气部位封严 (4)检查阀的密封性,必要时更换阀门 (5)重新灌油,排出空气 (6)找出泄漏部位并消除 (7)重新调节 (8)调节填料压盖或更新填料 (9)稳定电机的转速 (10)调整吸入液面高度
泵压力达不到性能参数	(1)吸入、排出阀损坏 (2)柱塞填料处泄漏严重 (3)隔膜处或排出管接头密封不严	(1)更新阀门 (2)调节填料压盖或更换新填料 (3)找出漏气部位并消除
计量的精度降低	(1)与"不排液或排液不足"中(4)~(10)条相同 (2)柱塞零点偏移	(1)与"不排液或排液不足"中(4)~(10)相同 (2)重新调整柱塞零点
零件过热	(1)传动机构油箱的油量过多或不足,油内有杂质 (2)各运动副润滑情况不佳 (3)填料压得过紧	(1)更换新油,并使油量适量 (2)检查清洗各油孔 (3)调整填料压盖
泵内有冲击声	(1)各运动副的磨损严重 (2)阀升程太高	(1)调节或更换零件 (2)调节升程高度,避免阀的滞后

4. 屏蔽泵的操作及故障处理

屏蔽泵是离心泵的一种形式,流量调节的方式与清水泵一样采用出口节流调节,因此,其运行操作参见离心泵的运行操作,在此不再复述。

屏蔽泵的常见事故及处理方法见表 1-29。

表 1-29　屏蔽泵的常见事故及处理方法

常见故障	原因分析	处理方法
泵打不上液	(1)进出口管路太细太长 (2)管路及过滤器堵塞 (3)产生汽蚀	参照离心泵的处理措施
电机过热	(1)负荷过大 (2)冷却液不足	关小出口阀门 加大冷却液流量
异常噪声及振动	(1)轴承磨损 (2)叶轮损伤	更换轴承及轴套 更换叶轮
电机嗡嗡响但不转动	(1)导线断了 (2)保险丝断了 (3)缺一相线	更换导线 更换保险丝 重接电机相线

三、氮封系统

挥发性大、易燃液体的蒸气与空气易形成爆炸性混合物,有些化学物质会与空气中水分发生反应,对于这些液体化学品储罐,应该采用氮封系统。

1. 氮封系统的组成

氮封系统主要由负压防止罐、正压防止罐、气液分离罐和压力调节阀(PCV)组成。

2. 氮封系统的工作原理

如图 1-107 所示,正负压防止罐中装着密封油,两者都有一个漏斗、一根插入管,不同的是负压防止罐中的插入管为放空管，一端与大气相连，另一端一般插入液下 50mm（此处液压约 0.4kPa）；正压防止罐的插入管一端与系统相连，另一端一般插入液下 150mm（此处液压约 1.2kPa）。

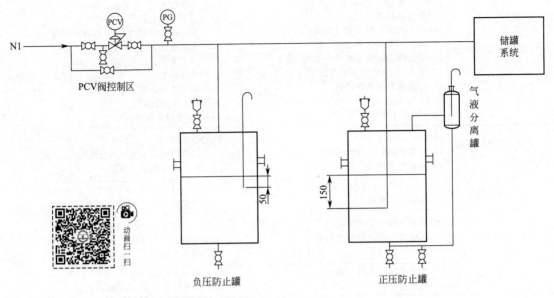

图 1-107　氮封系统图

当储罐出液阀开启，用户放料时，液面下降，气相部分容积增大，罐内氮气压力降低，供氮阀开启，向储罐注入氮气，罐内氮气压力上升，当罐内压力上升至供氮阀压力设定值时，供氮阀自动关闭。

当储罐进液阀开启，向罐内添加物料时，液面上升，气相部分容积减小，压力升高，当高于泄氮阀压力设定值时，泄氮阀打开，向外界释放氮气，罐内氮气压力下降，降至泄氮阀压力设定值时，泄氮阀自动关闭。泄氮阀安装在罐顶，口径一般与进液阀口径一致。

氮封阀一般供氮压力在 300～800kPa 左右，氮封设定压力 1kPa，泄氮压力 3kPa，呼吸阀呼气压力 5kPa，吸气压力 −0.8kPa。（注：压力均为表压。供氮阀入口氮气压力必须 ≥300kPa；当低于 300kPa 时，供氮阀不起作用；当供氮阀入口压力为零时，供氮阀处于开启状态。供氮阀入口氮气压力必须 ≤1MPa，当氮气压力 ≥1MPa 时，在供氮阀前加装自力式减压阀进行减压。）

罐顶呼吸阀仅起安全作用，是在主阀失灵，导致罐内压力过高或过低时，起到安全作用，在正常情况下不工作。呼吸阀采用防爆阻火呼吸阀。

测试题

1-1　某化工企业采用乙酸和乙醇为原料，硫酸为催化剂生产乙酸乙酯，每天乙酸用量为 1200kg，乙醇用量 1100kg，工厂每周进一次原料，请选用合适的储罐形式。储罐采用什么材质合适？选用何种形式液位计合适？

1-2　燃料储运站准备建设 500m³ 汽油储罐两只，300m³ 柴油储罐两只，200m³ 液化石油气储罐一只，请选用合适的储罐形式。对这三种物质的储罐按三类压力容器进行划分。

1-3　化工生产对化工设备提出了哪些要求？

1-4　试分析下列现象的原因：成年人对软饮料的铝制易拉罐吸气（嘴与易拉罐口之间

不漏气），发现铝制易拉罐很容易被吸瘪，而对铝制易拉罐吹气（嘴与易拉罐口之间也不漏气），不会将铝制易拉罐吹爆。而同样厚度铁制的易拉罐比铝制的，较难吸瘪，为什么？

1-5　化工厂生产过程中需要将下列几种液体输送到相关设备，请选择合适的管材。

30%的盐酸；98%的硫酸；甲苯；冰醋酸；液碱；甲醇

1-6　为什么一般容器的压力试验都应首先考虑液压试验？在什么情况下才进行气压试验？

1-7　为什么在筒体上开椭圆孔，应使其短轴与筒体的轴线平行？为什么容器上开孔后一般要进行补强？

1-8　什么是临界压力？影响临界压力的因素有哪些？

1-9　观察实训室上水管路，分析管路中各组成部分的作用。

1-10　你所在学校要铺设一根 $DN50$ 水蒸气管，从食堂到传热实训室，请帮助学校设计一个铺设方案。

1-11　密度为 $1600kg/m^3$ 的某液体经一管道输送到另一处，若要求流量为 $3000kg/h$，选择适当的管径。

1-12　离心泵的工作点是怎样确定的？改变工作点的方法有哪些？如何改变工作点？

1-13　试说明以下几种泵的规格中各组字符的含义。

IS50-32-125　　D12-25×3　　120S80　　65Y-60A　　100F-92A

1-14　离心泵的"气缚"是怎样产生的？为防止"气缚"现象的产生应采取哪些措施？

1-15　离心泵的泵体为什么要加工成蜗壳形？从中可获得什么启发？

1-16　什么是离心泵的汽蚀现象？它对泵的操作有何影响？如何防止？

1-17　应用离心泵的基本作用原理说明以下问题：

（1）为什么离心泵启动时必须灌满液体？

（2）从泵的系列产品的性能中可以看出一些什么规律？

1-18　用型号为 IS65-50-125 的离心泵将敞口储槽中 $80℃$ 的水送出，吸入管路的压头损失为 $4m$，当地大气压为 $98kPa$。试确定此泵的安装高度。

1-19　如附图是某工程队为化工企业设备安装的施工方案。工艺要求是：用离心泵输送 $60℃$ 的水，分别提出了如图所示的 3 种安装方式。这 3 种安装方式的管路总长（包括管件的当量长度）可视为相同，试讨论：

（1）此 3 种安装方式是否都能将水送到高位槽？若能送到，其流量是否相等？

（2）此 3 种安装方式中，泵所需功率是否相等？

1-20　化工企业准备将水从储罐 A 送到计量槽 B，工厂技术人员提出以下两种方案：

（1）甲技术员采用离心泵输送，管路设计如附图 I 系统。

（2）乙技术员采用往复泵输送，管路设计如附图 II 系统。

假设 I、II 两管路系统（包括 A 槽与 B 槽的位置与液面、压力、管线长度、直径、管件等）完全相同。①为循环支路阀门，原来的运转情况是两系统的支路阀门①关闭，主路阀门②打开到某一开度（两系统的阀门的开度相同），此时两系统的输水量均为 $10m^3/h$。试从下述角度判断两个方案的优劣。

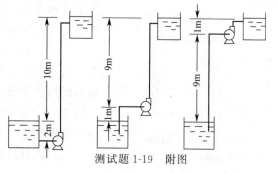

测试题 1-19 附图

(1) 两系统的泵所需的有效功率及轴功率各为多少？哪个大？为什么？

(2) 现将主路阀门②开大，系统Ⅰ和系统Ⅱ的输水量与泵消耗的功率各发生什么变化？为什么？

(3) 此两系统的管路是否合理？

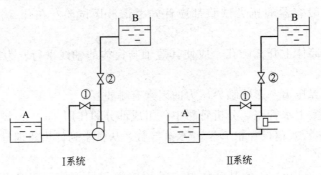

Ⅰ系统　　　　　　　　　　Ⅱ系统

测试题 1-20　附图

1-21　将相对密度为 1.5 的硝酸送入反应器，流量为 $8m^3/h$，升举高度为 8m，反应器内压力为 400kPa，管路的压力降为 30kPa。试选定泵的型号。

1-22　输送下列几种流体，应分别选用哪种类型的输送设备？

(1) 往空气压缩机的气缸中注润滑油；

(2) 输送浓番茄汁至装罐机；

(3) 输送含有粒状结晶的饱和盐溶液至过滤机；

(4) 将水从水池送到冷却塔顶（塔高 30m，水流量 $500m^3/h$）；

(5) 将洗衣粉浆液送到喷雾干燥器的喷头中（喷头内压力 10MPa，流量 $5m^3/h$）；

(6) 配合 pH 控制器，将碱液按控制的流量加入参与化学反应的物流中；

(7) 输送空气，气量 $500m^3/h$，出口压力 0.8MPa；

(8) 输送空气，气量 $1000m^3/h$，出口压力 0.01MPa。

1-23　一输水管路系统，安装有一台离心水泵。发现当打开出口阀门，并逐渐开大阀门时，流量增加很少。现在拟采用增加同样型号的泵使输水量有较大的提高，试问应采取串联还是并联？为什么？

1-24　由于工作需要用一台 IS100-80-125 型泵在海拔 1000m、压强为 89.83kPa 的地方抽 293K 的河水，已知该泵吸入管路中的全压头损失为 1m，该泵安装在水源水面上 1.5m 处，问此泵能否正常工作？

1-25　用油泵从储槽向反应器输送 44℃的异丁烷，储槽中异丁烷液面恒定，其上方绝对压力为 652kPa。泵位于储槽液面以下 1.5m 处，吸入管路全部压头损失为 1.6m。44℃时异丁烷的密度为 $530kg/m^3$，饱和蒸气压为 638kPa。所选用泵的允许汽蚀余量为 3.5m，问此泵能否正常操作？

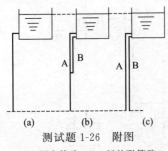

测试题 1-26　附图

A—原有管路；B—新并联管路

1-26　化工厂从水塔引水至车间，水塔的水位可视为不变。送水管的内径为 50mm，管路总长为 L，流量为 V，水塔水面与送水管出口间的垂直距离为 h。由于扩产，用水量增加 50%，需对送水管进行改装。假设在各种情况下，摩擦系数不变。工程队提出的改造方案如下：

(1) 将管路换成内径为 75mm 的管子［附图(a)］。

（2）将管路并联一根长度为 $L/2$、内径为 50mm 的管子 [附图(b)]。

（3）将管路并联一根长度为 L、内径为 25mm 的管子 [附图(c)]。

请为企业选择合理改造方案。若上述三个方案均不合理，请你为企业提出改造方案。

1-27　苯和甲苯的混合蒸气可视为理想气体，其中含苯 0.60（体积分数）。试求 30℃、102×10^3 Pa 绝对压强下该混合蒸气的平均密度？

1-28　根据车间测定的数据，求绝对压力，以 kPa 表示。（1）真空度为 540mmHg；（2）表压为 4kgf/cm²；（3）表压为 8.5mH₂O。已知当地大气压为 1atm。

1-29　用 U 形管压差计测得某吸收塔顶、釜的压力差。U 形管中指示液为水，读数为 500mm，塔中气体密度为 2.0kg/m³，则吸收塔的压力差为多少帕？若用汞作为指示液，则压差计读数为多少？这里为什么不用汞作为指示液？

1-30　湿式气柜是一个用钢板制成的钟形圆筒，下端浸入水中以储存压强略大于大气压的气体，如附图。已知钟形圆筒总质量为 10t，内径为 9m，若忽略钟罩的浮力，求：①气柜内压强为多少时，才能将钟罩顶起？②钟罩内外的水位差为多少米？③储气量增加时（钟罩已顶起），气体的压强是否会增加？为什么？

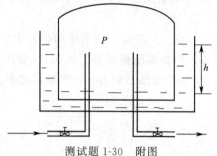

测试题 1-30　附图

1-31　在本题附图所示的储油罐中，盛有密度为 960kg/m³ 的油品，油面高于罐底 9.6m，油面上方为常压。在罐壁下部有一直径为 0.76m 的人孔，其中心距罐底 0.8m，孔盖用 14mm 的钢制螺钉固定。若螺钉材料的工作应力取 400kgf/cm²。问至少用多少根螺钉？

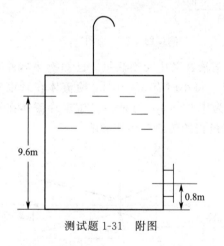

测试题 1-31　附图

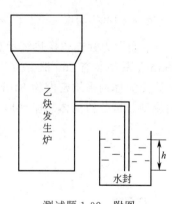

测试题 1-32　附图

1-32　欲控制如附图乙炔发生炉中的操作压力为 0.112MPa（绝压），试确定水封管口插入的深度。

1-33　冷冻盐水为 25％的 $CaCl_2$ 水溶液，回盐水的温度为 20℃，流量为 5000kg/h。试选用回盐水管的材质及管子的规格。

1-34　某化工厂锅炉中产生的蒸汽压力为 0.2MPa，流量为 13.0t/h，试选用合适的管材与管子规格。

1-35　看图回答如下问题：①阀门关闭时，两个测压点上的读数哪个大？②阀门打开时，两测压点上读数哪个大？流量哪个大？流速哪个大？分别说明原因。

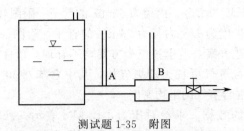

测试题 1-35　附图

1-36　在苯酚生产车间的磺化工段，用压缩空气将浓度为 98% 硫酸压送到磺化反应釜中，见附图。压送结束时，储槽液面与反应器进口管位差为 2.0m，硫酸在管中的流速为 1.2m/s，管路阻力损失为 18.2J/kg，硫酸的密度约为 1800kg/m^3。计算储槽液面应维持的最小压力。

1-37　如图所示的水冷却装置中，处理量为 60m^3/h，输入管路内径为 100mm 的钢管，喷头入口处的压强不低于 0.5at（表压），管路计算总长度（包括所有局部阻力的当量长度）为 100m，摩擦系数为 λ。求泵的功率。（$\rho = 992$kg/m^3）

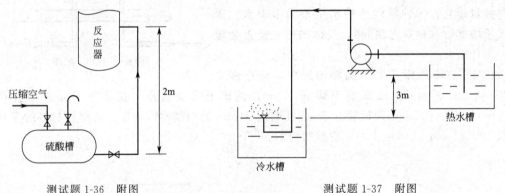

测试题 1-36　附图　　　　　　　　　　　　　　　　　测试题 1-37　附图

1-38　本题图为管壳式换热气示意图，热、冷溶液在其中交换热量。已知换热器外壳内径为 600mm，其中装有 269 根 $\phi25 \times 2.5$ 的列管束。每小时有 5×10^4kg 冷流体在管束外流过，已知该冷流体的平均密度为 810kg/m^3，黏度为 1.91×10^{-3}Pa·s。试求冷流体在管束外流过的流型。试分析流体的流动形态对化工生产过程的传热与传质影响。

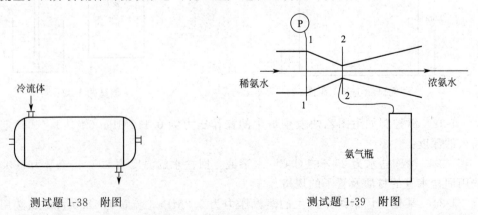

测试题 1-38　附图　　　　　　　　　　　　　　　　　测试题 1-39　附图

1-39　合成氨工业的碳化工段操作中，采用本题附图所示的喷射泵制浓氨水。喷射泵主体为 $\phi57 \times 3$ 的管子逐渐收缩成内径为 13mm 的喷嘴。每小时将 1×10^4kg 的稀氨水连续送入，流至喷嘴处，因流速加大而压力降低会将由中部送入的氨气吸入制成浓氨水。稀氨水性质与水近似，可取其密度为 $1000kg/m^3$。稀氨水进口管上压强表读数为 $1.52 \times 10^5 Pa$，由压强表至喷嘴内侧的总摩擦阻力为 $2J/kg$。试求稀氨水在喷嘴内侧的压强。

1-40　管路上安装测量液体压力的压力表时，为什么要将其测压口与管子内表面相切？

1-41　套管冷却器由 $\phi 89 \times 2.5$ 和 $\phi 57 \times 2.5$ 的钢管组成，空气在小管内流动，平均温度为 353K，压力为 2atm（绝压），流速为 12m/s，水在环隙内流动，平均温度为 303K，流速为 1m/s。（1）计算水和空气的质量流量。（2）判断水和空气的流动形态。

1-42　用内径为 300mm 的钢管输入 20℃的水，为测取管内水的流量，采用了如图所示的装置。在 2m 长的一段主管上并联一根总长为 10m（包括所有局部阻力的当量长度）、公称直径为 2 英寸的普通水煤气管，其上装有转子流量计，示值为 $2.72m^3/h$。求主管中水的流量。（已知：$\lambda_主 = 0.018$，$\lambda_支 = 0.030$）

1-43　每小时将 $2 \times 10^4 kg$ 的溶液用泵从反应器输送至高位槽。如附图中反应器上方保持 200mmHg 的真空度，高位槽液面为大气压。管道为 $\phi 76 \times 4$ 的无缝钢管，总长为 50m。管线上有两个全开的闸阀，$\zeta = 0.17$；一个孔板流量计，$\zeta = 4$；5 个标准弯头，$\zeta = 0.75$。反应器液面与管道出口的垂直距离为 15m。若泵的效率为 0.7，求泵的轴功率。（已知：溶液的密度为 $1073kg/m^3$，黏度为 0.63cP）。

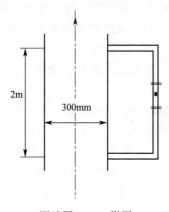

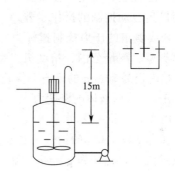

测试题 1-42　附图　　　　　　　　　　　　测试题 1-43　附图

1-44　用泵将湖水经内径为 100mm 的钢管输送到岸上 A 槽内，向某化工厂供冷却水，如本题图中所示。湖面与 A 槽液面间的垂直距离为 3m，出口管高于液面 1m。输水量为 $60m^3/h$。有人建议将输水管插入槽 A 的液面中，如图中虚线所示，从泵的输出功率角度看，用计算结果说明哪种方案更合理？数据：包括一切局部阻力在内的管子总长度 $1 + \Sigma l_e = 50m$，湖水密度 $\rho = 1000kg/m^3$，泵的效率 $\eta = 0.8$，管子出口埋在液面下后设总长度变为 $1 + \Sigma l_e = 51.5m$。

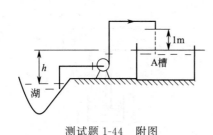

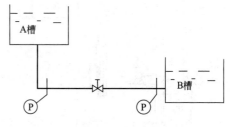

测试题 1-44　附图　　　　　　　　　　　　测试题 1-45　附图

1-45　为测量某一阀门的当量长度，采用本题附图装置。用黏度为 30cP、密度为 900 kg/m³ 的液体，自开口槽 A 经 $\phi 45 \times 2.5$ 管道流至开口槽 B，两槽液面恒定。系统中两压力表分别指示压强为 88.3×10^3 Pa 及 44.15×10^3 Pa。将阀门调至 1/4 开度时，流量为 3.34m³/h，两测压点间阀门前、后管长分别为 50m 及 20m（包括其他一切局部摩擦阻力的当量长度）。试求阀门开度为 1/4 时的当量长度。摩擦系数计算式为

滞流：
$$\lambda = 64/Re$$

光滑管湍流：
$$\lambda = 0.3164/Re^{0.25}$$

1-46　间歇生产聚对苯二甲酸乙二醇酯（PET）树脂生产过程为：对苯二甲酸（PTA）和乙二醇按配比进入打浆釜打浆，然后进入酯化釜高温脱水生成对苯二甲酸乙二醇酯（BETA），再进入聚合釜真空脱水制得 PET，最后经压铸头、水槽，拉丝，切粒。

工作条件：

温度：打浆　常温；酯化：255℃；缩聚：260℃。采用导热油（300℃）加热。

操作压力：酯化：0.10MPa；缩聚：65Pa。真空泵抽真空。

（1）生产过程中含有几处流体（包括浆料）输送过程？

（2）请你为每个输送过程配置输送机械设备，能绘出流体输送的管线图吗？

（3）写出简单的操作规程，注意事项。

1-47　在校内流体实训装置上进行实操，体会流体输送机械设备的操作步骤，流量、压力、液位的手动控制、自动控制实操。根据老师布置的控制要求进行控制参数的整定，写出手动操作切换到自动控制的操作步骤。

1-48　合成氨塔的压力控制指标为 (14 ± 0.4)MPa，要求就地指示塔内压力，试选用压力表（给出类型、测量范围、精度级、型号）。安装应注意什么？

1-49　在内径为 80mm 的管道上安装一标准孔板流量计，孔径为 40mm，U 形压差计的读数为 350mmHg。管内液体的密度为 1050kg/m³，黏度为 0.5cP，试计算液体的体积流量。

1-50　用离心泵将 20℃水从水池送至敞口高位槽中，流程如附图所示，两槽液面差为 12m。输送管为 $\phi 57 \times 3.5$ 的钢管，总长为 220m（包括所有局部阻力的当量长度）。用孔板流量计测量水流量，孔径为 20mm，流量系数为 0.61，U 形压差计的读数为 400mmHg。摩擦系数可取为 0.02。试求水流量，m³/h。

1-51　以水标定的转子流量计用来测量酒精的流量。已知转子的密度为 7700kg/m³，酒精的密度为 790kg/m³，当转子的刻度相同时，酒精的流量比水的流量大还是小？试计算刻度校正系数。

1-52　为了排出煤气管中的少量积水，用附图所示的水封装置，水由煤气管道中的垂直支管排出。已知煤气压力为 10kPa（表压），试求水封管插入液面下的深度 h。

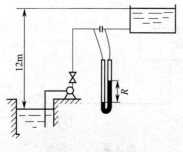

测试题 1-50　附图

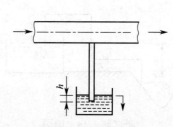

测试题 1-52　附图

1-53 什么是简单控制系统？试画出其组成框图。

1-54 比例控制规律有何特点？为什么比例控制不能消除余差？

1-55 积分控制规律有何特点？为什么一般不单独使用积分控制规律？

1-56 微分控制规律有何特点？能否单独使用微分控制？为什么？

1-57 试述三参数（δ、T_i、T_d）分别对控制器控制作用强弱的影响。

1-58 气动执行器由哪两部分组成？它的气开、气关是如何定义的？在实际应用中如何选定？

1-59 什么是串级控制系统？试画出串级控制系统的组成框图。常用于何种场合？它有哪些特点？

1-60 指出老师提供的带控制点化工工艺流程图的自动控制系统的检测及控制参数、控制功能。

项目二

气体物料输送技术与操作

岗位任职要求

 ### 知识要求

掌握典型气体输送机械的性能、特点及适用范围；理解典型气体输送机械的结构、工作原理及选用方法；了解气体输送机械的分类。

 ### 能力要求

能根据气体输送的工艺要求正确选用输送机械；能进行典型气体输机械的操作控制与日常维护；能判断、分析、解决典型气体输送机械的故障问题。

 ### 素质要求

具有严格遵守操作规程的职业素质和安全生产、环保节能的职业意识；具有敬业、精益、专注、创新的工匠精神和团结协作、积极进取的团队精神；具备追求知识、独立思考、勇于创新的科学态度和理论联系实际的思维方式；具备安全可靠、经济合理的工程技术观念。

主要符号意义说明

英文字母

H_T——全风压，Pa；

H_{st}——静风压，Pa；

Q——风量，m^3/s；

p_s——真空系统的工作压力，kPa；

p_1——系统初始压力，kPa；

p_2——系统抽气终了压力，kPa；

S_e——真空泵的抽气速率，m^3/h；

S_e'——标准进气温度下真空泵的抽气速率，m^3/h；

V——真空系统的容积，m^3；

T_s——泵进气温度，℃；

$[T_s]$——泵标准进气温度，℃；

P——离心风机的轴功率，kW。

希文字母

τ——系统要求的抽气时间，min；

ε——压缩比，无因次； η——机械效率，无因次。

项目导言

视频扫一扫

在化工生产中，经常需要将各种物料从一个地方输送到另一个地方，这些输送过程就是物料输送。由于输送的物料形态不同，所采取的输送设备也各异。"西气东输"是我国输送气体距离最大、输气管道口径最大的工程，它西起塔里木盆地，东至上海，全长4200千米，横贯9个省区。

在化工生产过程中，气体物料的输送也是很普遍的单元操作，一般采用气体输送机械进行。气体输送机械类型较多，就工作原理而言，它与液体输送机械大体相同，都是通过类似的方式向流体做功使流体获得机械能量。

气体输送机械在工业生产中的应用主要有以下方面：

（1）提供能量 为了克服输送过程中的管路阻力，需要提高气体压力。

（2）产生高压 化学工业中一些化学反应过程需要在高压下进行，如合成甲醇、合成氨等，需要将气体的压力提高至几十、几百个大气压；一些分离过程也需要在高压下进行，如气体的液化与分离。这些高压进行的过程对相关气体的输送机械出口压力提出了相当高的要求。

（3）形成真空 相当多的单元操作是在低于常压的情况下进行，这就需要真空泵从设备中抽出气体以产生真空。

任务一　气体压缩输送技术与操作

通过机械设备提高气体的压力，将气体物料输送到目的设备或者为化工生产过程提供所需要的压力。

任务情景

氯乙烯生产中，来自乙炔工段的干燥乙炔和来自氯化氢工段的干燥氯化氢在混合器中混合后进入转化器中反应生成氯乙烯。反应后的气体进入水洗塔洗去氯化氢，再入碱洗塔用10%的氢氧化钠洗去残余的氯化氢及二氧化碳，碱洗后的反应气与聚合回收的未反应的气体一起进入气柜。然后进入一级预冷器，除去其中大部分水分，再经压缩机加压进入二级预冷器，除去水油后冷凝成液体后进入粗馏塔（低沸点蒸馏塔），分离出乙炔和氯化氢等气体，粗馏塔底混合物进入高沸点蒸馏塔，塔顶产品经冷凝器冷凝后进入成品氯乙烯储槽。

如图2-1所示，在氯乙烯生产中，从第一预冷器出来的温度约10℃、0.03MPa（表压）的粗氯乙烯单体加压到0.6MPa（表压）、温度80℃送入第二预冷器，流量75000m³/h。提供下列粗氯乙烯气体的压缩输送技术方案。

工作任务

1. 选择粗氯乙烯气体输送机械类型。
2. 确定粗氯乙烯的压缩级数。
3. 编制气体输送机械操作要点。

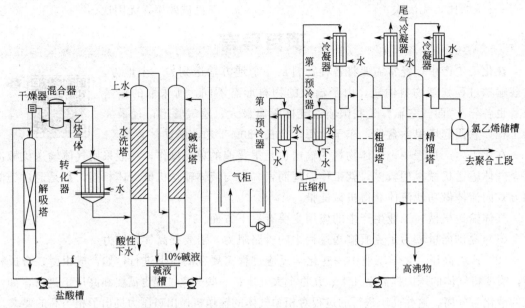

图 2-1　氯乙烯单体合成工艺流程图

技术理论与必备知识

一、气体输送机械的分类

气体输送机械的一般特点：

① 动力消耗大　对一定的质量流量，由于气体的密度小，其体积流量很大。因此，气体输送管中的流速比液体要大得多，前者的经济流速（15～25m/s）约为后者（1～3m/s）的 10 倍。这样，以各自的经济流速输送同样的质量流量，经相同的管长后气体的阻力损失约为液体的 10 倍。因而气体输送机械的动力消耗往往很大。

② 体积庞大　由于输送量大，气体输送机械体积一般都很庞大，对出口压力高的机械更是如此。

③ 参数改变　由于气体的可压缩性，故在输送机械内部气体压力变化的同时，体积和温度也将随之发生变化。这些变化对气体输送机械的结构、形状有很大影响。因此，气体输送机械需要根据出口压力来加以分类。

气体输送机械通常根据出口表压力（终压）或压缩比（排出口绝对压力与吸入口绝对压力之比）来进行分类：

通风机　　　终压（表压，下同）不大于 15kPa，压缩比为 1～1.15；

鼓风机　　　终压为 15～300kPa，压缩比小于 4；

压缩机　　　终压在 300kPa 以上，压缩比大于 4；

真空泵　　　将低于大气压的气体从容器或设备内抽到大气中，出口压力为大气压或略高于大气压，压缩比根据所造成的真空度决定。

二、气体输送与压缩机械

(一)通风机

通风机是一种用于低压下沿导管输送气体的机械，在化工厂中主要来输送新鲜空气，防止生产场所窜入有害气体等。通风机主要有离心式和轴流式两种类型。

1. 离心通风机

离心通风机是依靠离心力来提高气体压力并输送气体的机械，广泛应用于设备及环境通风、排尘和冷却等。

离心通风机按所产生的风压不同，可分为以下三类：

低压离心通风机，出口风压低于1kPa；

中压离心通风机，出口风压为1～2.94kPa；

高压离心通风机，出口风压为2.94～14.7kPa。

（1）结构和工作原理　离心通风机的结构如图2-2所示，与离心泵相似，它的机壳也是蜗壳形的，其断面沿叶轮旋转方向渐渐扩大，出口气体的流道断面有方形和圆形两种，机壳用钢板焊接而成。叶轮由前盘、后盘、叶片和轮毂组成，一般采用焊接与铆接结构。离心通风机的结构特点为：①输送风量大的场合，通风机叶轮直径一般比较大；②叶轮上叶片的数目比较多；③叶片有平直的、前弯的、后弯的，低、中压通风机的叶片多是平直的，与轴心形成辐射状安装，中、高压通风机的叶片则是弯曲的；④机壳内逐渐扩大的通道及出口截面常不为圆形而为矩形。

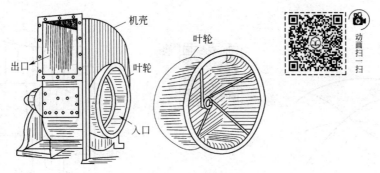

图 2-2　离心通风机

离心通风机的工作原理和离心泵的相似，高速旋转的叶轮带动壳内气体进行旋转运动，因离心力作用，气体流向叶轮边缘处，气体的压力和速度均有所增加，气体进入蜗形外壳时，一部分动压头转化为静压头，从而使气体具有一定的静压头与动压头而排出；同时中心处产生低压，将气体由吸入口不断吸入机体内。

（2）主要性能参数与特性曲线　离心通风机的主要性能参数有风量、风压、轴功率和效率。由于气体通过风机时的压力变化较小，在风机内运动的气体可视为不可压缩流体。所以也可以应用柏努利方程式来分析离心通风机的性能。

① 风量 Q　是指单位时间内从风机出口排出的气体体积，单位为 m^3/h 或 m^3/s，风机铭牌上标出的风量通常是标准状态下的风量（Nm^3/h 或 Nm^3/s）。

② 风压 H_T（也称全风压）　指单位体积气体通过风机所获得能量，单位为 Pa 或 J/m^3。

离心通风机的风压取决于风机的结构、叶轮尺寸、转速和进入风机的气体的密度。离心通风机的风压目前还不能用理论方法进行计算，而是由实验测定。一般通过测量风机进、出口处气体的流速与压力的数值，按柏努利方程式来计算风压。

③ 轴功率与效率

$$P = \frac{H_T Q}{1000\eta} \tag{2-1}$$

式中　P——轴功率，kW；

　　　Q——风量，m^3/s；

　　　H_T——全风压，Pa；

　　　η——机械效率，因按全风压定出，故又称为全压效率。

应注意，在应用式（2-1）计算轴功率时，式中的 Q 与 H_T 必须是同一状态下的数值。效率反映了风机中能量的损失程度，一般来讲，在设计风量下风机的效率最高。通风机的效率一般在 70%～90%。

离心通风机的特性曲线（如图 2-3）表示某种型号的风机在一定转速下，风量 Q 与风压 H_T、静风压 H_{ST}、轴功率 P 及其机械效率 η 四者间的关系。

2. 轴流式通风机

轴流式通风机的结构如图 2-4 所示，在机壳内装有高速转动的叶轮，叶轮上固定有 12 片类似螺旋桨的叶片，当叶轮旋转时，叶片推动空气使之沿着与轴平行的方向流动，叶片将能量传给空气，使排出气体的压力略有增加，所以它的特点是出口压力不大而风量大。轴流式通风机的体积较小，重量轻，安装方便，单位能耗低。一般仅用于通风换气和送气，而不用于气体输送。

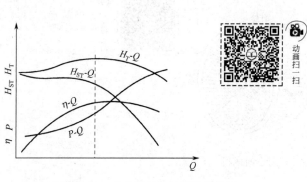

图 2-3　离心通风机的特性曲线图

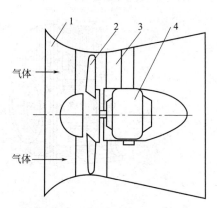

图 2-4　轴流式通风机

1—机壳；2—叶轮；3—电机支架；4—电机

（二）鼓风机

在生产生活中，鼓风机的应用非常广泛，如锅炉和工业炉窑的鼓风、引风系统，化工行业常用的鼓风机有离心鼓风机和罗茨鼓风机。

1. 离心鼓风机

离心鼓风机又称透平鼓风机，常采用多级（级数范围 2～9 级），故其基本结构和工作原理与多级离心泵较为相似。图 2-5 所示的为五级离心鼓风机，气体由吸气口吸入后，经过第一级叶轮和第一级扩压器，由扩压器进入回流室，然后转入第二级叶轮入口，再依次逐级通过以后的叶轮和扩压器，最后经过蜗形壳由排气口排出，其出口表压力可达 300kPa。

离心鼓风机的送气量大，但出口压强仍然不高，即压缩比不大，所以无需设置冷却装置，各级叶轮的直径也大致上相等，其选用方法与离心通风机相同。

2. 罗茨鼓风机

罗茨式鼓风机结构简单，运行稳定，效率高，便于维护和保养；并且由于工作转子不需要润滑，所输送的气体纯净、干燥。因此，在工业生产中得到广泛应用。

（1）罗茨鼓风机结构和工作原理　罗茨鼓风机的工作原理与齿轮泵相似，如图 2-6 所

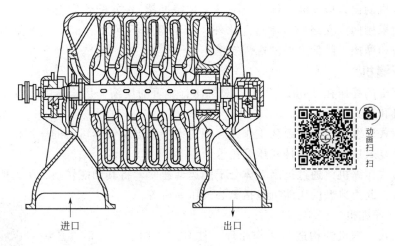

图 2-5　五级离心鼓风机

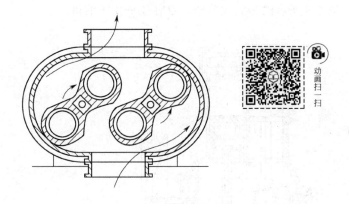

图 2-6　罗茨鼓风机

示。机壳内有两个特殊形状的转子，常为腰形或三角形，两转子通过主、从动轴上一对同步齿轮的作用，以同步等速向相反方向旋转，将气体从吸入口吸入，气流经过旋转的转子压入腔体，随着腔体内转子旋转腰形容积变小，气体受挤压排出出口，被送入管道或容器内。

　　罗茨鼓风机的工作过程如图 2-7 所示，（a）～（e）表示转子每旋转半周的工作过程，下半周又以同样顺序重复。如改变转子的旋转方向，则吸入口和排出口互换。

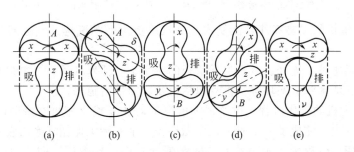

图 2-7　罗茨鼓风机的工作过程

　　（2）罗茨鼓风机的特性　　罗茨鼓风机是回转容积式鼓风机的一种，其特点是输风量与回转数成正比，当鼓风机的出口阻力有变化时，输送的风量并不随之受显著的影响。罗茨鼓风机转速一定时，风量可大体保持不变，故称为定容式鼓风机。

罗茨鼓风机的出口应安装气体稳压罐（又称缓冲罐），并配置安全阀。出口阀门不能完全关闭，一般采用回流支路调节流量。此外，操作温度不宜大于85℃，以免因转子受热膨胀而发生碰撞和摩擦，降低设备的机械效率。

（三）压缩机

压缩机产生的终压在300kPa以上，对气体有显著的压缩作用。压缩机按工作原理分为容积式压缩机和动力式压缩机。

（1）容积式压缩机　通过改变工作腔容积的大小来提高气体压力的压缩机。此类典型的压缩机包括往复式压缩机、螺杆式压缩机等。

（2）动力式压缩机　通过提高气体分子的运动速度，将其动能转换为压力能来提高气体压力的压缩机。此类典型的压缩机包括离心式压缩机等。

1. 往复式压缩机

（1）往复式压缩机的构造与工作原理　往复式压缩机又称活塞压缩机，其构造、工作原理与往复泵相似，依靠活塞的往复运动而将气体吸入、压缩和排出。图2-8所示的为立式单动、双缸往复式压缩机。

动画扫一扫

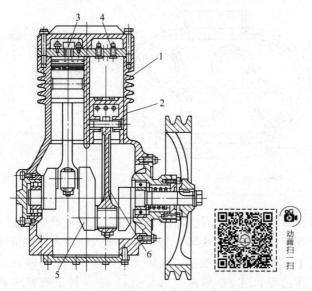

图 2-8　立式单动、双缸往复式压缩机
1—气缸体；2—活塞；3—排气阀；4—吸气阀；5—曲轴；6—连杆

动画扫一扫

① 往复式压缩机的主要部件　往复式压缩机主要由运动机构、气缸部分和机身三部分组成。

运动机构包括主轴、连杆、具有上下滑板的十字头、活塞杆等；气缸部分包括气缸、填料箱、出入阀门、活塞和活塞环等；机身包括机座、筒形滑道等。

② 往复式压缩机的工作过程　图2-9所示为单动往复式压缩机有余隙时的压缩循环示意图，活塞往复一次，完成了一个实际工作循环。每个实际工作循环系由吸气、压缩、排气与余隙气体膨胀四个过程所组成。其工作过程在 p-V 图［压容图，图2-9(e)］上可以用封闭曲线 1-2-3-4-1 表示。

图2-9中(a)、(b)、(c)、(d)表示活塞在运动中的位置变化。图中(a)表示压缩过程，对应 p-V 图上线段1-2；(b)表示排气过程，对应 p-V 图上线段2-3；(c)表示余隙气体膨胀过程，对应 p-V 图上线段3-4；(d)表示吸气过程，对应 p-V 图上线段4-1。

③ 往复式压缩机的主要性能参数

a. 排气量　往复式压缩机的排气量又称为压缩机的生产能力，通常将压缩机在单位时间内排出的气体体积换算成吸入状态的数值，所以又称为压缩机的吸气量，单位为 m^3/min 或 m^3/h。由于往复式压缩机气缸里有余隙容积，使实际吸气量比理论吸气量低，约为实际吸气量的 $70\%\sim90\%$。

b. 排气温度　排气温度是指经过压缩后的气体温度。气体被压缩时，由于压缩机对气体做了功，会产生大量的热量，使气体的温度升高，所以排气温度总是高于吸气温度。气体受压缩的程度愈大，产生的热量愈多，气体的温度升得愈高。压缩机的排气温度不能过高，否则会使润滑油分解以致碳化，并损坏压缩机部件。

c. 功率　压缩机在单位时间内消耗的功，称为功率。压缩机铭牌上标明的功率数值，为压缩机最大功率。气体被压缩时，压强与温度升的愈高，压缩比愈大，排气量愈大，功耗也愈大；反之，则功耗愈小。

d. 压缩比　压缩比表示气体被压缩的程度。压缩比越大，说明气体经压缩后压强升得越高，排气温度也相应升

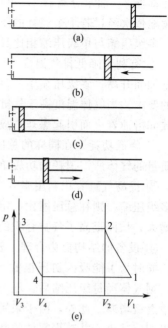

图 2-9　单缸往复式
压缩机的往复循环

得越高。气体经过一个气缸压缩后，压缩比一般不超过 6。若压缩比过大，会使气体温度升得很高，不仅使功耗增大，而且会使润滑油黏度降低，失去润滑作用，损坏设备。因此，如果要求终压或压缩比很大，就不能用一个气缸一次完成压缩过程，必须采用多级压缩。

（2）多级压缩　是指由若干个串联的气缸，将气体分级逐渐压缩到所需的压强。每压缩一次称为一级，在一台压缩机中连续压缩的次数，就是级数。气体经过每一级压缩后，在冷却器中被冷却，在油水分离器中除去所夹带的润滑油和水沫，再进入下一级气缸。

图 2-10 所示的为双级压缩机的流程示意图。图中 1、4 为气缸，其直径逐级缩小，因为每次压缩之后，气体的体积都有所缩小；2 为中间冷却器，它可以将气缸 1 引出的气体冷却到与进入该气缸时的温度相近，然后才送入下一个气缸 4，这样就使气体在压缩过程中的温度不致过高；5 为出口气体冷却器；3、6 为油水分离器，其作用是从被压缩的气体中分出润滑油和冷凝水，以免带入下一个气缸或其他设备中去。气体在第一个气缸被压缩后，经过中

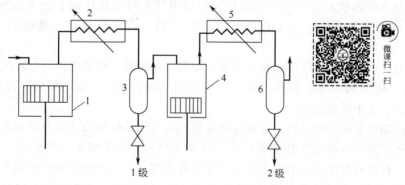

图 2-10　双级压缩机流程示意图

1,4—气缸；2—中间冷却器；3,6—油水分离器；5—出口气体冷却器

间冷却器 2、油水分离器 3，再送入第二气缸 4 进行压缩，而达到所要求的最终压力。或再连续地依次经过若干个气缸的压缩，而达到所要求的最高终压。

多级压缩与单级压缩相比具有以下优点。

① 有利于降低排气温度　当气体进口温度和压力一定时，压缩后气体的温度随压缩比的增加而升高。多级压缩中，每级的压缩比较低，级数选择得当，可使气体的终温不超过工艺的要求。当气体温度高于气缸内润滑油闪点时（润滑油闪点一般在 200～240℃ 之间），将导致润滑油着火而引起爆炸，故排气温度必须在润滑油闪点之下，一般低于闪点 20～40℃。

② 降低功耗　在同样的总压缩比要求下，由于多级压缩采用了中间冷却器，使压缩同样质量的气体所需消耗的功较单级压缩时为少。

③ 提高气缸容积利用率　当余隙系数一定时，压缩比愈高，气缸容积利用率愈低。如为多级压缩，则在总压缩比一定时，每级的压缩比将随着级数增多而减小，相应各级容积系数增大，从而提高了气缸容积的利用率。

④ 设备的结构更为合理　若采用单级压缩，为了承受很高终压的气体，气缸需做得很厚，同时为了能吸入初压很低而体积很大的气体，气缸又要做得很大。如果采用了多级压缩，则气体经每级压缩后，压力逐级增大，体积逐级缩小，这样气缸直径便可逐级缩小，而缸壁逐级增厚。此外，由于采用了多级压缩，还降低了活塞上的气体力，从而使曲柄连杆尺寸也相应减小，并减少零件的磨损。

（3）往复式压缩机的类型及选用　往复式压缩机分类的方法很多，名称也各不相同，主要有：

① 按结构形式分为立式、卧式、角式、对称平衡型和对置式等；

② 按气体受压缩次数可分为单级、双级和多级压缩机；

③ 按所压缩的气体种类可分为空气压缩机、氨压缩机、氧压缩机、氢压缩机等；

④ 按排气压力的高低分为低压压缩机（排气压力 0.2～1MPa）、中压压缩机（排气压力 1～10MPa）、高压压缩机（排气压力 10～100MPa）、超高压压缩机（排气压力＞100MPa）。

立式压缩机的气缸中心线与地面垂直，代号为 Z。由于活塞上下运动，因此对气缸的作用力较小，磨损小并较为均匀；此外，活塞往复运动的惯性力与地面垂直，故振动小，基础小，占地面积小。但其机身高，操作与检修不便。中小型压缩机常采用此形式。

卧式压缩机的气缸中心线与地面平行，代号为 P。其特点是机身低而长，运行时水平方向的惯性力大，占地面积大，对基础要求也比较高，但操作与维修方便。

角式压缩机，即两个气缸的中心线按一定的角度排列，又有 L 型、V 型、W 型等。角式压缩机最主要的优点在于其活塞往复运动的惯性力可以被转轴上的平衡重量所平衡，其基础比立式的还要小。但由于有的气缸是倾斜的，检修不便，一般适用于中小型压缩机。

对称平衡式压缩机，即气缸对称地布置在电机飞轮两侧，根据电机与气缸的相对位置又可分为 H 型、M 型和 D 型。对称平衡式压缩机的平衡性能好，运转平稳，操作维修很方便，特别适合于大中型压缩机。

生产上选用往复式压缩机时，首先应该根据压缩气体的性质确定压缩机的种类，如空压机、氨压机等。然后根据生产任务及厂房的具体条件选定压缩机的结构形式，如立式、卧式、角式等。最后根据生产上所要求的排气量和排气压强，从压缩机的样本和产品目录中选择合适的型号，样品和说明书上所标注的生产能力都是指标准状态下的体积流量，如果实际操作状态与其相差较大，则应进行校正。

2. 离心式压缩机

离心式压缩机又称为透平压缩机。其主要特点是转速高（可达 10000r/min 以上）、运转平稳、排量大而均匀、风压较高、体积小、重量轻。离心式压缩机在大型化工生产中的应用越来越多，特别是在一些要求压力不是特别高而排气量很大的情况下，已取代往复式压缩机。

（1）离心式压缩机的结构和工作原理 离心式压缩机的结构和工作原理和离心鼓风机相似，只是级数更多些（通常在十级以上）、结构更精密些。气体在叶轮带动下作旋转运动，通过离心力的作用使气体的压力逐级增高，最后可以达到较高的排气压力。

图 2-11 所示是一台离心式压缩机的结构示意图，主轴与叶轮均由合金钢制成。气体经吸入管 1 进入到第一个叶轮 2 内，在离心力的作用下，其压力和速度都得到提高，在从一级压向另一级的过程中，气体在蜗形通道中部分动能转化为压力能，进一步提高了气体的压力；经过逐级增压作用，气体最后将以较大的压力经与蜗壳 6 相连的压出管向外排出。

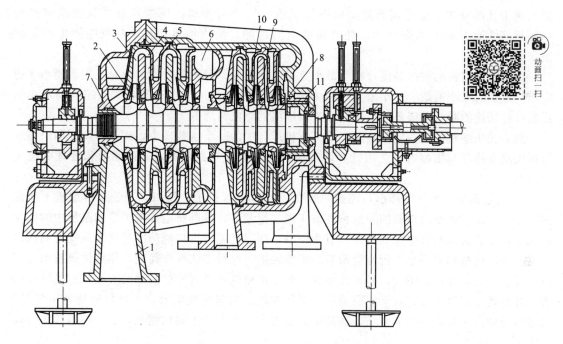

图 2-11 离心式压缩机结构示意图

1—吸入管；2—叶轮；3—扩压器；4—弯道；5—回流器；
6—蜗壳；7,8—轴端密封；9—隔板密封；10—轮改密封；11—平衡盘

由于气体的压力增高较多，气体的体积变化较大，温度升高也较显著，所以叶轮的直径应制成大小不同的。一般是将其分成几段，每段可设置几级，每段叶轮的直径和宽度依次缩小。段与段之间设置中间冷却器，以避免气体的温度过高。

（2）离心式压缩机的主要性能

① 特性曲线 离心式压缩机的性能曲线与离心泵的特性曲线相似，由实验测得。图 2-12 为典型的离心式压缩机性能曲线，通常由 $Q\text{-}\varepsilon$、$Q\text{-}P$、$Q\text{-}\eta$ 三条曲线组成。但在讨论压缩机的工作点及其气量调节时，为了讨论的方便，常用出口压力 p_2 来代替压缩比 ε 即用 $Q\text{-}p_2$ 曲线来代替 $Q\text{-}\varepsilon$ 曲线。对离心式压缩机而言，$Q\text{-}\varepsilon$（或 $Q\text{-}p_2$）曲线有一最高点，为设计

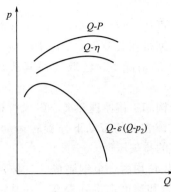

图 2-12　离心式压缩机的特性曲线

点，实际流量等于设计流量时，效率 η 最高；流量与设计流量偏离越大，则效率越低；一般流量越大，压缩比 ε 越小，即进气压力一定时，流量越大出口压力越小。在一定范围内，透平式压缩机的功率、效率随流量增大而增大，但当增至一定限度后，却随流量增大而减小。

② 喘振现象　当实际流量小于性能曲线所表明的最小流量时，离心式压缩机就会出现一种不稳定工作状态，称为喘振。当实际流量小于性能曲线所表明的最小流量时，由于压缩机的出口压强突然下降，不能送气，出口管内压强较高的气体就会倒流入压缩机，使得压缩机内的气量增大，当气量超过最小流量时，压缩机又按性能曲线所示的规律正常工作，重新把倒流进来的气体压送出去。压缩机恢复送气后，机内气量又开始减少，当气量小于最小流量时，压强又突然下降，出口处的气体又重新倒流回压缩机内，重复出现上述的现象。如此周而复始地进行气体的倒流与排出，压缩机和排气管系统产生一种低频率高振幅的压强脉动，使叶轮的应力增加，噪声加重，整个机器强烈振动，无法工作。

离心式压缩机的喘振是流量小于最小流量而产生的，显然其操作的流量范围不能小于稳定工作范围的最小流量，最小流量一般为设计流量的 $70\%\sim85\%$。离心式压缩机的最小流量随叶轮转速的减小而降低，也随气体进口压强的降低而降低。

离心式压缩机的喘振现象是离心式压缩机运行中的一个特殊现象，许多事实证明，压缩机的大量事故都与喘振有关。因此，防喘振措施是非常有必要的，具体原因和处理方法见表 2-4。

③ 气量调节　由于气体出口流速一般在 $20\sim30\mathrm{m/s}$ 以上，所以，离心式压缩机不能像离心泵那样通过改变出口阀的开启程度来实现气量调节，否则将造成整个管网系统中的能耗增大。在离心式压缩机中多采用进口节流调节，即通过调节进口阀门的开度来改变压缩机的特性曲线，这是和离心泵进行流量调节的主要区别。这种方法操作简便，能耗比调整出口阀门开度少，流量可调范围大，经济性较好。对于汽轮机或燃气轮机驱动的大型压缩机，可以改变叶轮转速调节气量；对于电驱动的大型压缩机，可采用变频器调节叶轮转速调节气量，这是目前最常用的流量调节方法，流量调节范围大，不会产生附加能耗，是一种最经济的调节方法。

④ 多级离心式压缩机　离心式压缩机一般都由若干级串联而成，一个气缸最多可达 $8\sim10$ 级。多级压缩机的性能曲线与单级压缩机没有本质区别，所不同的只是多级压缩机的性能曲线显得更陡，稳定工况范围更窄。多级离心式压缩机稳定工况区的宽窄主要取决于最后几级的特性，如果设计时设法使后面各级的性能曲线稳定工况区范围比前面级的宽，可以令压缩机的稳定工况区不致因串联多级后而缩小很多。应注意的是，高压缩比的多级离心式压缩机更容易发生喘振和堵塞工况，这是离心式压缩机本身存在的缺点。

3. 螺杆式压缩机

螺杆式压缩机又称螺旋式压缩机，兼有动力式及容积式压缩机的特点，排气脉动远比往复式压缩机小，无往复式压缩机的液击现象和离心式压缩机的喘振现象，在宽广的工况范围内能保持较高的效率。但一般适用于中小气量，中低压力的场合。

(1) 螺杆式压缩机的分类　螺杆式压缩机包含双螺杆式压缩机和单螺杆式压缩机。一般而言，螺杆式压缩机主要是指双螺杆式压缩机（以下简称螺杆式压缩机）。

螺杆式压缩机按工作方式又可分为喷油螺杆式压缩机和无油螺杆式压缩机，两者在主机结构、工作范围、调节方式存在显著的区别。

① 喷油螺杆式压缩机　所谓"油"特指润滑油。喷入机体的大量润滑油起着润滑、密封、冷却和降低噪声的作用。由于工作腔存在润滑油的润滑，部分喷油螺杆式压缩机设置了滑阀调节机构，能够对压缩机的吸气量和内压缩比进行无级调节，具有良好的节能性。常见的包括制冷螺杆式压缩机、煤层气螺杆式压缩机等。

② 无油螺杆式压缩机　所谓"无油"是指气体在压缩过程中完全不与油接触，压缩机压缩腔和转子之间没有润滑油。螺杆之间存在着一定的间隙，通过螺杆对的高速旋转而达到密封气体、提高气体压力的目的。利用同步齿轮来传递运动、传输动力，并确保螺杆间的间隙及其分配。由于工作段没有润滑油，因此无油螺杆式压缩机不设置滑阀调节机构。

无油螺杆式压缩机可分为干式和湿式，两者的结构大致相同，主要区别在于压缩机在工作时，是否往工作段内喷入冷却液。冷却液是与压缩机的气体直接接触的，通过潜热和显热的方式吸收气体压缩过程产生的热量，因此湿式无油螺杆式压缩机可通过控制冷却液的量较好地控制压缩机的排气温度。

（2）螺杆式压缩机的结构　螺杆式空气压缩机是一种工作容积作回转运动的容积式气体压缩机械，气体的压缩依靠容积的变化来实现，而容积的变化又是借助压缩机的一对转子在机壳内作回转运动来达到。

双螺杆式压缩机一般由阴、阳转子，机体，轴承，同步齿轮（有时还有增速齿轮）以及密封组件等零部件组成，如图 2-13 所示。阴螺杆、阳螺杆在"∞"字形气缸中平行地配置，并按一定传动比反向旋转而又相互啮合。通常，凸齿的螺杆称为阳螺杆，凹齿的螺杆称为阴螺杆。一般阳螺杆与发动机相连，由阳螺杆或相互啮合或经过同步齿轮带动阴螺杆转动。

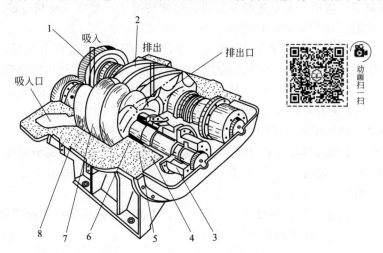

图 2-13　螺杆式压缩机的结构图

1—同步齿轮；2—阴螺杆；3—推力轴承；4—轴承；5—挡油环；6—轴封；7—阳螺杆；8—气缸

（3）螺杆式压缩机的工作过程　图 2-14 为螺杆式压缩机中所指定的一个齿间容积对的工作过程。阴螺杆、阳螺杆转向互相迎合一侧的气体受压缩，这一侧面称为高压区；相反，螺杆转向彼此背离的一侧面，齿间容积在扩大并处在吸气阶段，称为低压区。这两个区域被阴螺杆、阳螺杆齿面间的接触线分隔开。可以近似地认为，两螺杆轴线所在平面是高、低压力区的分界面。

(a) 吸气过程　　(b) 吸气过程结束，压缩过程开始　(c) 压缩过程结束，排气过程开始　　(d) 排气过程

图 2-14　螺杆式压缩机的工作过程

① 吸气过程　开始时，气体经吸气口分别进入阴螺杆、阳螺杆的齿间容积，随着螺杆的回转，这两个齿间容积各自不断扩大。当这两个容积达到最大值时，齿间容积与吸气口断开，吸气过程结束。需要指出的是，此时阴螺杆、阳螺杆的齿间容积彼此并没有连通。

② 压缩过程　在阴螺杆、阳螺杆齿间容积彼此连通之前，阳螺杆齿间容积中的气体受阴螺杆齿的进入先行压缩。经某一转角后，阴螺杆、阳螺杆齿间容积连通，通常将此连通的阴螺杆、阳螺杆呈 "V" 字形的齿间容积称作齿间容积对。齿间容积对，因齿的互相挤入，其容积值逐渐减小，实现气体的压缩过程，直到该齿间容积对与排气孔口相连通时为止。

③ 排气过程　在齿间容积对与排气孔口连通后，排气过程开始。由于螺杆回转时容积不断缩小，将压缩后具有一定压力的气体送至排气管。此过程一直延续到该容积对达最小值时为止。

（4）螺杆式压缩机的气量调节

① 变转速调节　适用于可变速的驱动机，通常情况下，变频电动机范围为额定转速的 $30\%\sim100\%$，汽轮机范围为额定转速的 $70\%\sim100\%$。

② 进气节流调节　在进气管安装节流阀，通过调节阀门开启度调节流量，节能效果好。但常压可燃易爆气体不宜采用，可能造成空气内漏进入工艺系统，产生安全隐患。

③ 切断进气　关闭进气阀，使排气量为零，压缩机空运转，功率损失大大降低。但此法造成压缩机内部处于真空，因此一般只用在动力用空气压缩机中。

④ 旁路调节　将压缩机排出的气体通过旁路调节阀返回至压缩机入口。为了防止高温的排出气体引起压缩机入口温度的升高，一般需要设置旁路冷却器（部分系统采用先冷却后分离的工艺，则不需要设置）。旁路调节是一种耗能的调节方式，适用于低压力比及压缩介质不允许与空气相混合的场合。

⑤ 滑阀调节　通过控制滑阀的开度调节气量。喷油螺杆式压缩机才设置滑阀调节机构，无油螺杆式压缩机难以实现滑阀调节。

任务实施

一、选择粗氯乙烯气体输送机械类型

1. 选择气体输送机械类型

气体输送机械的选用主要是根据被输送气体的性质、输送量、达到的终压等选用，表 2-1 可供选用气体输送机械时参考。

表 2-1 气体输送设备的选用

输送目的	常见工况	适用输送机械类型
用于通风换气和送气	压缩比为 1～1.15,终压不超过 14.7kPa(表压)。如空冷器、干燥房、干燥器通风等	离心、轴流式通风机
用于输送气体	终压在 14.7～300kPa(表压)之间,压缩比小于 4。如提高反应气体压力、吸收塔送气、气流干燥器输送空气等	离心鼓风机,罗茨鼓风机
用于产生高压气体	终压大于 300kPa,压缩比大于 4。如提高反应气体的压力、裂解气精馏分离等	往复式压缩机、离心式压缩机、螺杆式压缩机等
用于抽气而减压	在设备中产生真空。如抽滤、真空蒸发结晶、真空蒸馏等	喷射真空泵、往复真空泵、水环真空泵

2. 选用压缩机类型

由于各类压缩机的应用范围重叠较宽,具体选用压缩机的类型时,需根据气量、温度、压力、功率、效率和气体性质等主要技术参数,以及装置特性、使用经验等因素综合考虑,才能保证压缩机的可靠性和经济性。

① 中小气量,压力范围广泛,尤其用于高压或超高压时,可选用往复式压缩机;

② 中小气量,中低压时,或含尘、湿、脏的气体,可选用螺杆式压缩机;

③ 大中气量,压力范围广泛,介质为干净气体时,可选用离心式压缩机;

④ 大流量,低压力时,还可考虑选用轴流式压缩机;对排气温度严格控制的,可考虑选用液环式压缩机。

此外,必须满足介质特性的要求。对于易燃、易爆、有毒或贵重的气体,要求轴封可靠;对于腐蚀性气体要求接触介质的部件采用耐腐蚀材料。必须满足现场安装条件的要求。有腐蚀性气体存在的场合,要求采取防腐蚀措施;在环境温度低于−20℃的场合,应采用耐低温材料;在爆炸危险环境内的压缩机,电机的防爆等级不应低于爆炸危险区域等级。

二、确定粗氯乙烯的压缩级数

如前所述,往复式压缩机多级压缩可以克服一个气缸压缩比过大的缺点,降低功耗。但是若级数过多,压缩机结构复杂,附属设备多,造价高。超过一定级数后,所省之功还不能补偿制造费用的增加。一般当 $p_2/p_1 > 8$ 时,采用多级压缩,常用 2～6 级,每级压缩比为 3～5。可以根据表 2-2 列出的生产上级数与终压间经验关系,确定压缩所需级数。

表 2-2 级数与终压间经验关系

终压/kPa	<500	500～1000	1000～3000	3000～10000	10000～30000	30000～65000
级数	1	1～2	2～3	3～4	4～6	5～7

离心式压缩机转速已在 10000r/min 以上,对叶轮动平衡要求高,由于成本和技术的原因,一般单级压缩机的压缩比不超过 2.5,根据 p_2/p_1 的比确定压缩所需级数。

三、压缩机操作要点

(一)往复式压缩机的操作要点及常见故障处理方法

1. 往复式压缩机的操作

一般分为准备、启动、管理和停车四个阶段。

（1）准备

① 检查油位　机身油位应在油标尺的刻度中间。低于最低刻度线时，应添加经过过滤的同牌号润滑油。严禁不同牌号的润滑油混在一起使用。

② 检查空气滤清器及其油位（油浴式滤清器）　空气滤清器应干净。油位的最高和最低刻度线应以空气进入滤清器后，能得到充分的油浴为准，但不能使油进入吸气管，加油后，应使油面处在规定的范围内。

③ 打开冷却水开关并调节水量　如果是循环用水，还应检查水池水位及水泵运转情况，水压应在 0.1～0.3MPa 范围内。

④ 检查气路的开关情况　检查气路各开关情况，并使机器处于空载启动状态，为此，Ⅰ、Ⅱ级气缸的调节装置应全部开启。如全开吸气阀，打开各级放空阀，使各气缸排出的空气的压力等于大气压。油水阀全部打开。

⑤ 检查各仪表　检查压力表、温度计、电流表、功率因数表和流量表等，安全阀和继电器等保护装置应处于完好状态。

⑥ 查机身和气缸　检查地脚螺栓有无松动现象。机身、电机、地沟、地面和平台上应无多余物件。地面无油渍。保护装置及防护罩、灭火器等齐全，并放在指定位置。

⑦ 盘车　盘车 1～2 圈。转动时，各运动机构应轻巧无阻。曲轴颈转到启动力矩最小的位置，例如，两列对称平衡式压缩机，应将曲轴销按规定回转方向转到最高点附近，此时启动力矩最小，绝不可放在止点位置。

⑧ 检查供电电压　电压应在规定的范围内。

（2）启动

① 启动时，首先要注意机器的转向。如果发生反转，则油泵的出油路也随之发生改变，使油无法输送运动机构，有烧毁轴瓦的危险。同时，反方向运转，将使受力情况改变，运动机构也有松动的危险，有可能酿成重大事故。

② 如果空压机转向无误，就要注意观察油压的变化。启动时，一般油压波动较大，但应在 0.1MPa 以上波动。

③ 注意倾听机器的运转声。空车时的响声应该轻巧平稳，振动小。

④ 机器空载运转 1～2min 后，注意机器的运转状态，观察油压、轴功率、响声和振动有无异常，若一切正常，即可将机器带负荷运转。

⑤ 将调节器转入工作状态，即关闭Ⅰ、Ⅱ级气缸放空阀，卸去吸气阀压开装置的压力，关闭后冷却器的放空阀。要注意观察每一步骤的可靠性。当储气罐压力达 0.1MPa 时，可关闭储气罐各放油水阀。

⑥ 用气量小于排气量时，在定容的输气管道内，压力不断升高。此过程中，应加强监视、检查。正常运转时，要求排气量、压缩比、轴功率、油压和温度等运转参数符合使用说明书的规定。

（3）正常运行

① 排放油水　机器工作期间，除中间冷却器的自动放油水装置外，储气罐及后冷却器的油水应每小时排放一次。

② 调整注油量　调整气缸、填函的注油量，即调整油滴数和油滴大小，以使功耗量保持在最小值。其调整方法是，机器运转一段时间，卸下气阀检查，如气阀的阀片及气缸镜面上附有一层薄薄的油，则说明注油量适中；如无油，说明油量太小，应调大；如气阀结垢，说明注油量太大，应调小。机器运转时，应使各个润滑面均布有一薄油层，此时注油量为最

适宜。合适的注油量并不是一次调成的，而需反复试调。每台机器由于工作状态不同，注油量也不尽相同。一般老机器用油量要多些。新安装的机器，第一个月的耗油量要比正常量多一倍左右。

③ 注意机身运动机构的耗油量　如果填函、轴封以及机身盖板严密，油温、油位正常，则机身运动机构的耗油量可以大大减少。机身不应在运转时加油。

④ 听机器响声　注意机器各部位的响声是否正常。如电机的运转声、吸气管的吸气声、气阀启闭声、空气流动声、运动机构的撞击声、油泵声和调节装置的响应等。

⑤ 维护最佳供气压力，满足用户要求　供气压力一般是根据用气设备要求的压力加上管路损失确定的。

⑥ 记录机器运转数据　定期巡视机器各部位运转数据是否在正常范围内。

（4）停车　停车顺序和开车顺序相反。

① 正常停车

a. 减负荷直至不排气（即 Ⅰ、Ⅱ 级调节装置全部开启），如压开吸气阀，打开余隙阀等。

b. 打开后冷却器放空阀，使 Ⅱ 级气缸排气压力降为大气压；打开 Ⅰ 级气缸放空阀，使 Ⅰ 级气缸排气压力也降为大气压；打开 Ⅱ 级气缸放空阀，使 Ⅱ 级气缸通大气；打开所有油水阀。

c. 切断电源，停止压缩机运转，排气管上阀门全闭。

d. 排气阀门全闭。在压力降到接近大气压后，全闭吸气阀门。

e. 待机器冷却后，关闭冷却水。如长期停用或寒冷天气置于室外的机器，应放掉气缸、中间冷却器和后冷却器中的冷却水，以免结冰冻裂。

② 紧急停车　出现下列情况时，必须紧急停车。机器停下来后，应按正常停车顺序补做没有进行的操作。

a. 任意级排气压力超过允许值，并继续升高。

b. 空气压缩机的轴功率超过额定值，并继续升高。

c. 突然停水、断油，电机某相断电或部分断电。如因断水而停车，应待机器自行冷却后再送水，不允许马上向热气缸送冷水，否则会使气缸因收缩不均而炸裂。

d. 有严重的不正常响声，或者发现机身或气缸内有折断、裂纹等异常情况。

e. 发现电机有严重的火花、火球现象。

f. 空气压缩机某部位冒烟、着火，或机器任一部位温度不断升高。

g. 危及机器安全或人身安全时。

（5）日常维护及保养　压缩机的日常操作的注意事项如下：

① 各级的温度和压力

a. 在正常运转中，各级压力突然升高时，必须立即用近路阀调节，如无法调节时，需停车处理。

b. 在正常运转中，进口温度升高时必须立即调节冷却水水量，防止进口温度过高，影响气量。

② 压缩机各部件、零件

a. 严格防止液体带入气缸，造成气缸内液击而损坏机器。

b. 压缩机在断水之后，不能立即通入冷水，避免因冷热不均，出现气缸裂纹。

c. 随时仔细检查设备及管线的法兰接合处，不准有泄漏、振动及互相摩擦等情况。

d. 经常注意机座螺钉是否松动，以防损坏基础。

e. 开关阀门要缓慢，不要用力过猛，使阀门损坏。并且不要开得太足，关得太死。

③ 润滑情况

a. 在正常运转中注意注油器的滴油情况。

b. 循环油的压力过低时，也会影响机件的润滑。这时应停车清洗循环油系统和过滤器。

c. 必须保持润滑油的清洁，防止机件损坏，否则会影响生产造成损失。

d. 油分离器排油时，要注意集油器的压力，切勿粗心大意。

2. 往复式压缩机的故障分析及处理

往复式压缩机在试车和正常运转过程中，由于使用不慎、检修维护不及时或检修质量不佳等原因，会发生故障。常见的故障、产生的原因及处理方法列于表2-3。

表 2-3　往复式压缩机常见故障及处理方法

故障种类	故障产生的原因	处理方法
1. 润滑油压强突然低于 98.1kPa	(1)油池内润滑油不足 (2)过滤器或过滤网堵塞 (3)油压表失灵 (4)润滑油管路堵塞或破裂 (5)油泵失去作用，打不上油 (6)回油阀失灵	(1)应立即加油 (2)清洗 (3)更换油压表 (4)检修油管路 (5)检修油泵 (6)检修回油阀
2. 润滑油压强逐渐降低	(1)油管连接不严密 (2)运动机构轴衬磨损过甚，间隙过大 (3)油过滤器太脏 (4)润滑油黏度降低	(1)紧螺母或加垫 (2)检修轴颈或轴套 (3)拆下清洗 (4)检查有无水或气漏入机身，更换润滑油
3. 润滑油温度过高	(1)润滑油供应不足 (2)润滑油不符合规定 (3)润滑油太脏 (4)运动机构发生故障	(1)检查油管漏油情况，添加润滑油 (2)更换合格润滑油 (3)清洗运动机构和油池，并换油 (4)检修故障零部件
4. 气缸供油不良	(1)注油器止逆阀失灵 (2)注油器给油太少 (3)气缸注油孔堵塞 (4)润滑油质量低劣 (5)吸入气体过脏	(1)检修注油器止逆阀 (2)拆下清洗检查 (3)清洗气缸注油孔 (4)更换润滑油 (5)检查空气滤清器芯子
5. 冷却水系统漏水或其他故障	(1)管路漏水 (2)缸垫不严，气缸内有水 (3)中间冷却器水管破裂，气缸内有水 (4)冷却器出水温度虽未超过 40℃，但排气温度升高，多由于水垢过厚或水量不足	(1)修理或更换 (2)更换缸垫，拧紧气缸连接螺栓 (3)修理中间冷却器芯子 (4)清理水路水垢，调整水量
6. 安全阀故障	(1)开启不及时 (2)阀芯升不到应有高度 (3)关闭不严 (4)未达到额定压强就放气	(1)重新调准 (2)拆卸、洗涤、防锈、检修 (3)清除污垢或重新研磨阀门 (4)重新调整
7. 轴承发热	(1)轴向配合间隙太小 (2)供油不良 (3)轴承过脏，卡死	(1)修配 (2)检修润滑系统 (3)清洗

续表

故障种类	故障产生的原因	处理方法
8. 不正常声音	(1)余隙过小 (2)气缸内有水 (3)气阀松动 (4)气缸或管路中有异物 (5)活塞螺母或活塞碰到缸盖或缸座 (6)中间冷却器芯子加强筋松脱 (7)阀片发生闷声,弹簧损坏 (8)活塞螺母松动 (9)连杆大小头瓦,十字头销与十字头销孔严重磨损,间隙过大 (10)轴颈椭圆度过大 (11)轴承间隙过大	(1)调整 (2)检查冷却系统严密性 (3)拧紧气阀上顶丝 (4)清除 (5)上下止点间隙不够,调整 (6)拆下焊牢 (7)清除碎片,更换零件 (8)拆下拧紧 (9)修配 (10)修磨 (11)更换轴承
9. 气阀部件工作不正常	(1)气阀的弹簧力过小或不均匀 (2)弹簧磨损、弹簧不平或阀片卡住 (3)阀座、阀片变形或破裂 (4)结炭或锈蚀严重,影响开启 (5)进气不清洁	(1)更换弹簧 (2)更换 (3)研磨、更换 (4)清理、洗涤 (5)清洗气阀和空气滤清器
10. 填料箱不严密漏气	(1)刮油圈磨损,回油通道堵塞 (2)密封圈磨损,活塞杆磨损 (3)安装不正确＋填料在隔圈中轴向间隙太小,受热胀死 (4)填料零件间夹有脏物	(1)检修或更换 (2)修磨或更换 (3)检查重新装配 (4)清除脏物
11. 活塞环不正常磨损	(1)润滑油质量不符合要求 (2)材料松软,组织不严密,硬度不够 (3)活塞环开口间隙小,遇热咬死	(1)换油 (2)更换材质符合要求的活塞环 (3)修理
12. 排气量不够	(1)进气阀温度过高,进气阀倒气 (2)排气压强不稳定 (3)活塞环泄漏 (4)填料箱泄漏 (5)安全阀不严 (6)空气滤清器堵塞 (7)减荷阀开度不够大 (8)局部不正常漏气	(1)根据第9条修理进气阀 (2)根据第9条修理排气阀 (3)检查活塞环漏光度 (4)根据第10条修理 (5)根据第6条修理 (6)清洗 (7)修理 (8)根据漏气情况,采取密封措施
13. 排气温度超过160℃	(1)冷却水中断或水量不足 (2)进气阀泄漏倒气	(1)检查冷却水供应情况 (2)根据第9条修理
14. 油压表指针振摆	油路内有气体	拧开表接头排尽余气

(二)离心式压缩机的操作要点及常见故障处理方法

1. 离心式压缩机的操作

各台压缩机的情况不同,操作方法也不完全相同。特别是化工厂的压缩机和化工工艺操作密切相关。因此,这里只能对压缩机操作中的一些共同性问题进行讨论。有关每台机组的特殊问题不能一一涉及,而要根据各机组的具体情况加以处理。

(1)启动前的准备　离心式压缩机的启动是机组投入生产运行的首要环节,启动工作进行的好坏,直接影响机组能否长周期稳定运行。因此,应做好以下几方面的准备工作:

①润滑系统的准备工作

a. 启动润滑油箱加热器，将润滑油温度升至 35～45℃之间；

b. 启动润滑油主泵，使润滑系统进入循环状态，调节泵出口、轴承入口和调速系统的油压，使其达到操作指标要求；

c. 调试辅助油泵的自启动性能，使启动灵敏，控制启动参数符合给定指标；

d. 校验轻窜轴声光报警、重窜轴停机联锁和油压过低停机联锁等保护系统的可靠性。

② 轴封系统的准备工作

a. 启动封油箱加热器，将封油油温升至 35～45℃；

b. 启动封油主泵，使封油系统进入循环状态，调节泵出口和密封腔入口的油压，使其符合操作指标的要求；

c. 调试辅助封油泵自启动性能，使其达到启动灵敏，控制自启动参数符合给定指标；

d. 引密封气至密封腔前；

e. 轴封系统声光报警和停机联锁等保护措施调试合格。

③ 真空复水系统的准备工作

a. 复水器加水，启动复水主泵，建立复水系统的闭路循环；

b. 调试辅助复水泵自启动性能，使其达到启动灵敏，控制自启动参数符合给定指标；

c. 汽轮机两端轴封给密封气，开两级抽气器，逐步提高真空系统的真空度，使其达到 0.08MPa 以上。

④ 工艺系统的准备工作

a. 编好工艺系统流程，确认各部位阀门已处于工作状态，机壳和管线排凝；

b. 主蒸汽管线排凝、引蒸汽至控制阀前。

（2）启动操作　当启动的准备工作就绪后，压缩机可按下列程序进行启动。

① 机组盘车，检查转子与定子有无摩擦、碰撞等异常现象，确认转子、盘车灵活。

② 缓慢提升启功器手轮，使蒸汽快开阀在两端动力油压差逐渐增大的情况下迅速打开。蒸汽进入调速汽阀室内。

③ 继续提升启动器手轮，二次油压产生，并对油动机滑阀施以作用力，当二次油压升至一定值时，滑阀在二次油压作用下，将动力油送至油动机活塞上腔的通道沟内，动力油进入油动机活塞上腔，将调速汽阀打开，蒸汽经喷嘴进入汽轮机，机组开始旋转。

④ 当机组转速升至 1000r/min 时，稳定运行 15min，检查机组振动、轴承温升，轴向位移，真空度、润滑油和封油以及主蒸汽的温度和压力等情况，确认无异常现象时，按程序往下进行。

⑤ 继续提升启动器手轮，机组转速不断增加，当转速接近临界转速时，加快启动器手轮的提升，使机组迅速越过临界转速，并在一定转速下稳定运行 5min，检查机组各部位的振动、温升、位移以及压力等情况，确认一切正常后，下一步工作开始进行。

⑥ 再次提升启动器手轮，直至手轮提升至最高位置为止。至此，机组启动升速过程结束，启动器的使命也已完成。

⑦ 启动器作用结束后，调速器投入正常运行，发挥其速度调节功能，从此，机组转入生产运行。为确保压缩机长周期稳定运行，操作维护人员必须做到正确使用、精心维护、及时调节。避免机组在超温、超压、超转速及超负荷的情况下运行。

（3）离心式压缩机的停车步骤　离心式压缩机有正常停车和紧急停车两种情况，停车也有正常和紧急两种步骤。

① 正常停车步骤

a. 联系有关岗位，使其做好停车的准备工作，以便停车工作有步骤的进行。

b. 降二次风压至 0.02MPa，机组在基本转速稳定运行。调速器由调速系统切除，用启动器手轮将转速降至临界转速以上。

c. 压缩机出口改放火炬。

d. 手压危急遮断油门手柄，切断去油动机和蒸汽快开阀的动力油，快开阀和调速汽阀迅速关闭。汽轮机由惰走逐渐停机。

e. 打开压缩机入口放火炬阀，关压缩机出入口阀，将启动器手轮下旋至最低位置，定值给定器手轮提升至最高位置。

f. 停两级抽气器，复水器真空度回零后，停汽轮机轴端密封气。关蒸汽进汽轮机总阀。

g. 压缩机入口和机体排凝；汽轮机打开疏水阀。

h. 停车后 1h 内，每 5～10min 盘车 1 次，1h 后，每 30min 盘车 1 次，每次盘车 180°，直至气缸和轴承温度降至常温为止。

i. 停润滑油、封油和复水泵，关闭润滑油冷却器，封油冷却器以及复水器上下水阀门。

② 紧急停车步骤

a. 手压危急遮断油门手柄，切断动力油至油动机和快开阀的通路，调速汽阀和快开阀迅速关闭，汽轮机缓慢停止运行；

b. 启动器手轮下旋至最低位置，定值给定器手轮提升至最高位置；

c. 停两级抽气器，停汽轮机轴端密封气；

d. 关压缩机出、入口阀，开压缩机入口放火炬阀；

e. 其他事宜按正常停车步骤处理。

2. 离心式压缩机的故障分析及处理

离心式压缩机的故障及处理方法见表 2-4。

表 2-4　离心式压缩机的故障及处理方法

故障现象	故障产生的原因	处理方法
轴承温度过高	(1)轴承的进油口节流圈孔径太小,进油量不足 (2)润滑系统油压下降或滤油器堵塞,进油量减少 (3)冷油器的冷却水量不足,进油温度过高 (4)油内混有水分或油变质 (5)轴衬的巴氏合金牌号不对或浇铸有缺陷 (6)轴衬与轴颈的间隙过小 (7)轴衬存油沟太小	(1)适当加大节流圈孔径 (2)检修润滑系统油泵、油管或清洗滤油器 (3)调节冷油器冷却水的进水量 (4)检修冷油器、排除漏水故障或更换新油 (5)按图纸规定的巴氏合金牌号重新浇铸 (6)重新刮研轴衬 (7)适当加深加大存油沟
轴承振动过大、振幅超标	(1)机组找正精度被破坏 (2)转子或增速器大小齿轮的动平衡程度被破坏 (3)轴衬与轴颈的间隙过大 (4)轴承盖与轴瓦瓦背间过盈量太小 (5)轴承进油温度过低 (6)负荷急剧变化或进入喘振工况区域工作 (7)齿轮啮合不良或噪声过大 (8)气缸内有积水或固体沉淀物 (9)主轴弯曲 (10)地脚螺栓松动	(1)重新找正水平和中心 (2)重新校正动平衡 (3)减小轴衬与轴颈的间隙 (4)刮研轴承盖水平中分面或研磨调整垫片,保证过盈量为 0.02～0.06mm (5)调节冷油器冷却水的进水量 (6)迅速调整节流蝶阀的开启度或打开排气阀或旁通闸阀 (7)重新校正大小齿轮间的不平行度,使之符合要求 (8)排除积水和固体沉淀物 (9)校正主轴 (10)拧紧地脚螺栓

续表

故障现象	故障产生的原因	处理方法
气体冷却器出口处气温过高	(1)冷却水量不足 (2)气体冷却器冷却能力下降 (3)冷却管表面积污垢 (4)冷却管破裂或管与管板间配合松动	(1)加大冷却水量 (2)检查冷却水量,要求冷却器管中的水流速度应小于2m/s (3)清洗冷却器芯子 (4)堵塞已损坏管的两端或用胀管器将松动的管胀紧
气体出口流量降低	(1)密封间隙过大 (2)进气的气体过滤器堵塞	(1)按规定调整间隙或更换密封 (2)清洗气体过滤器
压缩机流量和排出压力不足	(1)通流量有问题 (2)压缩机逆转 (3)吸气压力低 (4)运行转速低 (5)循环量增大 (6)压力计或流量计故障	(1)将排气压力与流量同压缩机特性曲线相比较 (2)检查旋转方向,和箭头标志方向一致 (3)和说明书对照,查明原因 (4)检查运行转速与说明书对照,应提升原动机转速 (5)循环量太大时应调整 (6)调校、修理或更换
排出压力波动	(1)流量过小 (2)调节阀不正常 (3)防喘振阀及放空阀不正常 (4)压缩机喘振 (5)密封间隙过大 (6)进口过滤器堵塞	(1)在排出管安装旁通管补充流量 (2)检查流量调节阀 (3)校正调整防喘振的传感器及放空阀 (4)使压缩机脱离喘振区 (5)按规定调整密封间隙或更换密封 (6)清洗过滤器
压缩机漏气	(1)密封系统不良 (2)"O"形密封环不良 (3)气缸或管接头漏气 (4)密封胶失效 (5)运行不正常 (6)密封件破损,断裂,腐蚀	(1)检查修理密封系统元件 (2)检查更换各"O"形环 (3)检查,发现漏气,及时修理 (4)检查密封胶及填料,发现失效应更换 (5)检查,发现问题及时解决 (6)检查各密封环,并采取措施解决
压缩机喘振	(1)工况点接近或落入喘振区 (2)防喘振裕度设定不够 (3)吸入流量不足 (4)出口气体系统超压 (5)放空阀或回流阀未打开 (6)防喘振装置未设自动 (7)防喘振装置失准或失灵 (8)防喘振设定值不准 (9)升速、升压过快 (10)降速未先降压 (11)气体性质或状态严重改变 (12)压缩机部件破损脱落 (13)逆止阀失灵	(1)应及时脱离并消除喘振 (2)防喘振裕度应控制在1.03～1.50,不可过小 (3)进气通道堵塞,应查出原因并采取相应措施 (4)出口逆止阀失灵,气体倒灌,消除高压 (5)及时打开防喘的放空阀或回流阀 (6)正常运行时,防喘振装置应投自动 (7)检查,及时修理调整 (8)严格整定防喘振数值 (9)升速升压不可过猛,过快,应当缓慢均匀 (10)降速之前应先降压,合理避免喘振 (11)根据改变后的特性线整定防喘振值 (12)检查修理防止喘振 (13)经常检查逆止阀,防止气体倒灌

技术评估

一、选用气体输送机械

根据被输送气体的性质、输送量、所需达到的终压等工艺参数要求,根据现行的 SH/T 3143《石油化工往复压缩机工程技术规范》、GB/T 25357《石油、石化及天然气工业流程用容积式回转压缩机》、SH/T 3144《石油化工离心、轴流压缩机工程技术规范》等技术规范进行合理选择。

二、粗氯乙烯的压缩级数

根据任务一所选定输送机械的类型，往复压缩机和离心压缩机的单级压缩比，按 p_2/p_1 的比确定压缩所需级数。

三、编写操作规程

结合学校具备的实训装置编制操作规程，参考《危险化学品岗位安全生产操作规程编写导则》（DB37/T 2401）编写，至少包含以下内容：

① 岗位任务；

② 生产工艺：工艺原理、工艺流程、主要设备；

③ 工艺控制指标：原料质量指标、产品质量指标、工艺参数指标、分析指标；

④ 操作步骤：开车准备、开车、运行、正常停车、生产异常现象及处理措施。

在实训装置上实操，验证操作规程的合理性、可行性、安全性。实操应规范、精心、精细，应文明操作。

技术应用与知识拓展

一、液环式压缩机

在化工生产中，对含腐蚀性成分的气体，高温下易分解、易聚合的气体进行压缩，还可能会用到液环式压缩机。

（1）液环式压缩机的结构和工作原理　如图 2-15 所示，液环式压缩机的结构是在一个略似椭圆的外壳 1 中，安装一个具有许多前弯形叶片的叶轮 2，壳中盛有适量的液体。当叶轮旋转时，由于叶片前弯，将抄起下部的液体并带动液体旋转，由于离心力的作用，液体被抛向壳体，形成一层椭圆形的液环。椭圆短轴处的叶轮叶片之间充满了液体，而长轴处液体不满，形成两个月牙形空间，这两个月牙形的空间均与泵的吸入口 3 和压出口 4 相通。

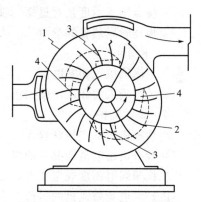

图 2-15　液环式压缩机的结构图
1—外壳；2—叶轮；3—吸入口；4—压出口

液环式压缩机的工作原理如下：以叶轮叶片处于椭圆外壳的短轴处为起点，此时叶片之间充满着液体，当叶轮转过某一角度，叶片至壳体之间的空间开始增大，液层向外移动，随着叶轮的继续旋转，空间逐渐扩大，形成月牙形低压空间，气体被吸入。当叶轮转过椭圆外壳长轴顶端之后，叶片间形成的月牙形低压空间逐渐缩小，气体被压缩，并从压出口排出。当叶轮转过压出口后，叶片之间又完全充满液体，随后即又开始上述的吸气和排气过程。叶轮旋转一周，压缩机两次吸入和排出气体。

（2）液环式压缩机的特点

① 被压缩的气体不与气缸表面直接接触。

② 气缸不需要润滑，可作为特殊用途的无油润滑压缩机。

③ 结构简单、使用方便。

④ 由于液体的充分冷却，排气温度很低。

⑤ 叶片扰动液体的能量损失很大，效率较低。其等温效率为 0.30～0.45。

二、罗茨鼓风机运行操作与故障处理

1. 罗茨鼓风机的操作

（1）运行前的准备工作

① 检查地脚螺栓和各结合面螺栓是否紧固。

② 手动盘车，鼓风机在旋转一周的范围内，运转是否均匀，有无摩擦现象。

③ 检查各润滑点是否润滑到位，油箱油位是否符合要求。

④ 检查冷却水阀是否完好，冷却水是否畅通。

（2）启动

① 单独运行油泵，检查油泵的声音、振动是否正常。调整油泵的出口油压，使其达到要求油压。

② 打开鼓风机的进、出口阀门。

③ 启动电动机，检查电动机的运转方向是否正确，电流是否正常。

（3）运行

① 检查机组的声音、振动是否正常，鼓风机内部是否有异常响声。

② 检查润滑系统供油是否正常，油温、油压是否正常。

③ 检查机组和出口管线上有无漏气点，以及密封装置的密封效果。

④ 检查仪表指示和自动控制是否正常。

⑤ 检查轴承温度是否过高，轴承的工作温度一般在 50～65℃，不应超过 70℃。

⑥ 检查附属装置如消声器、安全阀等，有无缺陷。

（4）停车

① 关闭风机，切断电源。

② 关闭吸入端和压出端挡板，冷却水可先不停。

（5）日常维护

① 检查机组的连接螺栓。

② 检查机组润滑情况，油温、油压以及冷却水供应情况。

③ 按照润滑制度规定要求，定期加油和换油。

④ 经常检查鼓风机的运行状态、压力、流量是否平稳，机组的声音、振动是否正常。

⑤ 检查仪表指示和联锁情况。

⑥ 检查电机的电流、振动情况。

2. 罗茨鼓风机的故障分析及处理

罗茨鼓风机的故障及处理方法见表 2-5。

表 2-5 罗茨鼓风机的故障及处理方法

故障现象	故障产生的原因	处理方法
风量波动 或不足	(1)叶轮与机体因磨损而引起间隙增大 (2)转子各部间隙大于技术要求 (3)系统有泄漏	(1)更换或修理磨损零件 (2)按要求调整间隙 (3)检查后排除

续表

故障现象	故障产生的原因	处理方法
电动机过载	(1)进口过滤网堵塞，或其他原因造成阻力增高，形成负压 (2)出口系统压力增加	(1)检查后排除 (2)检查后排除
轴承发热	(1)润滑系统失灵，油不清洁，黏度过大或过小 (2)轴上油环没转动或转动慢带不上油 (3)轴与轴承偏斜，鼓风机轴与电动机轴不同心 (4)轴瓦质量不好，接触弧度过小或接触不良 (5)轴瓦表面有裂纹、擦伤、磨痕、夹渣等 (6)轴瓦端与止推垫圈间隙过小 (7)轴承压盖太紧，轴承内无间隙 (8)滚动轴承损坏，滚子支架破损	(1)检修润滑系统换油 (2)修理或更换 (3)找正，使两轴同心 (4)刮研轴瓦 (5)修理或重新浇轴瓦 (6)调整间隙 (7)调整轴承压盖衬垫 (8)更换轴承
密封环磨损	(1)密封环与轴套不同心 (2)轴弯曲 (3)密封环内进入硬性杂物 (4)机壳变形使密封环一侧磨损 (5)转子振动过大，径向振幅大于密封径向间隙 (6)轴承间隙超过规定间隙值 (7)轴瓦刮研偏斜或中心与设计不符	(1)调整或更换 (2)调整轴 (3)清洗 (4)修理或更换 (5)检查压力调节阀，修理断电器 (6)调整间隙，更换轴承 (7)调控各部间隙或重新换瓦
振动超限	(1)转子平衡精度底 (2)转子平衡被破坏(如煤焦油结垢) (3)轴承磨损或损坏 (4)齿轮损坏 (5)紧固件松动	(1)按 C6.3 级要求校正 (2)检查后排除 (3)更换 (4)修理或更换 (5)检查后紧固
机体内有碰擦声	(1)转子相互之间摩擦 (2)两转子径向与外壳摩擦 (3)两转子端面与墙板摩擦	解体修理

三、螺杆压缩机的操作要点及常见故障处理方法

视频扫一扫

1. 螺杆压缩机的操作

（1）启动前的准备　导通流程，各阀开关位置正确，特别注意出口阀的状态。

① 确认电源正确。

② 检查油气分离器液位，必要时排放分离器内冷凝水。

③ 手动盘车，直到可用一只手轻松盘动为止。

④ 再次检查润滑油液位，此时应该保证在高、低液位刻度线中间。

（2）启动

① 将远程联控盘的主机选择开关打到"开"位置。

② 机旁控制面板及联控报警盘复位，检查 LAMPTEST。

③ 将正常禁用-加载旋钮打到正常禁用位置。

④ 按启动按钮，启动压缩机。

⑤ 检查润滑油液位，此时液位仍旧保持在高、低液位刻度线中间，检查电流。

⑥ 当排气压力上升到 0.2MPa 以上，排气温度超过 40℃时，将正常禁用-加载旋钮打到加载位置。

⑦ 确认加载压力及排气温度、电流。

（3）启动后检查　空压机稳定运行一段时间后，做如下检查：

① 检查压缩机润滑油位，油量不足及时加油，添加润滑油请停机。

② 检查各仪表读数是否在规定范围之内。

③ 检查油过滤器及空滤器指示灯是否亮。

④ 检查机组有无异常振动、噪声及泄漏。

（4）停机

① 在压缩机控制面板上按 OFF 开关，压缩机进入自动停机程序而停机。

② 将正常禁用-加载旋钮打到正常禁用位置。

③ 观察排气压力是否下降。

④ 当排气压力下降到 0.2MPa 左右时，按下 OFF 按钮，空压机将自动转入停机程序自行停机。

⑤ 当有异常情况，在空压机控制面板上立即按"紧急停车"按钮而停机。

（5）维护及保养

① 压缩机运行中应注意观察吸排气压力、吸排气温度、油温和油压，并定时记录。

② 压缩机运转过程中安全保护动作自动停车，一定要查明故障原因方可开机。绝不允许通过改变它们的设定值或屏蔽故障的方法再次开机。

③ 突然停电造成主机停机时，由于旁通电磁阀 B 不能开启，压缩机可能出现倒转现象，这时应迅速关闭吸气截止阀，减轻倒转。

④ 如果在气温较低的季节长期停机，应将系统中的水全部放净，避免冻坏设备。

⑤ 如果在气温低的季节开机，先开启油泵，按电机旋转方向盘动联轴器，使油在压缩机内循环，充分润滑，这个过程一定要在手动开机方式下进行。

⑥ 机组长期停机，应每隔 10 天左右开启一次油泵，保证压缩机内各部位都有润滑油，每次油泵开动 10min 即可。每 2～3 个月开动一次压缩机，每次 1h，保证运动部件不会粘在一起。

⑦ 每次开机前，最好盘动压缩机几圈，检查压缩机有无卡阻情况，并使润滑油均匀分布各部位。

2. 螺杆式压缩机的故障分析及处理

螺杆式压缩机在试车和正常运转过程中，由于使用不慎、检修维护不及时或检修质量不佳等原因，会发生故障。常见的故障、产生的原因及排除方法列于表 2-6。

表 2-6　螺杆式压缩机常见故障及排除方法

故障种类	故障产生的原因	处理方法
启动负荷过大或根本不能启动	(1)压缩机排气端压力过高 (2)滑阀未停在"0"位 (3)机体内充满润滑油 (4)运动部件严重磨损、烧伤 (5)电压不足	(1)通过旁通阀使高压气体流到低压系统 (2)将滑阀调至"0"位 (3)盘车排出积油 (4)拆卸检修或更换零部件 (5)检修电网
机组发生不正常振动	(1)机组地脚螺栓未紧固 (2)管路振动引起机组振动加剧 (3)联轴器同心度不好 (4)吸入过多的油或制冷剂液体 (5)滑阀不能定位且在那里振动 (6)吸气腔真空度过高	(1)旋紧地脚螺栓 (2)加支撑点或改变支撑点 (3)重新找正 (4)停机，盘车使液体排出压缩机 (5)检查卸载机构 (6)开吸气阀、检查吸气过滤器

续表

故障种类	故障产生的原因	处理方法
压缩机运转后自动停机	(1)自动保护设定值不合适 (2)控制电路存在故障 (3)电机过载	(1)检查并适当调整设定值 (2)检查电路,消除故障 (3)检查原因并消除
压缩机出口压力不足	(1)滑阀的位置不合适或其他故障 (2)吸气过滤器堵塞 (3)机器磨损严重,造成间隙过大 (4)吸气管路阻力损失过大 (5)高低压系统间泄漏 (6)喷油量不足,密封能力减弱	(1)检查指示器或角位移传感器的位置,检修滑阀 (2)拆下吸气过滤网并清洗 (3)调整或更换零件 (4)检查吸气截止阀或止回阀 (5)检查旁通阀及回油阀 (6)检查油路系统
运转时机器出现异常响声	(1)转子齿槽内有杂物 (2)止推轴承损坏 (3)主轴承磨损,转子与机体摩擦 (4)滑阀偏斜 (5)运动部件连接处松动	(1)检修转子及吸气过滤器 (2)更换止推轴承 (3)更换主轴承 (4)检修滑阀导向块及导向柱 (5)拆开机器检修,加强放松措施
排气温度过高	(1)压缩比较大 (2)油温过高 (3)吸气严重过热,或旁通阀泄漏 (4)喷油量不足 (5)机器内部有不正常摩擦	(1)降低排压,减小负荷 (2)清洗油冷,降低水温或加大水量 (3)增加供液量,加强吸气保温,检查旁通管路 (4)检查油泵及供油管路 (5)拆检机器
滑阀动作太快	(1)手动阀开启度过大 (2)喷油压力过高	(1)关小进油截止阀 (2)调小喷油压力
滑阀动作不灵活或不动作	(1)电磁阀动作不灵活 (2)油管路有堵塞 (3)手动截止阀开度太小或关闭 (4)油活塞卡住或漏油 (5)滑阀或导向键卡住	(1)检修电磁阀 (2)检修 (3)开大截止阀 (4)检修油活塞或更换密封圈 (5)检修
压缩机轴封泄漏	(1)轴封供油不足造成密封环损伤 (2)油有杂质磨损密封面 (3)装配不良,弹簧弹力不足 (4)"O"形圈变形或损伤 (5)动静环接触不严密	(1)调整油压或检查油路 (2)检查精油过滤器 (3)调整 (4)更换 (5)拆下重新研磨
喷油压力过低	(1)油分内油量不足 (2)油温度过高 (3)油泵磨损或油压调节阀故障 (4)油粗、精过滤器脏堵 (5)压缩机内部泄油量大	(1)加油或回油 (2)降低油温 (3)检修或更换,或调整油压调节法 (4)清洗滤芯 (5)检修转子、滑阀、平衡活塞
回油不畅	(1)二级油分滤网脱落 (2)回油阀或过滤器堵塞	(1)检修 (2)清洗
压缩机耗油量增大	(1)油压过高或喷油量过多 (2)排气温度高,油分效率降低 (3)分油滤芯效率降低 (4)分油滤芯脱落或松动 (5)二级油分内油位过高 (6)回油管路堵塞	(1)调整油压或检修压缩机 (2)参考排气温度过高 (3)更换滤芯 (4)紧固或更换胶圈 (5)放油或回油,降低油位 (6)清洗疏通油路
停机时反转	(1)吸、排气止回阀关闭不严 (2)防倒转的旁通管路失效	(1)检修,消除卡阻 (2)检查旁通管路及电磁阀
吸气压力过低	(1)供液阀开度小,回气管路阻力过大 (2)吸气阀开度小或故障 (3)吸气过滤器脏堵	(1)增加供液、检查管路 (2)开大吸气阀门或检查阀头 (3)清洗过滤网、清除水分

任务二 气体真空输送技术与操作

化工生产中，有许多单元操作都需要在低于大气压情况下进行，如防止热敏性物质的受热分解、降低能耗、提高热量的综合利用率等。而真空条件的形成，主要是利用真空机械不断地将系统中的气体吸入并排出以达到抽气目的。

任务情景

聚对苯二甲酸乙二醇酯（PET）生产主要包括以下两步反应：第一步是对苯二甲酸（PTA）与乙二醇（EG）进行酯化反应，生成对苯二甲酸乙二醇酯（BHET）；第二步是BHET在催化剂作用下发生缩聚反应生成PET。第二步缩聚反应的反应常数较小，因此在反应过程中需要尽快除去反应所生成的EG，打破反应平衡，促使反应继续向正方向进行，否则不但会影响反应速度，而且会使聚合度难以提高。因此缩聚要求在真空下进行，特别是缩聚后期要求在高真空度（65Pa）下进行。作为车间工艺员，完成下列任务：

工作任务

1. 设计真空系统工艺流程。
2. 选择聚合釜真空抽气设备。
3. 编制真空机械操作规程。

技术理论与必备知识

一、真空机械设备

真空泵是使系统处于真空状态的一种机械设备，它利用机械、物理、化学或物理化学方法对密封容器进行抽气以获得真空。在化工生产过程中真空泵应用十分广泛，如物料的过滤、蒸馏、蒸发、干燥及结晶等过程，大多需要真空泵造成一定的真空才能进行操作。

1. 真空泵的分类

（1）按其工作原理分 气体传输泵和气体捕集泵。

① 气体传输泵 气体传输泵是一种能使气体不断吸入和排出，借以达到抽气目的的真空泵。往复式真空泵、液环式真空泵、罗茨真空泵、喷射式真空泵都属于此类，是化工生产中常用的真空机械。

② 气体捕集泵 这是一种使气体分子被吸附或凝结在泵的内表面上，从而减小容器内的气体分子数目而达到抽气目的的真空泵。吸附泵、吸气剂泵、低温泵都属于此类。

（2）按其真空度分 粗真空、高真空、超高真空三大类。

① 粗真空泵 常用机械真空泵来实现，往复式真空泵、水环式真空泵、水喷射真空泵都属于粗真空泵。主要用于抽除空气和其他有一定腐蚀性、不溶于水、允许含有少量固体颗粒的气体。广泛用于食品、纺织、医药、化工等行业的真空蒸发、浓缩、浸渍、干燥等工艺过程中。

② 高真空泵 滑阀式真空泵、旋片式真空泵、罗茨真空泵都是高真空泵。滑阀式真空

泵可单独使用，也可作为罗茨真空泵、油增压泵、油扩散泵的前级泵使用；旋片式真空泵也可作为扩散泵的前级泵；罗茨真空泵经常需要水环式真空泵、滑阀真空泵等前级泵辅助。高真空系统常用机械泵和蒸汽流泵联合使用。

③ 超高真空泵　超高真空系统要使用物理化学泵，它包括钛升华泵、冷凝泵、低温吸附泵、吸气剂泵。

2. 常用的真空机械

（1）往复式真空泵

① 往复式真空泵的结构和工作原理　往复式真空泵也称活塞式真空泵，它是获得真空的主要设备之一。往复式真空泵的构造与往复式压缩机基本相同，即由活塞、气阀、气缸、泵体、十字头、连杆、阀杆和曲轴等主要部件组成，如图 2-16 所示。

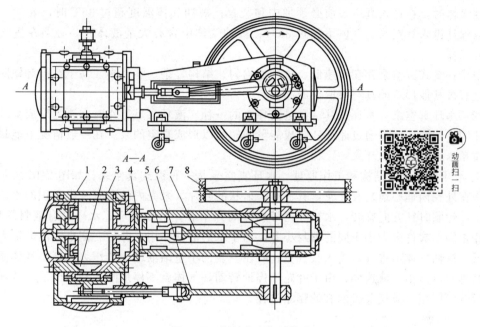

图 2-16　往复式真空泵构造

1—活塞；2—气阀；3—气缸；4—泵体；5—十字头；6—阀杆；7—连杆；8—曲轴

往复式真空泵与往复式压缩机用途不同，压缩机是为了提高气体的压力；而真空泵则是为了降低入口处气体的压力，从而得到尽可能高的真空度，这就希望机器内部的气体排除得越完全、越彻底越好。因此，往复式真空泵的结构与往复式压缩机相比较有如下不同之处：

a. 采用的吸、排气阀（俗称"活门"）要求比压缩机更轻巧，启闭更方便，所以，它的阀片都较压缩机的要薄，阀片弹簧也较小。

b. 往复式真空泵压缩比很高，例如要达到 95％ 的真空度，其极限压力为 5kPa，而排气压力为 112kPa，则压缩比为 22。因此余隙中残留气体对真空泵的生产能力影响非常大。在气缸左右两端设置平衡气道是一种有效的措施，平衡气道的结构如图 2-17，非常简单，可以在气缸壁面加工出一个凹槽（或在气缸左右两端连接一根装有连动阀的平衡管），使活塞在排气终结时，让气缸两端通过凹槽（或平衡管）连通一段很短的时间，使得余隙中残留的气体从活塞一侧流向另一侧，从而降低余隙中气体的压力，缩短余隙气体的膨胀时间，提高操作的连贯性。

往复式真空泵是用曲轴连杆机构的往复运动来带动泵缸内活塞的往复运动，使活塞前后的泵缸容积不断变化，达到吸入和排出气体的目的的。气缸内铸有气室，气室上装有气阀，活塞上装有 2~3 个胀圈，胀圈把气缸隔成活塞前后的两个工作室，这样活塞在气缸内往复时，气体就不由高压一边窜向低压一边。当工作室的容积扩大时，被抽气体被吸入，当工作室的容积被缩小时，气体由于被压缩而排出。如此往复运动，就达到了使设备内产生真空的目的。

② 往复式真空泵的特点　往复式真空泵可以用于抽设备内的空气或无腐蚀性气体，也可以抽带有少量灰尘或蒸汽的气体。国产的往复式真空泵，以 W 为其系列代号，有 W-1 型到 W-5 型共五种规格，其抽气量为 $60\sim770\mathrm{m}^3/\mathrm{h}$，系统绝对压力可降低至 $10^{-4}\mathrm{MPa}$ 以下。

往复式真空泵在下列条件下使用必须加装附属设备。被抽气体含有灰尘时，在进气管前必须加装过滤器；被抽气体中含有大量蒸汽时，必须在进气管前加装冷凝器；被抽气体含有腐蚀性气体时，在进入真空泵前必须加中和装置；被抽气体温度超过 35℃时，要加冷却装置，以保证进入真空泵的气体不超过 35℃；被抽气体中含有大量液体时，必须在进气管前加装分离器。

由于往复式真空泵存在转速低、排量不均匀、结构复杂、零件多、易于磨损等缺陷，近年来已有被其他形式的真空泵取代的趋势。

(2) 水环真空泵　水环式真空泵是液环泵的一种。液环泵是工作时在泵内形成液环，即与泵体同心的圆环，并通过此液环完成能量的转换以形成真空的泵。在一般情况下能量转换的介质是水，所以叫水环泵。

① 水环真空泵的结构和工作原理　水环真空泵是一种湿式真空泵，如图 2-18 所示。其构造是在外壳内偏心地装有叶轮，其上有辐射状的叶片。泵壳内约充有一半容积的水，启动泵后，叶轮顺时针方向旋转，水被叶轮带动并离开中心，形成水环。水环具有液封的作用，与叶片之间形成许多大小不同的密封小室，由于水的活塞作用，叶轮右侧小室渐渐扩大，压力降低，被抽气体由进气口进入吸气室；叶轮左侧的小室渐渐缩小，压力升高，气体便从排出室经排气口排出。就这样，由于叶轮不停地转动，气体就不停地吸入和排出了。这样便实现了吸气、压缩、排气及可能有的膨胀过程。

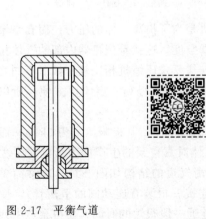

图 2-17　平衡气道

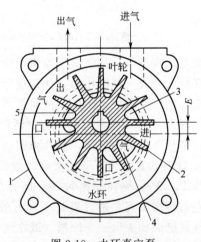

动画扫一扫

图 2-18　水环真空泵
1—外壳；2—叶轮；3—水环；4—吸入口；5—压出口

在水环泵内，水起着液体活塞作用。它从叶轮处获得动能，通过液体活塞作用将动能传递给气体，这就是水环泵内部的能量转换过程。

② 水环式真空泵的特点

a. 水环真空泵是一种湿式真空泵，可以造成的最高真空度为 83.4kPa 左右，它也可作鼓风机用，但所产生的表压力不超过 98.07kPa。单级水环真空泵的极限真空度可达 92%～98%，双级水环真空泵的极限真空度可达 99.9%，排气量 0.25～500m³/h。

b. 当被抽吸的气体不宜与水接触时，泵内可充以其他液体，故又被称为液环真空泵。

c. 被抽气体温度在 −20～40℃。

d. 此类型泵的结构较为简单、紧凑，易于制造和维修。由于旋转部分没有机械摩擦，故使用寿命较长，操作性能可靠。适宜抽吸含有液体的气体，尤其在抽吸有腐蚀性或爆炸性气体时更为适宜，且气体中不含固体颗粒。但这种真空泵效率较低，约为 30%～50%。此外，该类型泵所能造成的真空度受泵体中液体的温度（或饱和蒸气压）所限制。

（3）喷射式真空泵　喷射式真空泵是利用文丘里效应的压力降输送气体的一种动量传输泵，它既可用于输送气体，也可用于输送液体。但在化工生产中主要用来造成真空，称为喷射式真空泵，在蒸发操作中经常使用。

① 喷射式真空泵的结构和工作原理　喷射式真空泵主要由喷嘴、喉管和扩散管等组成（如图 2-19）。当具有一定压力的工作流体通过喷嘴以一定速度喷出时，由于射流质点的横向紊动扩散作用，将吸入管的空气带走，管内形成真空，低压流体被吸入，两股流体在喉管内混合并进行能量交换，工作流体的速度减小，被吸流体的速度增加，在喉管出口，两者趋近一致，压力逐渐增加，混合流体通过扩散管后，大部分动力能转换为压力能，使压力进一步提高，最后经排出管排出。

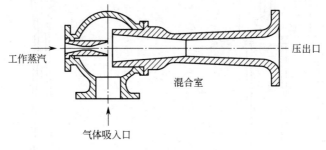

图 2-19　喷射式真空泵结构

② 喷射式真空泵的分类　喷射式真空泵的工作流体可以是用蒸汽，也可以是液体（通常为水）和非可凝性气体，分别称为蒸汽喷射真空泵、液体喷射真空泵和气体喷射真空泵。它们的工作原理相似，只是工作介质不同，所以达到的真空度也不同。

a. 蒸汽喷射真空泵　蒸汽喷射泵的以水蒸气为工作介质，可抽除含有大量可凝性气体及一定量灰分等不太洁净的气体。蒸汽喷射泵有单级和多级之分，单级蒸汽喷射泵的极限真空约为 6.65kPa。为了获得更低的极限压强，需要多个喷射泵串联起来工作（目前有一级到六级的蒸汽喷射泵），所能获得的极限真空可达 1.3×10⁻⁴kPa。

图 2-20 为三级蒸汽喷射泵，工作蒸汽与吸入的气体先进入第一级喷射泵，经冷凝器使蒸汽冷凝，气体则进入第二级喷射泵，然后通过第三级喷射泵，最后由排气泵将气体排出。开动泵为辅助喷射泵，与主体喷射泵并联，用以增加启动速度。当系统达到指定的真空度时，则开动泵切断，各冷凝器中的水和冷凝液均流入液封槽中。喷射泵与液封槽保持一定的位差，以保证在要求的真空度下空气不经过下水管进入真空系统。冷凝器的作用主要是用来

冷凝工作蒸汽和被抽气体中的可凝蒸汽,以减低下级喷射器的抽气负荷。

对蒸汽喷射泵来说,工作压力高时,膨胀比增大,抽气效率较高,工作蒸汽耗量就少,经济指标较好。但工作压力过高时,投资增加,反而不经济。通常工作蒸汽压力取392~981kPa为适合,一般情况也不要低于245kPa。工作蒸汽应选用饱和或过热蒸汽,如果蒸汽中含有水,那么泵的性能会变得不稳定,所以通常要将工作蒸汽过热10~30℃为宜。

b. 水喷射真空泵 水喷射真空泵的工作原理与蒸汽喷射泵相似,只是介质是水。水喷射真空泵的效率通常在30%以下。水喷射真空泵装置由喷射器、水罐、离心清水泵、气液分离器,底座等部分组成。离心清水泵的入口同水罐相连通,出口通过管路同喷射器入口相通。当离心清水泵启动后,工作介质水便连续不断地从水罐中打入喷射器中,在喷射器内完成工作过程,将被抽系统的气体连同水组成的混合液体又排向水罐中,喷射器的工作过程同蒸汽喷射器相似。水喷射泵的喷射器结构如图2-21所示。

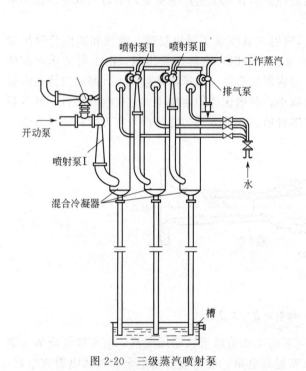

图 2-20 三级蒸汽喷射泵

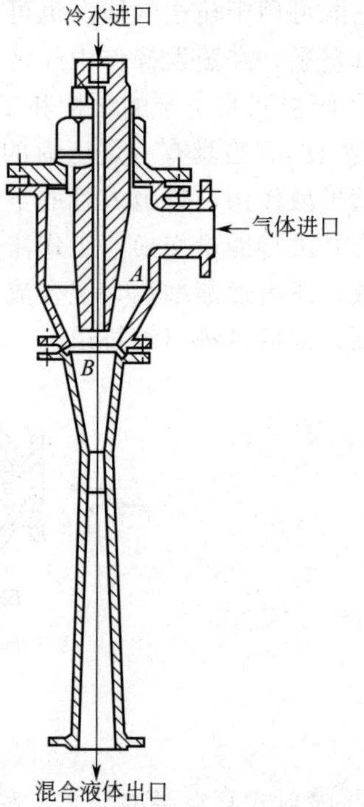

图 2-21 水喷射泵的喷射器结构图

二、真空泵系统工艺计算基础

1. 真空泵的性能指标

真空泵的性能指标主要有:抽气速率、极限真空、抽气时间等。

(1) 抽气速率 S_e 抽气速率 S_e 指单位时间内,真空泵吸入口在吸入状态下的气体体积量(指吸入压力和温度下的体积流量),单位是 m^3/h、m^3/min。真空泵的抽气速率 S_e 与吸入压力有关,吸入压力越低,抽气速率越小,直至极限真空时,抽气速率为零。

(2) 极限真空 极限真空指真空泵抽气时能达到的最低稳定压力值,也称最大真空度。

(3) 抽气时间 t

$$t = 2.3 \frac{V}{S_e} \lg \frac{p_1}{p_2} \tag{2-2}$$

式中　t——抽气时间，min；

　　　V——真空系统的容积，m^3；

　　　S_e——真空泵的抽气速率，m^3/min；

　　　p_1——真空系统初始压力，kPa；

　　　p_2——真空系统抽气终了压力，kPa。

2. 空气泄漏量的估算

对于任何一个真空系统，总希望是完全气密的，以达到真空泵的最佳利用，但事实上总有空气泄漏入真空系统。对系统的空气泄漏量最好是由试验测定，但对一个新的设计或不能进行试验的场合，可通过估算求得。

① 根据接头密封长度进行的泄漏量估算见表 2-7。

表 2-7　泄漏量的估算

接头密封质量	泄漏量 $k/[kg/(h\cdot m)]$
非常好	0.03
好	0.1
正常	0.2

注：$kg/(h\cdot m)$ 中的 m 是密封长度的单位。

② 根据真空系统容积进行的泄漏量的估算见表 2-8。

表 2-8　按真空系统容积进行的泄漏量的估算

容积/m^3	0.1	1.0	3	5	10	25	50	100	200
空气平均泄漏量/(kg/h)	0.1～0.5	0.5～1.0	1～2	2～4	3～6	4～8	5～10	8～20	10～30

任务实施

一、设计真空系统工艺流程

工艺流程应符合以下原则：

科学性——符合真空获得原理：利用真空泵从密封容器内抽气以获得真空。

完整性——整个流程包含聚合釜、真空系统、气体被抽出的管路。

安全、环保原则——本输送任务是为对苯二甲酸乙二醇酯的缩聚反应创造高真空条件，需了解被抽气体成分，气体中含不含可凝蒸气，有无颗粒灰尘，有无腐蚀性等。在抽出具有腐蚀性气体时，应采取防腐措施。抽出带有灰尘或颗粒的气体时，要在主泵前加除尘器或过滤器。应采取措施防止液体蒸气污染真空泵工作介质，应设置尾气处理系统，防止大气污染。

便于操作控制原则——应设置必要的检测仪表，检测、指示操作过程及结果；正确选用操作调节阀门。

二、选择聚合釜真空抽气设备

1. 真空泵选择原则

① 选用的真空泵必须能抽出工艺过程中释放出来的气体。

② 选用主泵的极限真空度，必须高于被抽容器要求的真空度，至少要高一个数量级，

并且能在要求的工作真空度范围内正常工作。

③ 选用主泵的抽速必须大于工艺过程中的最大放气量。如果在主泵前有冷阱或挡板，则加阱或挡板之后的有效抽速应大于工艺过程中最大放气量。如果工艺过程中会出现突然大量放气，主泵的有效抽速还要适当加大，通常加大到最大放气量的 2~3 倍。

④ 选用的真空泵其工作介质和制造泵的材料必须满足工艺要求。

⑤ 对于连续生产的工艺，所选用的真空泵必须可靠的满足连续性生产的需要。必要时，最好加一套自动更换的备用真空泵。如果工艺过程中放气量越来越小，可以备用抽气量较小的真空泵，作为维持泵，以实现节能降耗。

微课扫一扫

⑥ 如果有一种以上的真空泵能满足同一种工艺需求时，要进行成本和运转费用的经济性分析，选用经济性好，运行可靠，维修量小，使用与维修方便的真空泵。

2. 核算真空泵的抽气速率

① 按表 2-9 确定真空系统的抽气速率 S_e。

表 2-9　真空系统抽气速率 S_e 的计算方法

系统名称	计算步骤	公式或图表	说明
连续操作系统	①计算真空系统的总漏气量 Q_s	按表 2-8 或表 2-9 进行估算	Q—总抽出气体量，kg/h； Q_1—真空系统工作过程中产生的气体量，kg/h； Q_2—真空系统的放气量，kg/h； Q_3—真空系统总泄漏量，kg/h； R—通用气体常数，$R=8.31$kJ/(kmol·K)； T_s—抽出气体的温度，℃； p_s—真空系统的工作压力，kPa(表压)； M—抽出气体的平均分子量； S_e—真空系统的抽气速率，m³/h； V—真空系统(设备和管道)的容积，m³； t—系统要求的抽气时间，min； p_1—系统初始压力，kPa(表压)； p_2—系统抽气终了压力(t 时间后)，kPa(表压)
	②计算总抽出气体量 Q	$Q=Q_1+Q_2+Q_3$	
	③计算 S_e	$S_e=\dfrac{QR(273+T_s)}{p_s M}$	
间歇操作系统	S_e	$S_e=138\dfrac{V}{t}\lg\dfrac{p_1}{p_2}$	

由表 2-9 算出真空系统的抽气量 $Q=Q_1+Q_2+Q_3$

式中　Q_1——真空系统工作过程中产生的气体量，本任务中抽除的气体主要组分为乙二醇；

　　　Q_2——真空设备的放气量，为真空设备本身决定，干式真空设备为 0；

　　　Q_3——真空系统的总泄漏量，由表 2-7 或表 2-8 进行估算。

② 将 S_e 换算成泵厂样本规定条件下的抽气速率 S_e'。

除了液环真空泵以外的其他类真空泵，一般泵厂样本的标准进气温度为 20℃，S_e' 可按式(2-3) 计算。

$$S_e'=\frac{S_e(273+[T_s])}{273+T_s} \tag{2-3}$$

式中　T_s——泵进气温度，℃；

　　　$[T_s]$——泵标准进气温度，℃。

③ 根据抽气速率和真空度要求，按表 2-10 选择真空泵类型。

要求真空泵的抽气速率 S_e 满足式(2-4) 的条件。

$$S_e>(20\%\sim30\%)S_e' \tag{2-4}$$

表 2-10　真空泵的工作压力范围

超高真空 <10⁻⁵Pa	高真空 10⁻⁵~10⁻¹Pa	中真空 10⁻¹~10²Pa	低真空 10²~10⁵Pa

		活塞泵
		膜片泵
		液环泵
		旋片泵
		滑阀泵
		罗茨泵
		爪形泵
		涡旋泵

涡轮分子泵

液体喷射泵

蒸气喷射泵

扩散泵

扩散喷射泵

吸附泵

升华泵

溅射离子泵

低温泵

10⁻⁹　　　10⁻⁵　　　10⁻¹　　　10²　　　10⁶

真空泵入口压力/Pa

三、蒸汽喷射式真空泵运行操作与故障处理

1. 蒸汽喷射泵的操作及注意事项

① 开车前的准备工作

a. 对于长时间停车或新安装的泵，应先拆开各段喷射室前的法兰加上挡板，并送气吹净管道内杂物，然后拧紧各法兰。

b. 检查各处密封是否有松动和泄漏。

c. 检查各压力表、真空表、温度表是否齐全和灵敏。

d. 检查各段排水管至水封箱有无泄漏，水封箱内应无杂物。

e. 关闭吸气阀门。

② 开车

a. 缓慢打开蒸汽阀门，吹扫 3~5min，看一下各冷凝器及排水管是否畅通，有无泄漏。

b. 逐渐打开各水阀门，往各冷凝器送水。

c. 调节水量至水汽平衡状态，并使各段排水温度适宜。

d. 当各段真空表指示正常后，方可打开进口总阀，投入负荷运行。

③ 停车

a. 首先关闭吸入口总阀。

b. 关闭各段水阀门，停止供水。

c. 关闭蒸汽阀门，处理好保护器内物料。

④ 操作中的注意事项

a. 要经常检查连接部位，如果有泄漏应及时消除。

b. 冷凝器在运行中产生不正常的声音或汽水撞击声，应及时调整水量。

c. 吸入口前有保护器的应经常处理，防止物料吸入泵内。

2. 蒸汽喷射式真空泵的故障及处理

蒸汽喷射式真空泵的故障及处理方法见表 2-11。

表 2-11 蒸汽喷射式真空泵常见故障及处理方法

故障现象	故障产生的原因	处理方法
真空度低	(1)喷嘴堵塞 (2)喷嘴孔大 (3)有泄漏点 (4)排水管堵塞 (5)水汽量不平衡 (6)分水盘分水不均匀 (7)气压和水压低于规定值 (8)冷凝器或入口管挂料、结疤	(1)拆开清洗 (2)更换 (3)检查消除 (4)消除 (5)调节至平衡 (6)检修调整 (7)调节气压和水压 (8)检修清除
冷凝器内有杂音	(1)水量过大 (2)排水管堵塞 (3)分水盘脱落	(1)调节 (2)消除 (3)检修
一段入口处过热	(1)一、二段喷嘴不畅通 (2)冷凝器冷凝效果不好 (3)扩散管喉径大 (4)分水盘脱落	(1)拆开清除 (2)修配找平 (3)更换检修 (4)检修

技术评估

一、设计真空系统工艺流程

工艺流程除体现真空输送原理外，还须采取安全、环保的措施：缩聚反应产生的气体组分为乙二醇、低聚物、乙醛、水等，乙二醇蒸气在工艺上应有防止有机蒸气大量进入真空泵的技术措施，随真空泵抽出的不凝性气体，应采取环保措施，防止环境污染。

操作控制方面考虑，缩聚釜的真空度及抽气量应能控制，通过控制抽气速率调节缩聚釜的真空度；为保护设备及系统，缩聚釜上方应设置真空保护阀。为了指示、检测操作参数，聚合釜、缓冲罐应设真空表。

二、选择聚合釜真空抽气设备

需根据真空泵选择原则，综合分析生产工艺要求的最大抽气速率、极限真空度、气体性质对真空泵性能的影响、经济性等因素，根据《化工工艺设计手册》《化工机械手册》或产品样本所提供的技术指标，合理选择合适真空泵。

选型时应正确计算抽气速率，并换算成泵厂样本规定条件下的抽气速率，再根据真空度要求选用合适的真空机械。

三、 编写操作规程

结合学校具备的真空泵实训装置编制操作规程，参考《危险化学品岗位安全生产操作规程编写导则》（DB37/T 2401）编写，至少包含以下内容：

① 岗位任务；

② 生产工艺：工艺原理、工艺流程、主要设备；

③ 工艺控制指标：原料质量指标、产品质量指标、工艺参数指标、分析指标；

④ 操作步骤：开车准备、开车、运行、正常停车、生产异常现象及处理措施。

在实训装置上实操验证操作规程的合理性、可行性、安全性，实操应规范、精心、精细，应文明操作。

技术应用与知识拓展

一、其他真空泵简介

动画扫一扫

1. 罗茨真空泵

罗茨真空泵是一种旋转变容真空泵，在 133～1.33Pa 范围内有较大的抽速。罗茨真空泵的结构和工作原理与罗茨鼓风机十分相似，这里不再赘述。罗茨真空泵在低真空下，气体分子平均自由程比泵转子与泵壳内壁间的间隙（＜0.1～0.5mm）小，大量气体通过间隙返流到被抽容器中，降低了泵的抽速。与此相反，在较高的真空状态时，气体分子平均自由程增大，在间隙处的流导减小，气体反流减少，泵的压缩比增高，抽速增大，也即获得较高的真空度，这就是罗茨真空泵必须配置前级泵的原因。此外，如果不配置前级泵，还可能因过载过热而使转子卡住甚至损坏。

罗茨真空泵的优点是转子、泵腔与转子之间有一定的间隙，故不需要润滑油；转子具有良好的几何对称性，转速高，振动小，容积大；能抽除可凝性蒸气；维护费用低，可排除突然放出的气体，缺点是泵的转子制造较困难，不能单独使用，必须和前级泵串联使用。

2. 真空机组

由产生真空、测量真空和控制真空组件组成的抽气装置为真空机组。

（1）低真空泵机组 低真空机组是不同主泵，如往复真空泵、油封真空泵、蒸气喷射泵、分子筛吸附泵、罗茨泵等与前级泵、阀门及管道等真空元件组成，是工作在低真空范围内的真空机组。低真空泵机组在使用中应根据被抽气体的清洁程度，温度或泵的其他特殊要求，配置必要的除尘器、干燥器、酸碱中和处理装置等。例如：以罗茨真空泵为主泵的低真空机组用于真空干燥装置及排除大量水蒸气且极限真空度要求较高的抽气系统中，二级罗茨真空泵和一级水环泵联合使用时，最低工作压力可达 1.0Pa。

（2）高真空泵机组 高真空泵机组 $[(1.33～0.0133)×10^{-2}Pa]$ 由高真空主泵、机械真空泵、高真空阀门、低真空阀门、挡油器（冷阱、储气罐）连接管路组成，主泵有扩散泵、扩散增压泵、分子泵、钛泵、低温泵等，这些泵不能直接向大气排气，必须设置前级泵。为了防止气压波动，改善机组性能，有的还配储气罐，当低真空泵短时间停止工作时，扩散泵还可照常运转，一般能维持 1h。高真空泵机组主要用在电子、冶金、化工、机械、轻工、医药等行业以及各种科学试验装置上。

二、往复式真空泵运行操作与故障处理

动画扫一扫

1. 往复式真空泵的运行操作

（1）开车前准备

① 往复式真空泵使用场所要保持干燥，通风良好，环境温度在 10～30℃ 范围内。

② 检查真空泵进口、出口法兰是否有漏气的可能。

③ 加好润滑油，打开冷却水阀。

④ 手盘车是否运转自如。

（2）启动

① 启动往复式真空泵。

② 观察泵的转动方向应与要求的方向一致。一般情况下，从带轮一侧看应该是按顺时针方向旋转。

③ 逐渐关闭三通阀门，使泵的进气管与被抽容器逐渐接通。

④ 当泵达到极限真空时，检查一下电流负荷，运转时电流表的读数应稳定，上下摆动很小，如电流急剧上升超载，应立即停车找出原因，进行处理。

（3）停车

① 关闭进气阀门。

② 切断电源。

③ 关闭油杯针阀。

④ 停车 10min 钟后关闭冷却水。

（4）操作注意事项

① 往复真空泵启动后，注意观察泵的运行情况。运行时，泵的噪声大，振动比较厉害，但如果运转中有冲击声，则属不正常情况，要及时处理。

② 冷却水的进出口温差约为 5℃，被抽气体温度应不大于 40℃。

③ 往复式真空泵是一种干式真空泵，操作时必须采取有效措施，以防止抽吸气体中带有液体，否则会造成严重的设备事故。

④ 当室温在 0℃ 以下时，必须放净冷却水，以免冻坏气缸。

2. 往复式真空泵的故障与处理

往复式真空泵的故障与处理方法见表 2-12。

表 2-12　往复式真空泵的故障与处理方法

故障现象	产　生　原　因	处　理　方　法
真空度低	(1)吸入气体温度太高 (2)气阀片与阀座接触不良 (3)气阀片坏 (4)气缸磨坏或活塞环太松	(1)加冷却装置冷却气体 (2)进行研磨 (3)更换 (4)修理气缸，更换活塞环
运转中有冲击声	(1)活塞杆帽松动 (2)连杆上衬或十字头磨损或松动 (3)连杆轴瓦太松 (4)偏心圈太松，发生冲击 (5)偏心圈连杆销松动	(1)将螺母拧紧 (2)更换衬套，并维修轴销 (3)去掉垫片与轴颈研合 (4)抽去垫片调整 (5)更换销衬

续表

故障现象	产 生 原 因	处 理 方 法
电机超负荷	(1)偏心圈或偏心轮摩擦发生高热，致使电机过负荷 (2)连杆轴瓦发生高热 (3)十字头发生高热	(1)若缺油造成则加油，若配合过紧则研磨或更换垫片 (2)若缺油造成则加油，若配合过紧则研磨 (3)检查润滑是否良好，机身安装是否平直

三、水环式真空泵运行操作与故障处理

动画扫一扫

1. 水环式真空泵的运行操作

（1）启动前的准备工作　按常规检查泵的各部位情况，如手盘车、润滑情况、填料松紧程度如何等。

（2）启动

① 向泵内、水箱中注水，预先向泵壳内装约一半的水。

② 关闭进气管上的阀门，否则吸进的气体会把水环猛地压向排气孔，使水环难以形成。

③ 开动电机，启动泵。

④ 打开进气管上的阀门，调节进气管路上的阀门和排气管路上的阀门，使之达到所要求的工况。

（3）正常运行

① 启动后，注意观察泵的运行情况，产生的真空度是否达到要求，零部件是否温度过高等。

② 运行中要正确调整补充水量，过大或过小的补充水量对泵的性能和运行状况都有较大的影响。要经常检查各种监测仪表的读数是否正常，特别是转速和轴功率是否稳定。轴承温度不得比周围温度高 35℃，最高温度不得超过 60℃。

③ 调节水箱向泵内的供水量，使其在要求的工况下运转的消耗功率最小；调节填料函的供水量，使之在保证填料密封的条件下，水量消耗最小。

（4）停车

① 将进、排气管上的阀门关闭。

② 关闭电动机，停泵。

③ 停止向填料函和水箱供水。

④ 如停泵时间较长，须将泵和水箱内的水放出，以防止生锈和冻坏。

（5）操作中的注意事项

① 随着气体的排出，同时也带走一部分液体，因此必须在吸入口一侧不断地向泵内补充一定量的液体，以使水环厚度保持恒定，并使液体温度不致因叶片摩擦而升高。

② 为了供给真空泵循环水，配一个与吸气管相连的专用水箱。循环水用软水为宜，防止泵内产生水垢。

③ 如果真空泵在工作中发出异常声音，而且伴随着功率消耗增大，说明泵出了故障，要停车进行检修。

2. 水环式真空泵的故障与处理

水环式真空泵的故障与处理方法见表 2-13。

表 2-13　水环式真空泵的故障与处理方法

故障现象	故障产生原因	处 理 方 法
真空度低	(1)管道密封不严,有漏气 (2)密封填料磨损 (3)叶轮或端盖间隙大 (4)水环温度一般 40℃	(1)拧紧螺丝,更换垫片 (2)更换填料,加强泵的维护,运转泵更换 1～2 次/月 (3)拆开调整间隙,中小型泵间隙 0.15mm,大型泵 0.2mm (4)增加水量,降低进水温度
排气量不足	(1)泵转速低 (2)叶轮或端盖间隙大 (3)填料密封漏气 (4)吸入管漏气 (5)供水量不足,形成水环 (6)水环温度过高	(1)若是电机问题则更换电机,若电压低则提高电压 (2)去掉端盖和泵体的衬垫,消除间隙 (3)更换填料 (4)拧紧法兰,更换垫片 (5)增加供水 (6)增加供水量,降低水温
零件发生高热	(1)个别零件精度不够 (2)零件装配不对 (3)润滑油不足或质量不好 (4)密封冷却水或水环量不足 (5)轴密封填料过紧 (6)转子不正 (7)轴弯曲	(1)更换不合格零件 (2)重新校正 (3)增加润滑油,更换合格的油 (4)增加水量 (5)适当调整 (6)校对 (7)校对调直或更换

测试题

2-1　简述离心通风机的构造和工作原理。

2-2　简述离心通风机有哪些性能参数,包括哪几条特性曲线。

2-3　采用多级压缩有何好处?

2-4　离心通风机调节流量的方法有几种?各有什么局限性?

2-5　合成氨生产中合成气压缩机突然产生强烈振动,气体介质的流量和压力也出现大幅度脉动,并伴有周期性沉闷的"呼叫"声,试分析该压缩机发生何种故障,分析其原因并给出解决方案。

2-6　真空泵主要有哪些类型?各有何特点及适用于什么场合?

2-7　往复式压缩机为什么会有余隙溶剂的存在?它对机器的性能有何影响?

2-8　简述往复式压缩机的构造和工作原理。怎样操作和维护?

2-9　用离心通风机输送空气,冬天空气温度为 20℃,功率消耗为 100kW,夏天空气温度为 50℃,问功率消耗有何变化?

2-10　真空泵主要有哪些类型?各有何特点及适用于什么场合?

2-11　化工企业仪表空气工艺要求为气量 500m³/h,压力 0.8MPa,应选用哪种输送设备?而另一个生产单元需要空气气量 1000m³/h,压力 0.05MPa,应选用哪种输送设备?

2-12　1MPa 的氮氢混合原料,经过 4 级压缩,达到合成压力 30MPa,

(1)请画出 4 级压缩过程的示意图。

(2)通过信息检索了解工厂采用何种压缩机的形式,何种操作方式。

项目三

固体物料输送技术与控制

岗位任职要求

知识要求

掌握化工固体物料输送设备的工作原理和适用条件；理解两相流体的基本性质、颗粒流体的运动方程，流体阻力的形成及影响因素；了解化工固体物料输送过程中常用的输送设备类型、结构和特点；了解气力输送装置、螺旋输送机系统的构成、主要性能，了解固体输送机械操作要领。

能力要求

能根据生产任务选择合适的固体输送设备和机械；正确使用气力输送机械和螺旋输送机；能根据生产任务的要求估算输送流体所需能量以便选用合适的输送机械；能进行气力输送机械、螺旋输送机等常用固体输送机械基本操作；能对输送过程中的常见故障进行分析处理；能根据生产任务和设备特点制定简单的固体输送过程的安全操作规程。

素质要求

具有严格遵守操作规程的职业素质和安全生产、环保节能的职业意识；具有敬业、精益、专注、创新的工匠精神和团结协作、积极进取的团队精神；具备追求知识、独立思考、勇于创新的科学态度和理论联系实际的思维方式；具备安全可靠、经济合理的工程技术观念。

主要符号意义说明

英文字母

V_p——颗粒的体积，m^3；

M_p——颗粒质量，kg；

V_f——流体的体积，m；

M_f——流体的质量，kg；

V_m——两相流的总体积，m^3；

M_m——两相流的总质量，kg；

C_w——单位两相流中含固体颗粒的质量；

C_v——固体颗粒的体积占两相流总体积的分数；

G——气体的质量流速，kg/(s·m²)；

Q——风机的风量，m³/h；

Q_a——输送系统的空气量，m³/h；

u_t——物料悬浮速度，m/s；

u_s——固体颗粒的速度，m/s；

u_a——管内气流速度，m/s；

g——重力加速度，取 9.81m/s²；

d_s——物料颗粒直径，m；

M——物料气体积混合比；

G_s——单位时间内输送物料的质量，kg/h；

G_a——单位时间内输送空气的质量，kg/h；

Q_s——单位时间内输送物料的体积，m³/h；

Q_a——单位时间内输送空气的体积，m³/h；

A——管道截面面积，m²；

D_t——输料管直径，m；

t_2——装满一仓所需的时间，min；

N——电动机的功率，kW；

k_1——管道漏风附加系数；

k_2——除尘器漏风附加系数，

p_T——风机的风压，Pa；

Δp_T——输送系统的总压力损失，Pa；

t_1——卸空一仓所需的时间，min；

D——螺旋直径，m；

S——螺距，m；

n——旋转转速，r/min；

C——倾斜度系数。

希文字母

ρ_p——颗粒的密度，kg/m³；

ρ_f——流体的密度，kg/m³；

ρ_m——两相流的密度，kg/m³；

ε——空隙率；

ρ_s——物料的密度，kg/m³；

ρ_a——空气的密度，kg/m³；

μ_a——空气的黏滞系数，Pa·s；

α——风压裕量；

ϕ——仓内物料充满系数；

ρ_B——仓内物料的容积密度，t/m³；

η_1——机械传动功率，kW；

η_2——风机的效率，kW；

φ——物料填充系数；

γ_v——物料容积密度，t/m³。

项目导言

化工原料部分呈固体，呈颗粒、粉末等状态，输送方式多种多样，按操作方式可分为间歇输送和连续输送。间歇输送是指用车、船或专用容器、卷扬机输送等。连续输送分为：物料呈两相流的气力输送方式，物料呈粉体或颗粒状的螺旋输送、刮板输送、斗式输送及带式输送的机械输送。本书主要介绍连续输送的相关内容。

气力输送方式与机械输送方式相比，在技术上有优势，但在经济上运行费用要高。如表3-1所示，稀相气力输送的动力消耗为斗式提升机的 2～4 倍，为带式输送机的 15～40 倍。而且，输送距离愈近，这种现象愈明显。因此在输送方式的选择上，必须进行多方面的考虑，不但要考虑技术上的先进性、经济上的合理性，同时还要从可持续发展的角度来看问题，在发展经济的同时，一定要兼顾社会效益和环保效益。

表 3-1　连续输送机械的单位功率消耗

输送方式	气力输送			机械输送			
	稀　相		密相栓流	带式输送机	振动输送机	斗式输送机	螺旋输送机
	压送	吸送					
功耗/[kWh/(t·m)]	0.002～0.3	0.03～1.0	0.001～0.02	0.0003～0.0006	0.0002～0.8	0.003～0.03	0.01～0.1

对于不同性状的固体物料输送系统，应选择什么样的输送方式，应配备什么样的输送机械和管道等，均需要固体物料输送技术解决。本项目设计成两个任务，具体任务及工作要求分别在任务中描述。

任务一　固体物料气力输送技术与控制

气力输送就是在管道内利用气体将粉粒状物料从一处输送到另一处的输送方式。其优点是输送效率较高，整个输送过程完全密闭，受气候环境条件的影响小，不仅改善了工作条件，而且被运送的物料不致吸湿、污损或混入其他杂质，从而保证被运送物料的质量；对不稳定的化学物品可用惰性气体输送，安全可靠；设备简单，结构紧凑，工艺布置灵活，占用面积较小，选择输送线路容易；在输送过程中可同时进行混合、粉碎、分级、烘干等，也可进行某些化学反应。缺点是能耗较高，对物料的块度、黏性与湿度都有一定的限制。

任务情景

PET（聚对苯二甲酸乙二醇酯）生产中，缩聚反应结束后，缩聚产物由铸带头经水槽冷却后送入切粒机，聚酯粒子经振动筛筛选后落入喂料器，同时送入成品料仓。

喂料器距成品料仓水平距离20m，成品料仓入口距车间地面高5m。每台缩聚釜产生聚酯粒子3t，工艺要求在2h完成切粒同时送入成品料仓。聚酯粒子密度为0.95g/cm³，粒子尺寸为ϕ3mm×6mm。作为工艺技术员，完成下列任务。

工作任务

1. 选择输送方式。
2. 确定管路。
3. 选择风机。
4. 编制安全操作规程。

技术理论与必备知识

一、气力输送原理

气力输送方法是借助气流的动能，使管道中的物料悬浮而被输送的。可见物料的悬浮是气力输送中重要的一环。

设物料小颗粒在静止的空气中自由降落，如图3-1所示。作用在颗粒上的力有三个：颗粒重力G、浮力F和空气阻力f。在重力作用下，颗粒降落的速度越来越快，并导致颗粒受到的空气阻力也越来越大。当颗粒的重力G、浮力F和空气阻力f相平衡，即$G=F+f$时，颗粒作匀速降落，此时称颗粒为自由沉降，颗粒的运动速度就称为沉降速度。根据相对运动原理，当空气以颗粒的沉降速度自下而上流过颗粒时，颗粒必将自由悬浮在气流中，这时的气流速度称为颗粒的悬浮速度，在数值上等于颗粒的沉降速度。如果气流速度进一步提高，大于颗粒的悬浮速度时，则在气流中悬浮的颗粒就将被气流带走，产生气流输送，这时的气流速度称为气流输送速度。

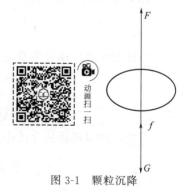

图3-1　颗粒沉降

从以上分析可知，在垂直管中，气流速度大于颗粒悬浮速度是垂直管中颗粒气力输送的基本条件。

颗粒在水平管中的悬浮较为复杂，它受很多因素的影响。当气流速度很大时，颗粒全部悬浮，均布于气流中。当气流速度降低时，一部分颗粒沉积于管的下部，在管截面上出现上部颗粒较薄，下部颗粒密集的两相流动状态。这种状态是水平输送的极限状态。当气流速度进一步降低，将有颗粒从气流中分离出来沉于管底。由此可见，必须有足够的气流速度才能保证气流输送的正常进行。但速度过大也没有必要，那样将造成很大输送阻力和较大磨损。

二、两相流的基本性质

气力输送过程中，固体颗粒均匀或不均匀地分布在流体中，形成两相流动体系。存在状态不同的多相物质共存于同一流动体系中的流动称为多相流动，简称多相流。多相流中，各组分（相）的浓度可在较大范围内变化。与单相流动相比，它具有如下特点：

① 颗粒是分散相，粒径大小不一，运动规律各异；

② 由于固体颗粒与液体介质的运动惯性不同，因而其存在着运动速度的差异——相对速度；

③ 颗粒之间及颗粒与器壁之间的相互碰撞和摩擦对运动有较大影响，并且这种碰撞和摩擦会产生静电效应；

④ 在湍流工况下，气流的脉动对颗粒的运动规律以及颗粒的存在对气流的脉动速度均有相互影响；

⑤ 由于流场中压力和速度梯度的存在、颗粒形状不规则、颗粒之间及颗粒与器壁间的相互碰撞等原因，会导致颗粒的旋转，从而产生升力效应。

1. 两相流的浓度

设在流动体系中，颗粒的体积、质量和密度分别为 V_p、M_p 和 ρ_p，流体的体积、质量和密度分别为 V_f、M_f 和 ρ_f，两相流的总体积、总质量和密度分别为 V_m、M_m 和 ρ_m，显然：

$$M_m = M_p + M_f \tag{3-1}$$
$$V_m = V_p + V_f \tag{3-2}$$

则颗粒的浓度做如下定义。

（1）体积浓度 固体颗粒的体积占两相流总体积的分数，以 C_v 表示：

$$C_v = 固体颗粒体积/(固体颗粒体积 + 流体介质体积)$$
$$= \frac{V_p}{V_p + V_f} \tag{3-3}$$

若以单位体积气体中含有的固体颗粒体积表示，则有

$$C_v' = 固体颗粒体积/流体介质体积 = \frac{V_p}{V_f}$$

（2）质量浓度 单位质量的两相流中所含固体颗粒的质量，以 C_w 表示：

$$C_w = 固体颗粒质量/(固体颗粒质量 + 流体介质质量)$$
$$= \frac{M_p}{M_p + M_f} \tag{3-4}$$

若以单位质量的流体介质中所含固体颗粒的质量表示，有

$$C_w' = 固体颗粒的质量/流体介质的质量 = \frac{M_p}{M_f} \tag{3-5}$$

若已知两相流的密度 ρ_m，由上述各式可直接用密度表示：

$$C_v = \frac{\rho_m - \rho_f}{\rho_p + \rho_f} \tag{3-6}$$

$$C_v' = \frac{\rho_m - \rho_f}{\rho_f} \tag{3-7}$$

$$C_w = \frac{\rho_m - \rho_f}{\rho_p + \rho_f} \cdot \frac{\rho_p}{\rho_m} = C_v \cdot \frac{\rho_p}{\rho_m} \tag{3-8}$$

$$C_w' = \frac{\rho_m - \rho_f}{\rho_f} \cdot \frac{\rho_p}{\rho_f} = C_v' \cdot \frac{\rho_p}{\rho_f} \tag{3-9}$$

一般 $\rho_m < \rho_p$，故 $C_v < C_w$。对于气固两相流，因为气固密度比大致为 10^{-3} 数量级，其体积浓度远小于质量浓度。因此，在某些场合，为了简化颗粒与气流的运动方程，可忽略颗粒所占的体积而不会引起太大误差。但须注意，当质量浓度很大（譬如浓相气力输送）时，或质量浓度虽不大但气固密度比较大时，则不可忽略颗粒体积，否则会导致较大误差。

在颗粒浓度很高的两相流中，常用到空隙率 ε 的概念，其定义为：流体体积与两相流总体积之比。数学表达式为：

$$\varepsilon = \frac{V_f}{V_m} = \frac{V_m - V_p}{V_m} = 1 - C_v \tag{3-10}$$

空隙率也可用颗粒的质量浓度来表示：

$$\varepsilon = \frac{\dfrac{1 - C_w}{\rho_f}}{\dfrac{1 - C_w}{\rho_f} + \dfrac{C_w}{\rho_p}} = \frac{1 - C_w}{1 - C_w\left(1 - \dfrac{\rho_f}{\rho_p}\right)} \tag{3-11}$$

2. 两相流的密度

在两相中，既有固体颗粒，又有流体介质，单位体积的两相流中所含固体颗粒和流体介质的质量分别称为颗粒相和介质相的密度，分别以 ρ_p 和 ρ_f 表示。

$$\bar{\rho}_p = \frac{M_p}{V_m} \qquad \bar{\rho}_f = \frac{M_f}{V_m} \tag{3-12}$$

两相流的密度定义为：

$$\rho_m = \frac{M_m}{V_m} = \frac{M_p + M_f}{V_m} = \bar{\rho}_p + \bar{\rho}_f \tag{3-13}$$

ρ_m 与 ρ_p 及 ρ_f 具有如下的关系：

$$\rho_m = \frac{1}{\dfrac{C_w}{\rho_p} + \dfrac{1 - C_w}{\rho_f}} = \frac{\rho_f}{1 - \left(1 - \dfrac{\rho_f}{\rho_p}\right) C_w} \tag{3-14}$$

三、气力输送系统分类

利用气体在管内流动以输送粉粒状固体的方法称为气力输送。作为输送介质的气体最常用的是空气，但在输送易燃易爆粉料时，也可采用其他惰性气体。

1. 按气流压强分类

气力输送按输送空气在管道中的压力状态分，主要分为吸送式和压送式两种类型。

（1）吸送式气力输送系统　输送管中的压强低于常压的输送称为吸送式气力输送。吸送式气力输送系统（如图 3-2 所示）的气源设备装在系统的末端。当风机运转后，整个系统形成负压，这时，在管道内外存在压差，空气被吸入输料管。与此同时，物料也被空气带入管道，并被输送到分离器。在分离器中，物料与空气分离，被分离出来的物料由分离器底部的旋转卸料器卸出，空气被送到除尘器净化，净化后的空气经风机排入大气。

其主要组成部件有：供料器（包括双套型吸嘴、固定式接料嘴）、风机、物料分离器、收尘器和风管等。

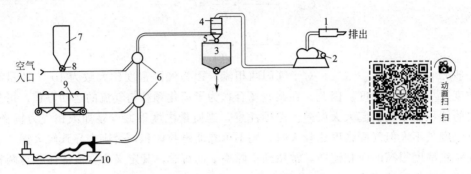

图 3-2 吸送式气力输送系统

1—消音器；2—引风机；3—料仓；4—除尘器；5—卸料闸阀；

6—转向阀；7—加料仓；8—加料阀；9—铁路漏斗车；10—船舱

（2）压送式气力输送系统 输送管中的压强高于常压的输送称为压送式气力输送。压送式气力输送系统（如图 3-3 所示），气源设备设在系统的进料端前。由于风机装在系统的前端，因而物料便不能自由地进入输料管，必须使用有密封压力的供料装置。当风机开动之后，管道中的压力高于大气压力。这时，物料从料斗经旋转供料器加入管道中，随即被压缩空气输送至分离器中。在分离器中，物料与空气分离并由旋转卸料器卸出。

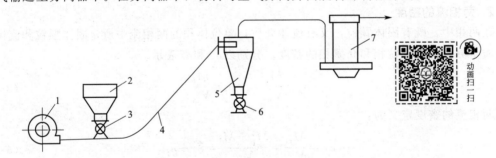

图 3-3 压送式气力输送系统

1—风机；2—料斗；3—供料装置；4—输料管；5—分离器；6—卸料器；7—收尘器

其主要组成部件有：供料器（包括容积式供料泵、旋转式气力输送泵、螺旋式气力输送泵、气力提升泵和喷射式供料泵等）、风机、物料分离器、收尘器和风管等。

按照气源的表压强也可分为低压式和高压式两种。

① 低压式。气源表压强不超过 50kPa。在一般的化工厂中用得较多，适用于小量粉粒状物料的近距离输送。供料设备通常有空气输送斜槽、气力提升泵等。

② 高压式。气源表压强可达 700kPa。适用于大量粉粒状物料的输送。输送距离可长达 600～700m。供料设备通常有仓式泵、螺旋泵及喷射泵等。

除以上两种主要类型外，尚有复合类型称为混合式，它由吸送式和压送式组成，兼有两者的特点，可从数处吸入物料和压送到较远的地方。但这种系统较复杂，同时气源设备的工作条件较差，易造成风机叶片和壳体的磨损。

2. 按气流中固相浓度分类

在气力输送中，常用混合比（或称固气比）R 表示气流中固相浓度，即单位质量气体所输送的固体质量，其表达式为：

$$R = \frac{G_s}{G_a} \tag{3-15}$$

式中　G_s——单位时间内加入的固体质量，又称固体粒子的质量速度，kg/h；

　　　G_a——单位时间内输送气体的质量，又称气体的质量速度，kg/h；

　　　R——气流中固相的浓度，是气力输送装置的一个经济指标。

气力输送主要分为稀相输送、密相输送、柱状输送和栓状输送。

（1）稀相输送　混合比通常为 $R=1\sim5$，最大值可达 15 左右的气力输送称为稀相输送。在稀相输送中，气流速度较高，通常为 $12\sim40\text{m/s}$，固体颗粒呈悬浮状态。目前在我国，稀相输送的应用较多。吸送式和压送式均可用于稀相输送。

（2）密相输送　混合比在 $15\sim50$ 之间的气力输送称为密相输送。它采用高压气体来压送物料。在密相输送中，气流速度通常在 $8\sim15\text{m/s}$，此时固体颗粒呈集团状态。

密相输送的特点是低风量和高混合比，物料在管内呈流态化或柱塞状运动。此类装置的输送能力大，输送距离可长达 $100\sim1000\text{m}$，尾部所需的气固分离设备简单。由于物料或多或少呈集团状低速运动，物料的破碎及管道磨损较轻。目前密相输送已广泛应用于水泥、塑料粉、纯碱、催化剂等粉状物料的输送。

图 3-4 为脉冲式密相输送流程，一股压缩空气通过发送罐 1 内的喷气环将粉料吹松，另一股表压强为 $150\sim300\text{kPa}$ 的气流通过脉冲发生器 5 以 $20\sim40\text{r/min}$ 的频率间断地吹入输料管入口部，将流出的粉料切割成料栓与气栓相间的流动系统，凭借空气的压强推动料栓在输送管道中向前移动。

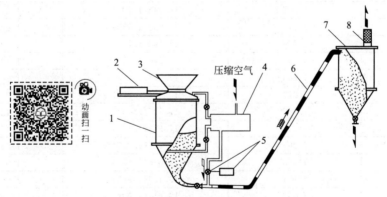

图 3-4　脉冲式密相输送装置图

1—发送罐；2—气动密封插板；3—料斗；4—气体分配器；5—脉冲发生器和电磁阀；
6—输送管道；7—受槽；8—袋滤器

（3）柱状输送　密集状物料连绵不断地充塞在管道内而形成料柱，其移动速度较低，一般为 $0.2\sim2\text{m/s}$。此种方式仅用于 30m 以内的短距离输送。

（4）栓状输送　把物料分成较短的料栓。输送时料栓与气栓相间分隔，从而可以提高料栓速度，降低输送压力，减少动力消耗，增加输送距离。

稀相输送和栓状输送是适用性最广的两种方式。目前过程工业上采用的气力输送大多为稀相输送。

四、气力输送系统的基本参数计算

1. 悬浮速度

当流体以等于物料颗粒自由下降的恒定沉降速度运动时，粒子将处于某一水平面上呈悬浮状态。此时的流体速度，称为该物料的悬浮速度。悬浮速度与物料的密度、几何形状、颗粒表面状态、气流密度以及物料颗粒对空气的摩擦系数有关。

悬浮速度分别按粉状物料（小于 0.1mm）和粒状物料（大于 0.1mm）的公式进行计算。粉状物料的悬浮速度为：

$$u_t = \frac{d_s^2 (\rho_s - \rho_a) g}{18 \mu_a} \tag{3-16}$$

粒状物料的悬浮速度为：

$$u_t = \sqrt{\frac{3 d_s (\rho_s - \rho_a) g}{\rho_a}} \tag{3-17}$$

式中 u_t——物料悬浮速度，m/s；

g——重力加速度，取 9.81m/s^2；

d_s——物料颗粒直径，m；

ρ_s——物料的密度，kg/m^3；

ρ_a——空气的密度，kg/m^3；

μ_a——空气的黏滞系数，Pa·s（从表 3-2 中查取）。

表 3-2 不同温度下的空气物料常数

温度 t/℃	密度 ρ_a/(kg/m^3)	黏度 $\mu_a \times 10^{-6}$/Pa·s(kg·s/m^2)	运动黏度 γ/(m^2/s)
−10	1.342	16.746(1.707)	1.247×10^{-3}
−5	1.317	17.000(1.733)	1.290×10^{-3}
−1	1.298	17.197(1.753)	1.324×10^{-3}
0	1.293	17.246(1.758)	1.333×10^{-3}
1	1.288	17.295(1.763)	1.342×10^{-3}
5	1.270	17.491(1.783)	1.377×10^{-3}
10	1.247	17.736(1.808)	1.421×10^{-3}
15	1.226	17.982(1.833)	1.466×10^{-3}
20	1.205	18.217(1.857)	1.512×10^{-3}
30	1.165	18.688(1.905)	1.604×10^{-3}
40	1.128	19.159(1.953)	1.698×10^{-3}
50	1.092	19.610(1.999)	1.795×10^{-3}

2. 管内气流速度

管内气流速度按下式计算

$$u_a = \frac{Q_a}{A} \tag{3-18}$$

式中 u_a——管内气流速度，m/s；

A——管道截面面积，m^2；

Q_a——输送气体量，m^3/h。

3. 最佳气流速度

正确地选用气流速度是气力输送十分重要的环节。最佳气流速度计算方法可通过悬浮速度和风力输送气流速度两种方法得到。

（1）按颗粒悬浮速度计算

$$u_a \geqslant Cu_t \tag{3-19}$$

式中　C——与混合比和输送管道布置及输送物料条件有关的经验系数，见表 3-3。

其余符号意义同前。

表 3-3　推荐使用的经验系数 C 值

管道布置及输送物料条件	C 值	管道布置及输送物料条件	C 值
松散物料在垂直管中	1.7～2.7	管道布置复杂	3.6～6.0
松散物料在水平管中	2.5～3.5	大密度、成团黏性物料	5.0～10.0
有两个弯头的垂直或倾斜管	3.0～5.0		

一般情况下，气流速度也可由经验公式 $u_a = u_t + 15$（m/s）来确定。

（2）气流速度　也可以根据实验及生产实践的气流速度确定，参见表 3-4 和表 3-5。

表 3-4　实验测得的最低气流速度

物料名称	气流速度/(m/s)		物料名称	气流速度/(m/s)	
	垂直管	水平管		垂直管	水平管
黏土粉	11	13	新砂	19	23
塑料粒子	13	15	煤粉	10	12
飞灰	11	14	铁矿粉	18	25

表 3-5　生产实用的气流速度

物料名称	气流速度/(m/s)	物料名称	气流速度/(m/s)
黏土粉（垂直管）	16～18	水泥、铁矿石	22.0
塑料粒子（垂直管）	18～22	石英粉	30.8
飞灰（垂直管）	20～25		

气流速度的影响因素较多，结合生产实际经验，在要求不高的场合，管内气流速度一般可按 $u_t + 15$ m/s 取用。

4. 稀相气力输送的压力降

气力输送所用管道中两截面之间的压强差可以由通常的伯努利方程式求得，但考虑到流体不是单相而是气、固混合物，故式子应稍加修正。在如图 3-5 所示的输送管道上，向上倾斜，与水平线成一角度 θ，固体颗粒从截面 1 处加入。当气流速度很高时，被加速的固体的动能相当大，计算时需要考虑进去。然而，由于在气力输送时，固体的含量很小，所以它引起的气体速度变化和动能变化则很小，可以忽略不计。这样，压强差由三项组成：两截面间混合流体的位能变化、固体颗粒的动能变化（亦称加速项）以及混合物和管壁之间的摩擦阻力，即：

$$p_1 - p_2 = \bar{\rho} g (h_2 - h_1) + \frac{G_s u_s}{z} + \Delta p \tag{3-20}$$

$$G_a = u \rho_a = u_a \rho_a \varepsilon \tag{3-21}$$

$$G_s = u_s \rho_s (1 - \varepsilon) \tag{3-22}$$

$$\bar{\rho} = \rho_s (1 - \varepsilon) + \rho_a \varepsilon + \frac{G_s}{u_s} + \frac{G_a}{u_a} \tag{3-23}$$

$$u_s G_s = u_s (\rho_a u)\left(\frac{G_s}{G_a}\right) \tag{3-24}$$

式中　h_2-h_1——气力输送的垂直距离，m；

　　　　u_s——固体颗粒的速度，m/s；

　　　　u——空塔气速，m/s；

　　　　u_a——管内气流速度，m/s。

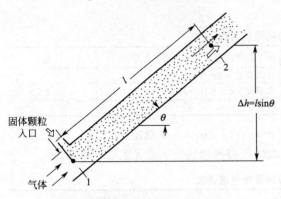

图 3-5　气固输送机械能平衡示意图　　　　图 3-6　颗粒的摩擦系数 f_p 与 Re 的关系

如果粒子在这一段中完成加速运动，则在这一段管子后，固体颗粒速度不再增加。无论水平管或垂直管，其出口速度可近似由下式计算：

$$u_s \approx u - u_t \tag{3-25}$$

此式误差在 20% 以内。

对于垂直向下流动或微细颗粒的任意方向的流动，可近似认为：

$$u_s \approx u_a \tag{3-26}$$

如果在两个测量截面上的固体颗粒都接近于它们的终端速度，则动能的变化可以忽略。式(3-20) 最后一项代表摩擦阻力，它又可被认为是由气相阻力 Δp_{fg} 和固相阻力 Δp_{fs} 所组成。

$$\Delta p_f = \Delta p_{fg} + \Delta p_{fs} \tag{3-27}$$

可用范宁方程式求 Δp_{fg}，即

$$\Delta p_{fg} = \frac{2 f_g \rho u^2 l}{D_t} \tag{3-28}$$

f_g 为摩擦系数，用下列式子计算：

$$3 \times 10^3 < Re < 10^5 \qquad f_g = 0.0791 \left(\frac{\rho u D_t}{\mu}\right)^{-0.25} \tag{3-29}$$

$$10^5 < Re < 10^8 \qquad f_g = 0.0008 + 0.0552 \left(\frac{\rho u D_t}{\mu}\right)^{-0.237} \tag{3-30}$$

Δp_{ts} 可按下述经验式计算：

$$\Delta p_{fs} = \frac{\pi}{2} \times f_p \times \frac{\rho u^2}{2}\left(\frac{\rho_s}{\rho}\right)^{1/2} \frac{G_s}{G_a}\frac{l}{D_t} \tag{3-31}$$

将式(3-28) 代入上式得

$$\Delta p_{fs} = \frac{\pi}{8} \times \frac{f_p}{f_g}\left(\frac{\rho_s}{\rho}\right)^{1/2} \frac{G_s}{G_a}\Delta p_{fg} \tag{3-32}$$

式中，f_p 为颗粒的摩擦系数，其值可由图 3-6 求出。

由于图 3-6 是在某些具体的条件下做实验得出的，实验条件为：在内径为 $19\sim31.8$mm 的管子中，以空气分别输送 1.9mm 粒度的催化剂、0.51mm 的玻璃球、0.51mm 粒度的铸铁弹丸、2mm 粒度的芥子。当没有更详尽的资料时，只能用它作为参考。

粒子在弯管中流动时，还会造成附加的压降，弯管曲率半径 r_b 与输料管直径 D_t 的比值愈小，则压降 Δp_b 愈大，流过弯管的压降 Δp_b 可由下式计算：

$$\Delta p_b = 2f_b \bar{\rho} u^2 \tag{3-33}$$

式中，f_b 为摩擦系数，其值随 r_b/D_t 变化如下：

r_b/D_t	2	4	$\geqslant 6$
f_b	0.375	0.188	0.125

当曲率半径小时，会引起大的压降并可能引起管壁的严重磨蚀和固体颗粒的磨损。由于这些不良的影响，所以在循环系统中的输送管应采用大曲率半径的弯管。

五、气力输送装置主要工作部件

气力输送系统的主要工作部件是供料器、输料管道及管件、卸料器、除尘器和风机等。

1. 供料器

供料器连续地按一定浓度比向输料管供料，有吸送式接料器和压送式供料器两类。

① 吸嘴。吸嘴用于吸送式气力输送装置接料。工作时利用负压将物料和空气从吸嘴吸入，吸嘴有单筒型和双筒型两类，如图 3-7 所示。单筒型有直口、扁口、斜口和喇叭口等〔图 3-7(a)〕。双筒型由内外套筒组成〔图 3-7(b)〕。外套筒可上下移动，调整外筒相对内筒高度，有利于补充空气进入，使物料加速，提高输送效率。吸嘴适用于输送流动性好的粒状及小块状物料。

② 诱导式接料器〔图 3-7(c)〕。工作时，物料沿自流管进入，在接料管底部引入空气流，形成料气混合流向上输送，最后进入输料管道。诱导式接料器料气混合好，阻力小，对粉状料和颗粒料都适用，使用效果好，在粉碎机的低压吸送中应用广泛。

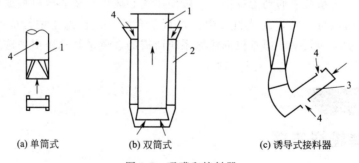

(a) 单筒式　　　　(b) 双筒式　　　　(c) 诱导式接料器

图 3-7　吸嘴和接料器

1—吸嘴；2—外筒；3—诱导接料口；4—进风口

③ 供料器。供料器用于压力输送装置，通常采用叶轮式、螺旋输送式等，如图 3-8 所示。叶轮式供料器广泛用于中低压气力输送装置中，也可作为吸送式输送装置中的卸料器使用。它由叶轮和壳体组成。工作时，物料落入叶轮上部的凹槽内，叶轮旋转时，装满物料的凹槽旋到下部时，物料借助自身重力落下。为提高装满程度，压力输送时应在上方设置一均压管。这样在装料前能及时逸出槽内压力空气，保证供料。

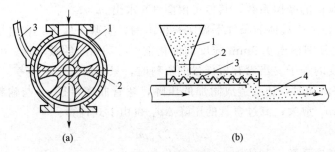

图 3-8　供料器

（a）叶轮式供料器　1—外壳；2—料槽转子；3—均压管

（b）螺旋式供料器　1—料斗；2—闸门；3—螺旋供料器；4—气力输送管道

2. 输料管和管件

输料管是连接接料器、卸料器和风机等的管道，与其配套使用的有弯头、三角和变形接头等管件，输料管常采用直径为 50～300mm 的圆钢管，壁厚为 1～3mm。管道内径根据所需空气量和空气速度确定。要求输料管密封性好，摩擦阻力小，耐磨损，不污染物料。

3. 卸料器与除尘器

物料经气力输送至指定地点后，需将物料与空气分离，分离后的空气再经除尘净化排入大气。卸料器的类型很多，有重力式、惯性式、离心式等。饲料厂使用较多的是离心式卸料器和除尘器，二级除尘还使用袋式除尘器。

① 离心式卸料器，又称旋风分离器。工作时，物料与空气混合流沿切线进入分离器进口，开始做旋转运动，在离心力与重力的作用下，物料沿筒壁旋转，由于摩擦而降低了速度，做螺旋式的向下运动，最后沉降于锥形出料口，经由关风器卸出。旋转气流到达底部后，又沿分离器中心上移，从分离器的中心出口排出。影响离心式卸料器的主要参数是气流速度和分离筒的直径。

② 袋式除尘器。袋式除尘器有压气式布袋除尘器和吸气式布袋除尘器。其除尘效率高。

4. 风机

风机是气力输送系统中的动力设备。一般使用离心风机，离心风机根据排气压力可分为高压、中压和低压风机三类，在项目二中已进行了介绍。风机的主要性能参数是流量、压力、风机转速、功率和效率。通常根据输送系统所需的总风量和总压损来选择和确定风机的形式和容量。

任务实施

一、选择输送方式

1. 选择输送方式

在气力输送过程中，物料颗粒的运动状态主要受输送气流速度控制。以水平管为例，在输送气流速度足够大时，颗粒呈均匀悬浮状态运动；随着输送气流速度的逐渐减小，颗粒出现非均匀悬浮流动而呈现疏密不均的流动状态；当输送气流速度小于某一定值时，出现脉动流；随着输送气流速度的进一步减小，一部分颗粒停滞在管底，一边滑动一边被推着向前运动；进而停滞的物料层做不稳定移动，最后形成堵塞或造成另一种靠气体静压进行输送的推动输送。

根据流动状态，气力输送按基本原理可分为两大类：

悬浮输送——利用气流的动能进行输送，也称动压输送；

推动输送——利用气体的压力进行输送，也称静压输送。

两种输送的比较见表 3-6。

表 3-6　悬浮输送和推动输送的比较

项　　目	悬　浮　输　送	推　动　输　送
输送物料	干燥的、小块状及粉粒状物料	粉粒状物料。湿的和黏性不大的物料也能输送
流动状态	输送时颗粒呈悬浮状态	输送时颗粒呈料栓状
混合比	小	大
输送气流速度	高	低
压力损失	单位输送距离压力损失较小	单位输送距离压力损失较大
单位能耗	大	小
系统中出现的磨损	大	小
被输送物料的破碎情况	可能破碎	破碎少

2. 输送空气量

按输送物料及混合比计算所需空气量，即：

$$Q_a = \frac{G_s}{\rho_a R} \tag{3-34}$$

式中　Q_a——输送空气量，m^3/h；

其余符号意义同前。

3. 输料管直径

输料管直径按下式计算：

$$D_t = \sqrt{\frac{4Q_a}{3600\pi u_a}} = \sqrt{\frac{4G_s}{3600\pi u_a \rho_a m}} \tag{3-35}$$

式中　D_t——输料管直径，m；

其余符号意义同前。

二、选择风机

1. 风机的风量

$$Q = Q_a k_1 k_2 \tag{3-36}$$

式中　Q——风机的风量，m^3/h；

Q_a——输送空气量，m^3/h；

k_1——管道漏风附加系数，取 $1.15 \sim 1.20$；

k_2——除尘器漏风附加系数，见除尘器样本。

2. 风机的风压

$$p_T = \Delta p_T \alpha \tag{3-37}$$

式中　p_T——风机的风压，Pa；

Δp_T——输送系统的总压力损失（可取 $p_1 - p_2$ 值），Pa；

α——风压裕量，取 $\alpha = 1.2$。

3. 电动机的功率计算

风机的电动机功率按下式计算：

$$N = \frac{k_3 Q p_{\mathrm{T}}}{1000.6 \times 3600 \eta_1 \eta_2} \tag{3-38}$$

式中　N——电动机的功率，kW；

　　　η_1——机械传动效率，见表 3-7；

　　　η_2——风机的效率；

　　　k_3——容量安全系数，见表 3-8；

其余符号意义同前。

表 3-7　机械传动功率 η_1

传 动 方 式	η_1	传 动 方 式	η_1
直联传动	1.0	三角胶带传动(或滚动轴承)	0.95
联轴器直联传动	0.98	变速器传动	0.96~0.97

表 3-8　容量安全系数 k_3

电动机功率/kW	通风机	引风机	电动机功率/kW	通风机	引风机
0.5 以下	1.5	—	2.0~5.0	1.2	1.3
0.5~1.0	1.4	1.5	大于 5.0	1.15	1.3
1.0~2.0	1.3	1.4			

4. 核算压力降

由式(3-27)~式(3-33)可以核算管路压力降，计算过程类似例 3-1。

例3-1　已知固体颗粒的当量直径为 0.2mm，密度为 2000kg/m³。在一根内径为 100mm、长 10m 的水平管内用密度为 1kg/m³、黏度为 2×10^{-5} Pa·s 的气流进行气力输送。已知输送的气速为 20m/s，固气比为 10，这一段管子两端，固体悬浮良好并随气流运动。求输送时所产生的压降。

解　因为是水平管，且固体颗粒的速度变化可以忽略，故压差计算式只有摩擦阻力这一项，即：

$$p_1 - p_2 = \Delta p_{\mathrm{f}} = \Delta p_{\mathrm{fg}} + \Delta p_{\mathrm{fs}}$$

$$Re = \frac{D_{\mathrm{t}} \rho u}{\mu} = \frac{0.1 \times 20 \times 1}{2 \times 10^{-5}} = 1 \times 10^5$$

因 $Re = 1 \times 10^5$，可用下面两式计算，然后取平均值。

$$f_{\mathrm{g1}} = 0.791(Re)^{-0.25} = 0.791 \times (1 \times 10^5)^{-0.25} = 0.00445$$

$$f_{\mathrm{g2}} = 0.0008 + 0.0552(Re)^{-0.237} = 0.0008 + 0.0552 \times (1 \times 10^5)^{-0.237} = 0.00441$$

$$f_{\mathrm{g}} = \frac{(0.00445 + 0.00441)}{2} = 0.00443$$

由此可得气体部分的压降

$$\Delta p_{\mathrm{fg}} = \frac{2 f_{\mathrm{g}} \rho u^2 l}{D_{\mathrm{t}}}$$

$$= \frac{2 \times 0.00443 \times 1 \times 20^2 \times 10}{0.1} = 354 \text{（Pa）}$$

固相部分的压降为

$$\Delta p_{fs} = \frac{\pi}{8} \frac{f_p}{f_g} \left(\frac{\rho_s}{\rho}\right)^{1/2} \frac{G_s}{G_a} \Delta p_{fg}$$

由图 3-6 查得 $f_p = 0.7 \times 10^{-4}$

$$\Delta p_{fs} = \frac{\pi}{8} \left(\frac{0.7 \times 10^{-4}}{4.43 \times 10^{-3}}\right) \left(\frac{2000}{1}\right)^{1/2} \times 10 \times 354 = 982.4 \ (Pa)$$

$$p_1 - p_2 = \Delta p_f = \Delta p_{fg} + \Delta p_{fs} = 982.4 + 354 = 1336.4 \ (Pa)$$

三、气力输送操作控制与维护

化工物料需要由低位槽通过带增压力器的压送式气力输送系统送入料仓，整个过程运行的设备均在系统的自动调节下实现输送操作，人工只需进行相关的参数设置和进行相应的调节。

1. 安全操作规程

（1）准备工作

① 排除气水分离器和储气罐内的积水；

② 开启总进气阀并接通总电源；

③ 开启增压器进气阀；

④ 检查各压力表的读数是否为规定值并作调整；

⑤ 检查所有阀门是否漏气；

⑥ 检查各信号指示灯是否显示正常；

⑦ 检查换向器和卸料器是否在要求的位置；

⑧ 如弯管附有加热装置，开启开关；

⑨ 确保操作人员处于安全状态。

（2）进行输送

① 将物料装入发送罐内，如为定量给料，则采用手动关闭闸板阀，如采用料位计控制，则闸板阀自动关闭；

② 对闸板阀橡胶密封团充气进行密封；

③ 开启发送罐进气快开阀，注视各信号指示灯工作信号的反应；

④ 每罐送完，关闭快开阀，直至发送罐压力表指针复位到"零"；

⑤ 放空闸板阀密封团内的充气；

⑥ 开启闸板阀重新加料，按照以上程序再次进行输送。

（3）工作结束

① 关闭增压器进气阀；

② 关闭总进气阀，切断总电源；

③ 开启气水分离器和储气罐的泄水阀，排空存水，然后关闭。

2. 维护保养及注意事项

（1）维护保养

① 每月对各种阀门和部件进行一次检查；

② 每季度定期清理闸板阀、卸料器等的橡胶密封圈；

③ 每季度定期清理各组增压器的进气孔，更换过滤绒布；

④ 定期清理气水分离器的过滤介质，间隔时间根据材质而定；

⑤ 每年对所有压力表和调压阀校验一次；

⑥ 每年定期拆修闸板阀和卸料器等的推动气缸及其他运动零部件。

（2）注意事项

① 不许在输送物料中途进行卸料点的变位，在每一罐物料送完若干秒钟（根据物料和管道布置而定）后，方可掀动中间卸料器变位开关，确认中间卸料器到位后，才能再次输送。

② 每次输送只允许对一个卸料点卸料，不参与工作的其他中间卸料器应停在复位点上。

③ 密封圈充气未放空，不得打开闸板阀或使换向器变位。

④ 如气水分离器和储气罐是安装在厂房外面，严冬时应采取措施防止罐内积水结冰。

⑤ 应由专人操作，无关人员不得随意进入操作室内，更不得任意扳弄各种阀门和开关。

⑥ 操作室内应保持整洁，不准堆放杂物。

⑦ 建立每班工作记录制度，做好交接班工作。

技术评估

一、选择物料输送方式

在气力输送物料过程中，依据物料颗粒大小、特性及输送的要求选择合适的输送方式，包括悬浮输送或推动输送。确定相关的输送机械及其系统。

二、确定管路

根据生产任务以及输送物料及混合比，确定相应的管路系统，包括计算出所需空气量；选择适宜的流速是正确计算物料输送管径的关键，宜结合正确的沉降速度，结合实际选择合适的气流速度，计算出管道直径，计算出管径后应进行圆整。根据介质特性及工艺条件，确定管路材质等。

三、选择风机

根据前面计算出输送系统的空气量，确定风机所需要输送的风量，根据设计好工艺管路系统，正确计算管路阻力应包括流体流通管路的所有阻力，包括管道阻力、管件阻力、工作设施的阻力，以确定出整个系统的阻力降，结合物料和空气混合后的特性计算出系统的风压降，继而确定风机的电动机功率。确定风机电动机功率时要结合风机类型及电动机传动形式、系统的漏风系数等因素，综合考虑计算。

四、编制安全操作规程

可参考《危险化学品岗位安全生产操作规程编写导则》（DB37/T 2401）编写，至少包含以下内容：

① 岗位任务；

② 生产工艺：工艺原理、工艺流程、主要设备；

③ 工艺控制指标：原料质量指标、产品质量指标、工艺参数指标、分析指标；

④ 操作步骤：开车准备、开车、运行、正常停车、生产异常现象及处理措施。

技术应用与知识拓展

一、脉冲式气力输送系统安全操作规程

（1）准备工作

① 排除气水分离器和储气罐内的积水；

② 开启总进气阀，检查各压力表读数是否为规定值并作调整；

③ 接通控制台总电源和脉冲发生器电源，检查气和料是否为规定值，并作调整；

④ 将控制台上的操纵开关转到"手动"位置；

⑤ 确保操作人员处于安全状态。

（2）进行装料

① 先后开启排气阀和上蝶阀；

② 中间罐进行加料；

③ 当上料位计指示灯亮，即停止进料；

④ 开启下蝶阀，物料从中间罐落入发送罐内；

⑤ 中间罐内物料排空后，关闭下蝶阀；

⑥ 重复②、③、④、⑤动作程序，第二次加料使发送罐内物料充满；

⑦ 重复②、③动作，使中间罐内物料充满；

⑧ 关闭排气阀和上蝶阀。

（3）"手动"输送程序

① 开启发送罐进气阀，发送罐内进气，压力逐渐上升；

② 当发送罐内气压达规定压力值时，开启脉冲发生器，气刀电磁阀开始动作，脉冲气流按规定频率进入输送管内；

③ 开启发送罐出口球阀，物料从罐内压出，输送正式开始。

（4）"自动"输送程序

① 将控制台上的操纵开关转到"自动"位置；

② 随着物料的输送，发送罐内料面不断降低，当下料位计指示灯熄灭，中间罐进气阀即自动打开；

③ 中间罐进气，压力上升；

④ 当中间罐的电接点压力表指针转到与发送罐压力相等时，下蝶阀自动开启，物料从中间罐落入发送罐内；

⑤ 中间罐排料完毕后，根据规定的时间，中间罐进气阀和下蝶阀均自动关闭；

⑥ 排气阀自动开启，中间罐内剩余气体排出；

⑦ 当中间罐电接点压力表指针复位为"零"时，上蝶阀自动开启；

⑧ 物料经进料斗（或进料斗中已加好的物料）落入中间罐内；

⑨ 当中间罐的上料位计指示灯亮，进料停止；

⑩ 上蝶阀和排气阀自动关闭；

⑪ 动作按②～⑩程序自动循环，输送和加料连续进行。

（5）输送结束

① 将控制台上的操纵开关转到"手动"位置；

② 将中间罐内物料全部放入发送罐后，关闭上、下蝶阀；

③ 开启排气阀，排尽中间罐内的余气后再关闭；

④ 待发送罐内物料全部送完后，先关脉冲发生器（即气刀电磁阀），后关闭发送罐进气阀，利用罐内余气清扫输送管；

⑤ 关闭发送罐出口球阀；

⑥ 关闭脉冲发生器电源和控制台总电源；

⑦ 关闭总进气阀。

二、维护保养及注意事项

（1）维护保养

① 定期清理气水分离器的过滤介质，间隔时间根据材质而定；

② 随时将调压阀的分水滤气器中存水排尽；

③ 进料斗和卸料仓上附设除尘器的过滤布袋，每年至少应调换清洗一次；

④ 所有压力表和调压阀每年均按规定期限校验；

⑤ 定期清洗电磁阀内各零件，保持阀体内各孔道畅通；

⑥ 经常保持控制台内部的电气元件和线路板清洁无尘。

（2）注意事项

① 不得随意更改各项工艺参数；

② 正常输送过程中，不要打开旁通管总进气阀；

③ 当发送罐或中间罐有压力时，不许开启上蝶阀；

④ 严冬季节，每班（天）输送完毕，应排尽气水分离器和储气罐内积水，以免结冰；

⑤ 应由专人操作，未受过培训的人员不得进入操作室内，更不得随意掀动各种开关；

⑥ 控制室内保持环境清洁，不许堆放无关杂物；

⑦ 建立每班工作记录制度，做好交接班工作。

任务二 固体物料螺旋输送技术与控制

螺旋输送是一种设有挠性牵引构件，依靠带有螺旋叶片的轴在封闭的料槽中旋转而推动物料运动，或令带有内螺旋叶片的圆筒旋转使物料运动的输送方式。

螺旋输送的优点是螺旋输送设备结构较简单，横向尺寸紧凑，便于维护，可封闭输送，对环境污染小，装卸料点位置可灵活变动，在输送过程中还可进行混合、搅拌等作业。但螺旋输送物料在输送过程中与机件摩擦剧烈且产生翻腾，易被研碎，能耗及机件磨损较严重。

任务情景

某化工公司以氯乙烯为原料生产聚氯乙烯，将去离子水加入聚合釜，再加入添加剂、氯乙烯单体、乳化剂、引发剂等进行聚合反应，在夹套内通入冷却水、冷冻盐水控制反应温度，反应结束后将物料打到回收槽回收氯乙烯单体，通过离心机固-液分离后，得到的聚氯乙烯粗品中湿含量为15%（质量分数，下同），必须将湿的粗品进行干燥后才能包装出售。聚氯乙烯干燥通常采用气流干燥法干燥。聚氯乙烯悬浮法年产60000t聚氯乙烯，年工作时间300天，连续性生产。要求采用螺旋输送机等合适的设备及装置将经离心后的湿聚氯乙烯送到气流干燥器内进行干燥。

工作任务

1. 选用输送机械。
2. 编制螺旋输送安全操作规程。

技术理论与必备知识

一、螺旋输送机

螺旋输送机俗称绞龙，是一种最常用的粉体连续输送设备，是矿产、化工、建材、饲料、粮油、环保行业中用途较广的一种输送设备。从输送物料位移方向的角度划分，螺旋输送机分为水平式螺旋输送机和垂直式螺旋输送机两种类型，主要用于对各种粉状、颗粒状和小块状等松散物料的水平输送和垂直提升。螺旋输送机的内部有一个输送轴，叶片成螺旋状焊接在输送轴上。依靠带有螺旋叶片的轴在封闭的料槽中旋转而推动物料运动，或令带有内螺旋叶片的圆筒旋转使物料运动（螺旋管输送机）。其优点是构造简单，横向尺寸紧凑，便于维护，可封闭输送，对环境污染小，装卸料点位置可灵活变动，在输送过程中还可进行混合、搅拌等作业。其缺点是：运行阻力大，这些阻力主要来源于机械与螺旋叶片之间、螺旋面与物料之间、机槽与物料之间等。一旦物料在输送过程中与机件摩擦剧烈且产生翻腾，易被研碎，能耗及机件磨损较严重。

因此，这种输送设备只用于较低或中等生产率的生产中，且输送距离不宜太长。其机长一般在70m以内，输送能力一般小于100t/h。它适于输送黏性小的粉状、粒状及小块物料，不宜输送易变质的、黏性大的、易结块的及大块的物料，因为这些物料容易粘在螺旋叶片上而随之旋转，或在吊轴承处产生堵料现象。

螺旋输送机可分为普通螺旋输送机、螺旋管输送机、垂直输送机及可弯曲螺旋输送机四大类。

螺旋输送机在输送形式上又分为有轴螺旋输送机和无轴螺旋输送机两种，在外形上分为U形螺旋输送机和管式螺旋输送机等。本书主要介绍有轴、管式螺旋输送机。

1. 螺旋输送机基本结构

螺旋输送机的结构如图3-9所示，内部结构如图3-10所示。它主要由螺旋轴、料槽（本体）和驱动装置所组成。螺旋输送机本体由头节、中间节、尾节三部分组成。料槽的下半部是半圆形，螺旋轴沿纵向放在槽内。当螺旋轴转动时，物料由于其质量及它与槽壁之间摩擦力的作用，不随同螺旋一起转动，这样由螺旋轴旋转而产生的轴向推力就直接作用到物料上而成为物料运动的推动力，使物料沿轴向滑动。物料沿轴向的滑动，就像螺杆上的螺

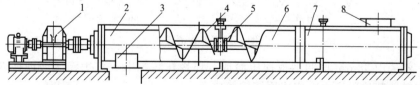

图3-9　螺旋输送机的结构

1—驱动装置；2—头节；3—出料口；4—螺旋轴；5—吊轴承；
6—中间节；7—尾节；8—进料口

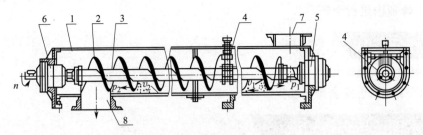

图 3-10　螺旋输送机内部结构

1—料槽；2—叶片；3—转轴；4—悬挂轴承；

5,6—端部轴承；7—进料口；8—出料口

母，当螺母沿轴向被持住而不能旋转时，螺杆的旋转就使螺母沿螺杆作平移。物料就是在螺旋轴的旋转过程中朝着一个方向推进到卸料口处卸出的。

螺旋输送机根据需要可设置多个进料口和出料口，多个进料口可同时进料，但不能多个卸料口同时卸料。

（1）螺旋　螺旋由转轴和装在上边的叶片组成。转轴有实心和空心管两种，在强度相同

左旋　　　右旋

图 3-11　确定螺旋旋向的方法

的情况下，空心管轴较实心轴质量轻，连接方便，所以比较常用。管轴用特厚无缝钢管制成，轴径一般在 $50\sim100\text{mm}$，每根轴的长度一般在 3m 以下，以便逐段安装。

螺旋叶片有左旋和右旋之分，确定旋向的方法如图 3-11 所示。物料被推送方向由叶片的方向和螺旋的转向所决定。如图 3-10 所示，为右旋螺旋，当螺旋按

n 方向旋转时，物料沿 v_1 的方向推送到卸料口处；当螺旋按反向旋转时，物料沿 v_2 的方向被推送。

根据被输送物料的性质不同，螺旋有各种形状，如图 3-12 所示。在输送干燥的小颗粒物料时，可采用全叶式 [图 3-12(a)]；当输送块状或黏滞性物料时，可采用带式 [图 3-12(b)]；当输送韧性或可压缩性物料时，可采用桨式 [图 3-12(c)] 或型叶式 [图 3-12(d)] 螺旋。采用桨式或型叶式螺旋除了输送物料外，还兼有搅拌、混合及分散物料等作用。

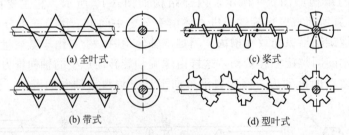

(a) 全叶式　　　　　(c) 桨式

(b) 带式　　　　　(d) 型叶式

图 3-12　螺旋形式

叶片一般采用38mm厚的钢板冲压而成，焊接在转轴上。对于输送磨蚀性大的物料和黏性大的物料，叶片用扁钢轧成或用铸铁铸成。

（2）料槽　料槽由头节、中间节和尾节组成，各节之间用螺栓连接。每节料槽的标准长度为 $1\sim3\text{m}$，常用 $3\sim6\text{mm}$ 的钢板制成。料槽上部用可拆盖板封闭，进料口设在盖板上，出料口则设在料槽的底部，有时沿长度方向开数个卸料口，以便在中间卸料。在进出料口处

配有闸门。料槽的上盖还设有观察孔，以观察物料的输送情况。料槽安装在用铸铁制成或用钢板焊接成的支架上，然后紧固在地面上。螺旋与料槽之间的间隙为5～15mm。间隙太大会降低输送效率，太小则增加运行阻力，甚至会使螺旋叶片及轴等机件扭坏或折断。

（3）轴承　螺旋是通过头、尾端的轴承和中间轴承安装在料槽上的。螺旋轴的头、尾端分别由止推轴承和径向轴承支承。止推轴承一般采用圆锥滚子轴承，如图3-13所示。止推轴承可承受螺旋轴输送物料时的轴向力。设于头节端可使螺旋轴仅受拉力，这种受力状态比较有利。止推轴承安装在头节料槽的端板上，它又是螺旋轴的支承架。尾节装置与头节装置的主要区别在于尾节料槽的端板上安装的是双列向心球面轴承或滑动轴承，如图3-14所示。

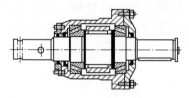

图3-13　止推轴承结构图

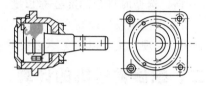

图3-14　滑动轴承

当螺旋输送机的长度超过3～4mm时，除在槽端设置轴承外，还要安装中间轴承，以承受螺旋轴的一部分质量和运转时所产生的力。中间轴承上部悬挂在横向板条上，板条则固定在料槽的凸缘或它的加固角钢上，因此称为悬挂轴承，又称为吊轴承。悬挂轴承的种类很多，图3-15所示是GX型螺旋输送机的悬挂轴承。

由于悬挂轴承处螺旋叶片中断，物料容易在此处堆积，因此悬挂轴承的尺寸应尽量紧凑，而且不能装太密，一般每隔2～3m安装一个悬挂轴承。一段螺旋的标准长度为2～3m，要将数段标准螺旋连接成工艺过程要求的长度，各段之间的连接就靠连接轴装在悬挂轴承上。联结轴和轴瓦都是易磨损部

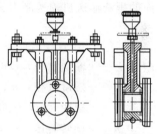

图3-15　GX型螺旋输送机的悬挂轴承

件。轴瓦多用耐磨铸铁或巴氏合金制造。轴承上还设有密封和润滑装置。

（4）驱动装置　驱动装置有两种形式，一种是电动机、减速器，两者之间用弹性联轴器连接，而减速器与螺旋轴之间常用浮动联轴器连接。另一种是直接用减速电动机，而不用减速器。在布置螺旋输送机时，最好将驱动装置和出料口同时装在头节，这样使螺旋轴受力较合理。

（5）结构特点　螺旋轴与悬挂轴承、头、尾轴连接均采用嵌入舌式，安装、拆卸不需要轴向移动，维修方便。芯轴长、悬挂少、故障点少。

采用变径结构，增大吊轴承处容积，避免悬挂轴承与物料接触，悬挂轴承寿命可达二年以上。

各传动部位均采用浮动连接方式，悬挂轴承为万向节结构，使螺旋体、悬挂轴承和尾部总成形成一个整体旋转体，在一定范围内可随输送阻力自由旋转避让，不卡料，不堵料。

头尾轴承座均在壳体外，所在轴承采用多层密封和配合密封技术，轴承使用寿命长。

2. 螺旋输送机械型号

我国目前采用的螺旋输送机有GX系列和LS系列。GX系列螺旋直径从150～600mm共有7种规格，长度一般为3～70m，每隔0.5m为一档。螺旋轴的各段长度分别有1500mm、2000mm、2500mm和3000mm共4种。设计时可根据物料的输送距离进行组合。驱动方式分单端驱动和双端驱动两种。传动装置可采用电动机、减速器组合，也可采用减速

电动机。

LS 型螺旋输送机是按照 JB/T 7679—2008《螺旋输送机》标准设计制造，它采用国际标准设计，等效采用 ISO 1050—75 标准，是 GX 型螺旋输送机的换代产品。它与 GX 系列的主要区别如下：①头、尾部轴承移至壳体外；②中间吊轴承采用滚动、滑动可以互换的两种结构，滑动瓦的轴瓦材料有铸铜瓦、合金耐磨铸铁瓦、铜基石墨瓦等，设置的防尘密封材料用尼龙和聚四氟乙烯树脂类，具有阻力小、密封好、耐磨性强的特点；③出料端设有清扫装置；④进、出料口布置灵活；⑤整机噪声低、适应性强。

LS 型螺旋输送机螺旋直径从 200～500mm，共有五种规格，长度从 4～70m，每隔 0.5m 一档，选型时符合标准公称长度，特殊需要可在选配节中另行提出。鉴于 LS 型螺旋输送机的应用范围及功能特点，用户在选型时，应根据使用环境及输送物料情况充分考虑、统筹兼顾、合理选定，以避免不必要的麻烦和损失。

二、螺旋输送机的计算

1. 输送能力

螺旋输送机输送能力与螺旋的直径、螺距、转速和物料的填充系数有关。具有全叶式螺旋面的螺旋输送机输送能力为

$$G_t = 60 \frac{\pi D^2}{4} S n \phi \gamma_v C \tag{3-39}$$

式中 G_t——输送能力，t/h；

     D——螺旋直径，m；

     S——螺距，m，全叶式螺旋取 $S=0.8D$，带式螺旋取 $S=D$；

     n——旋转转速，r/min；

     ϕ——物料填充系数，见表 3-9；

     γ_v——物料容积密度，t/m³，见表 3-9；

     C——倾斜度系数，见表 3-10。

表 3-9   螺旋输送机内的物料参数

项　　目	煤粉	水泥	石灰	PVC	飞灰
物料密度/(t/m³)	0.6	1.25	0.9	1.0	1.3
填充系数 ϕ	0.4	0.25～0.3	0.35～0.4	0.30～0.35	0.20～0.30
物料特性系数 K_1	0.0415	0.0565	0.0415	0.0550	0.0560
物料特性系数 K_2	75	35	75	75	75
物料阻力系数 ζ	1.2	2.0	2.5	2.5	3.0

表 3-10   螺旋输送机内的倾斜度系数

倾斜角	0°	≤5°	≤10°	≤15°	≤20°
倾斜度系数	1.0	0.9	0.8	0.7	0.65

2. 螺旋轴的极限转速

螺旋轴的转速随输送能力、螺旋直径及被输送物料的特性而不同。为保证在一定的输送能力下，物料不因受太大的切向力而被抛起，螺旋轴转速有一定的极限，一般可按下列经验公式计算

$$n = \frac{K_2}{\sqrt{D}} \tag{3-40}$$

式中 n——螺旋轴的极限转速，r/min；

K_2——物料特性系数，见表3-9；

根据式(3-40)计算出的螺旋轴转速（r/min）应圆整为下列标准转速之一：20、30、35、45、60、75、90、120、150、190。

3．螺旋直径的确定

如果已知输送量及物料特性，则螺旋直径可由式(3-39)和式(3-40)求得

$$D = K_1 \left(\frac{G_t}{\phi \gamma_v C} \right)^{1/2.5} \tag{3-41}$$

式中 K_1——物料特性系数，见表3-9；

其他符号意义同前。

由上式求得的螺旋直径，还应根据下式进行校核：

对于已分选物料 $\qquad\qquad D \geqslant (4 \sim 6) d_k \tag{3-42}$

对于一般物料 $\qquad\qquad D \geqslant (8 \sim 10) d_k \tag{3-43}$

式中 d_k——被输送物料的最大尺寸。

如果根据输送物料的块度，需选择较大的螺旋直径，则在维持输送量不变的情况下，可以选用较低的螺旋轴转速，以延长其使用寿命。

按上述求得的螺旋直径应圆整为下列标准直径系列中的一种：150mm、200mm、250mm、300mm、400mm、500mm、600mm。无论是螺旋直径还是螺旋轴转速，在圆整为其相近的标准值之后，其填充系数可能不同于原来从表3-9中所取的 ϕ 值，所以应按下式再进行校核

$$\phi = \frac{G_t}{47 D^2 n \gamma_v S C} \tag{3-44}$$

假如计算的值仍在表3-9推荐的范围之内，则圆整合适。圆整后计算的值允许低于表3-9所列的下限，但不得高于上限。

4．功率计算

螺旋输送机工作时所产生的阻力包括以下各项：

① 物料和料槽的摩擦阻力；

② 物料和螺旋的摩擦阻力；

③ 轴承的摩擦阻力；

④ 倾斜输送时，提升物料的阻力；

⑤ 中间轴承所产生的阻碍物料运动的阻力；

⑥ 物料的搅拌及部分被破碎所产生的阻力；

⑦ 安装、操作不当而产生的螺旋与槽壁之间的摩擦阻力。

在上述各项阻力中，除了输送和提升物料的阻力可以精确计算外，其他各项要逐项计算是困难的，因此在一般计算时就认为，螺旋输送机的动力消耗与输送量及机长成正比，而把所有的损失都归入一个总系数内，即阻力系数。显然，此阻力系数与物料特性的

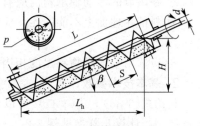

图 3-16 螺旋输送机的
功率计算简图

关系最大,其值可由实验方法加以确定。因此螺旋输送机的轴功率可按下式计算(参见图3-16)。

$$N_0 = \frac{G_t L\left(\zeta\cos\beta\pm\sin\beta\right)K_3}{367} \tag{3-45}$$

即
$$N_0 = K_3\frac{G_t}{367}\left(\zeta L_h\pm H\right) \tag{3-46}$$

式中　N_0——螺旋轴上所需功率,kW;

　　　G_t——输送能力,t/h;

　　　K_3——功率储备系数,取 1.2~1.4;

　　　ζ——物料的阻力系数,见表 3-9;

　　　L_h——螺旋输送机的水平投影长度,m;

　　　H——螺旋输送机的垂直投影长度,m。

当向上输送时取"+"号,向下输送时取"-"号。

所需的电动机功率为

$$N = \frac{N_0}{\eta} \tag{3-47}$$

式中　N——螺旋输送机所需的电动机功率,kW;

　　　η——驱动装置传动效率,取 0.94。

任务实施

一、选用输送机械

1. 螺旋输送机选用应注意的事项

① 在头节的螺旋轴上装有推力轴承,以承受推移物料而产生的轴向力;而在尾节的螺旋轴上应装能做轴向浮动的圆柱滚子轴承,以便补偿制造误差和螺旋轴的热变形。

② 尽可能将进料口装在尾节,将出料口装在头节,使螺旋轴在工作中处于受拉状态,从而减少轴的变形。

③ 为了防止物料过多时来不及从出料口卸出而进入头节推力轴承内,可在螺旋轴端部设置一段旋向相反的叶片,起清扫作用。

④ 吊轴承是本机的重要部件。它的设计应保证必要的物料通过断面不发生堵塞;同时还要保证必要的密封性和易更换性。输送磨琢性小的物料时,可采用滑动轴承以简化结构;输送磨琢性大的物料时,宜用滚动轴承及较完善的密封结构,以延长吊轴承寿命。

⑤ 螺旋叶片与料槽间的间隙一般为 7~10mm,叶片厚度一般为 4~10mm。

⑥ 在尾节的浮动轴承箱内应有足够的浮动距离来收纳螺旋轴受热而产生的伸长量。

⑦ 料槽在地面上不能固死,应使料槽不能相对于地面转动、抬高或下降但应能沿轴向滑动。

⑧ 应选用与输送物料温度相当的润滑脂及涂料。

2. 基本技术参数计算

利用式(3-36)~式(3-47)可以计算出螺旋直径、输送功率等基本技术参数,以便进行设备选型。计算步骤参见例 3-2。

⟶ 例3-2 某化工厂拟采用螺旋输送机输送物料,已知条件为:物料的容积密度为 $\gamma_v =$

$1.2 t/m^3$，温度不超过 $100℃$；要求输送量为 $65 t/h$；水平布置，输送距离为 $20 m$。

解　查表 3-9 得 $\phi = 0.25$，$K_1 = 0.510$，$K_2 = 35$，查表 3-10 得 $C = 1.0$。根据式 (3-41) 得

$$D = K_1 \left(\frac{G_t}{\phi \gamma_v C}\right)^{1/2.5} = 0.0510 \times \left(\frac{65}{0.25 \times 1.2 \times 1.0}\right)^{1/2.5}$$

$$= 0.438$$

可选用螺旋输送机 $D = 0.44 m$。

螺旋轴的极限转速，根据式(3-40)，得

$$n = \frac{K_2}{\sqrt{D}} = \frac{35}{\sqrt{0.44}} = 52.76 \ (r/min)$$

按标准转速取 $n = 60 r/min$，根据式(3-44)校验填充系数：

$$\phi = \frac{65}{74 \times 0.44^2 \times 60 \times 1.2 \times 0.8 \times 1.0} = 0.180$$

这个值在推荐范围之内，因此确定 $D = 440 mm$，$n = 60 r/min$；根据式（3-45）和式（3-46），螺旋输送机所需功率为：

$$N_0 = K_3 \frac{G_t}{367}(\zeta L_h \pm H)$$

$$\zeta = 2.0 ; \quad K_3 = 1.2 ; \quad L_h = 20 ; \quad H = 0 \ (水平布置)$$

$$N_0 = 1.2 \times \frac{65}{367} \times (2.0 \times 20) = 8.5 \ (kW)$$

$$N = \frac{8.5}{0.94} = 9.0 \ (kW)$$

根据计算结果，再查阅有关手册，即可得到选型结论。

二、螺旋输送安全操作规程

1. 安全操作规程

（1）开车前的检查

① 设备是否有异物，盖板是否紧固；

② 减速机油位是否正常；

③ 电机、减速机、轴承的地脚螺栓是否松动；

④ 出料口是否有异物、积料等；

⑤ 确保操作人员处于安全状态。

（2）运转中的检查

① 螺旋叶片是否有振动、异声；

② 减速机油位是否正常；

③ 电机、减速机、轴承是否振动、异声、发热；

④ 电机、减速机、轴承的地脚螺栓是否松动、脱落；

⑤ 盖板是否紧固，是否有漏灰、漏风现象；

⑥ 吊瓦是否缺润滑油，如果缺，应定时补润滑油；

⑦ 检查传动链工作是否正常；

⑧ 出料是否畅通。

⑨ 螺旋输送机运转中发生不正常现象均应加以检查，并消除之，不得强行运转；螺旋输送机的机盖在机器运转时不应取下，以免发生事故；

⑩ 被输送物料内不得混入坚硬的大块物料，以免螺旋卡死而造成螺旋机的损坏。

（3）开停车注意事项

① 螺旋输送机应无负荷启动，即在壳内没有物料时启动，启动后开始向螺旋机给料；

② 螺旋输送机初始给料时，应逐步增加给料速度直至达到额定输送能力，给料应均匀，否则容易造成输送物料的积塞，驱动装置的过载，使整台机器过早损坏；

③ 按现场控制盒上的"停止"按钮即可停车；为了保证螺旋机无负荷启动的要求，输送机在停车前应停止加料，等机壳内物料完全输尽后方可停止运转；

④ 停车或检修时，将现场控制盒上的转换控制开关灯打到"闭锁"位置。

2. 螺旋输送机故障及处理要点

表 3-11 列有螺旋输送机故障产生的原因及处理方法。

表 3-11　螺旋输送机故障产生的原因及处理方法

常见故障	产生原因	处理方法
溢料	(1)物料中的杂物使螺旋吊轴堵塞 (2)物料水分大,集结在螺旋吊轴或螺旋叶片上并加厚,使物料不易通过 (3)传动装置失灵 (4)出料口堵塞 (5)入料量超过设计值	(1)停机清除内杂物 (2)控制入料水分,及时清理节皮 (3)停机修复传动装置 (4)检查出料口及下游设备,保持畅通 (5)控制入料量
机壳晃动	安装时螺旋节中心线不同,运转时偏心擦亮,使外壳晃动	重新安装时对准中心线
驱动电机过载	(1)输送物料中有坚硬块料,卡死铰刀;电流剧增 (2)来料过大,电机超负荷 (3)出料口堵塞 (4)停机前存料太多	(1)防止坚硬块料进入 (2)铰刀和机壳保持一定的间隙 (3)喂料均匀 (4)停机前把物料送完

3. 螺旋输送机维护及保养

① 将螺旋输送机料槽的支架用螺栓与基础连接紧固。

② 将 U 形超高分子耐磨衬板逐块放置于料槽底部，拧紧衬板压条。

③ 采用立式安装形式，将电机、减速机固定在料槽端头法兰盘上，凹凸面应配合良好。

④ 将螺旋体轴套与电机、减速机输送轴连接紧固。

⑤ 将无轴螺旋输送机装置到位，并调整至所需角度，垫实、固定底部支架，确保料槽水平度及其与螺旋体的同心度误差≤0.5%，检查料槽顶面、底部装置的水平度。

⑥ 要经常检查螺旋体、衬板的磨损情况，如发现衬板磨损严重，衬板厚度≤2mm 时，应及时更换衬板。

⑦ 使用中定期检查油的质量。减速机第一次使用时，运转 300h 须更换润滑油。

⑧ 正常使用情况下，减速机应每 5000h 更换一次润滑油。牌号相同而黏度不同的油允许混合使用。

⑨ 工作中，当发现油温温升异常、噪声异常等现象时，应及时停车，查明原因，排除故障后，方可继续运转。

⑩ 若发现减速机、电机出现质量问题，应及时与生产厂商或供应商联系，不可私自装配。

⑪ 严格依照防爆和防护要求操作。

技术评估

一、选用输送机械

综合分析输送物料的特性（包括黏度、颗粒大小、密度等）、工艺要求（包括输送能力、输送距离等）等因素的基础上，确定输送机械的形式、技术参数（包括螺旋输送机的输送能力、螺旋直径、螺距、转速、功率等，螺旋直径、转速等参数需计算后圆整）。最后确定螺旋输送机的具体型号。

二、编制螺旋输送安全操作规程

可参考《危险化学品岗位安全生产操作规程编写导则》（DB37/T 2401）编写，至少包含以下内容：
① 岗位任务；
② 生产工艺：工艺原理、工艺流程、主要设备；
③ 工艺控制指标：原料质量指标、产品质量指标、工艺参数指标、分析指标；
④ 操作步骤：开车准备、开车、运行、正常停车、生产异常现象及处理措施。

技术应用与知识拓展

一、刮板输送机

刮板输送就是用无端循环运动的副板链条作为牵引构件，在多节可拆的敞开料槽内连续输送散粒物料的输送方式。

它可输送各种粉末状、小颗粒状和块状的流动性较好的散粒物料，如矿石、煤炭、焦炭、沙子、石膏、水泥、盐岩、谷物等，广泛用于冶金、粮食、电厂、港口及煤矿、盐矿、石膏矿等矿山井下场所，但不宜输送易破碎和易磨损的脆性物料。图 3-17 为刮板输送传动原理图。

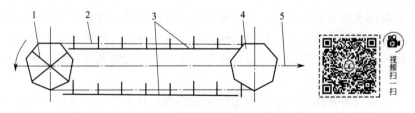

图 3-17　刮板输送传动原理图
1—主动链轮；2—刮板链条；3—上、下料槽；4—尾轮；5—拉紧装置

1. 刮板输送机的分类

刮板输送主要根据刮板输送机的不同来分类，也可根据工作环境、卸载方式、料槽类型、刮板链条形式和最大工作载荷等不同进行分类。

根据工作环境分为：通用刮板输送机；矿用顺槽转载机；矿用工作面刮板输送机。

根据卸载方式分为：端卸式刮板输送机；重叠侧卸式刮板输送机；交叉侧卸式刮板输送机；拐弯式刮板输送机（机头位于顺槽的刮板输送机）。

根据料槽类型分为：钢制 Σ 形铠装料槽；铸石料槽；搪瓷料槽。

根据刮板链条形式分为：矿用圆环链式；套筒滚子链式；模锻可拆链式。

根据链条最大工作载荷分为：小型刮板输送机；轻型刮板输送机；中型刮板输送机；重型刮板输送机；超重型刮板输送机。

2. 通用刮板输送机的特点

① 不具有可弯曲性能。

② 料槽为钢制 U 形槽或小规格 Σ 形铠装料槽、铸石料槽或搪瓷料槽，用于地面时为固定式安装。

③ 链条为套筒滚子链，或模锻可拆链，或小规格矿用圆环链。

④ 结构简单，重量轻，安装方便。

⑤ 功率较小。装机功率一般不大于 60kW，输送量为 60～150t/h。

3. 刮板输送机基本参数

（1）额定输送量　额定输送量是刮板输送机单位时间内输送物料的质量。

（2）额定功率　又称装机功率，指刮板输送机满足设计要求时，选用的电动机额定功率的总和。

（3）刮板链条速度　刮板链条速度简称链速，指刮板链条沿物料前进方向，单位时间内移动的距离。

（4）设计长度　设计长度是刮板输送机满足设计条件的允许长度（m）。其数值为沿底板直线铺设，头部至尾部链轮中心的距离。相同条件下，实际铺设长度等于或小于设计长度。

（5）铺设倾角　刮板输送机铺设后，机身与水平面的夹角为铺设倾角。

（6）阻力系数　综合考虑刮板链条与溜槽的摩擦、物料与溜槽的摩擦和物料与物料间的摩擦的当量摩擦系数。

（7）链条预紧力和紧链力　链条预紧力又称链条预张力，是刮板输送机在运行之前，为消除链条在额定负载下运行中的弹性伸长量，避免发生悬链和堆链故障，预先给链条施加的一个拉紧力。链条紧链力又称链条拉紧力，包括链条预紧力、连接链条时需要的附加牵引力和底链紧链时的移动阻力三项之和。

（8）链条最大张力和牵引力　刮板输送机满载启动时，可能产生的电动机最大扭矩对应链条在主动轮上绕入点的张力，称为启动时链条最大张力。刮板输送机满载运行时，链条在主动轮上绕入点的张力，称为链条运行时最大张力。一般链条运行最大张力小于满载启动时链条最大张力。

牵引力是驱动装置作用在驱动链轮圆周上的力，其值等于链条与链轮绕入点的张力、绕出点的张力和绕过链轮时的附加阻力之和。

（9）链条安全系数　刮板输送机链条最小破断力与链条最大张力之比值，称为链条安全系数。

4. 刮板输送机的组成

刮板输送机主要由机头部、机头推移装置、机头张紧装置、机头过渡槽、中部槽、组装铲煤板、组装挡煤板、机尾过渡槽、机尾张紧装置、机尾推移装置、机尾部、防滑锚固装置以及为采煤滑行传动用的销轨或齿条等部件组成。

用户可根据所需的配套情况选取相应的部件组成整机。

动画扫一扫

二、带式输送机

1. 带式输送机的工作原理及特点

带式输送是一种利用连续而具有挠性的输送带不停地运转来输送物料的输送方式。

带式输送机的输送带绕过若干滚筒后首尾相接形成环形，并由张紧滚筒将其拉紧。输送带及其上面的物料由沿输送机全长布置的托辊（或托板）支承。驱动装置使传动滚筒旋转，借助传动滚筒与输送带之间的摩擦力使输送带运动。

带式输送机的输送能力大，单机长度长，能耗低，结构简单，便于维护，对地形的适应能力强。它既能输送各种散状物料，又能输送单件质量不太大的成件物品，有的甚至能运送人员，是应用最广、产量最大的一种输送机。图 3-18 为通用带式输送机外形图。

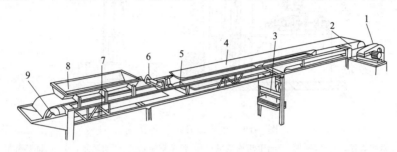

图 3-18　通用带式输送机外形图

1—驱动装置；2—传动滚筒；3—张紧装置；4—输送带；5—平形托辊；6—槽形托辊；7—机架；8—导料槽；9—改向滚筒

带式输送机主要有通用带式输送机、轻型固定带式输送机、移动带式输送机、钢绳芯带式输送机、大倾角带式输送机（花纹带、波状挡边带及压带式输送机）、移置式带式输送机、吊挂式带式输送机、吊挂管状带式输送机、管状带式输送机、U 形带式输送机、气垫带式输送机、磁性带式输送机、钢带输送机、网带输送机、钢绳牵引带式输送机。

2. 带式输送机的发展趋势

带式输送机的发展趋势主要是：

① 提高单机长度。通过采用钢绳芯带，增加驱动单元数量，采用中间驱动，增大单个驱动单元功率，增大输送带与传动滚筒间摩擦系数等方法，使单机长度提高，以实现无转载输送。目前最长的单机已达到 15000m。

② 提高输送能力。通过加大带宽，提高带速，增加槽角等方法，提高输送能力。目前最大带宽达到 3.2m，最高带速达到 8.4m/s，最大输送能力达到 37500t/h。

③ 提高输送倾角。通过采用花纹带、波状挡边隔板带、压带、磁性带、吊挂带等方法，已能使输送倾角达到 60°以上甚至垂直提升。

④ 提高自动化程度。实现无人操作及监控运转，实现平稳启动及制动。

⑤ 减少输送过程中的环境污染。

⑥ 提高输送机对地形的适应能力，发展可水平拐弯的输送机。

动画扫一扫

三、斗式提升机

斗式输送一般指采用斗式提升机（简称斗提机），用于在竖直或大倾角（＞70°）线路上输送散状物料。图 3-19 为斗式提升机设备图。

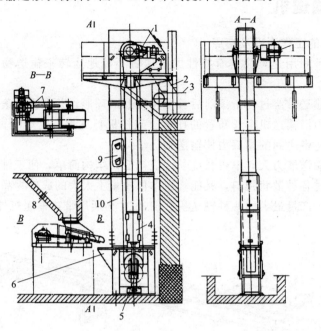

图 3-19　斗式提升机设备系统

1—驱动装置；2—卸料槽；3—带式输送机；4—张紧重锤；5—张紧装置；6—底部装载槽；

7—往复式给料器；8—存斗；9—牵引件及料斗；10—提升机罩壳

1．斗式输送的特点

斗式提升机是用于斗式输送的专用设备。

其优点是：结构简单紧凑，横断面外形尺寸小，可显著节省占地面积；提升高度较大；有良好的密封性，可避免污染环境。

其缺点是：对过载较敏感；料斗和牵引构件易磨损；输送物料种类受到限制。

斗提机的输送能力通常小于 600t/h，提升高度一般在 80m 以下。国外采用钢绳芯输送带作为牵引构件，并采用小型斗提机对大型斗提机定量供料，使斗提机的输送能力高达 2000t/h，提升高度达到 350m。斗提机不仅广泛用于堆场、仓库和矿井中，还可用它来卸船和装卸车。

2．斗式提升机的组成部件

斗式提升机的主要部件有：牵引构件、料斗、驱动装置、拉紧装置、传动轮、拉紧轮、机壳等。

牵引构件有输送带或链条。用输送带作为牵引构件的斗提机称为带斗式提升机；用链条作为牵引构件的斗提机称为链斗式提升机。

斗提机使用的料斗主要有浅斗、深斗、导槽斗、组合斗、脱水斗等，可根据物料特性和卸载方式进行选择。

驱动装置包括电动机和传动装置等。传动轮可以是传动滚筒（牵引构件为输送带），或传动链轮（牵引构件为链条）。驱动装置与传动轮相连，使斗提机获得动力并驱使其运转。

测试题

3-1　固体物料输送主要方式有哪几种？其特点是什么？

3-2　什么是气力输送系统？按其分类说明其适用的场合。

3-3　压送式气力输送系统一般由哪些设备构成？

3-4　什么是螺旋输送机？其工作原理是什么？应用时应注意哪些事项？

3-5　什么是刮板输送机？它一般适用于哪些物料的输送？

3-6　什么是带式输送方式？带式输送机械都由哪些部件组成？它适用于哪些物料的输送？

3-7　斗式提升机的输送原理是什么？它适用于哪些物料的输送？

3-8　某公司拟采用气力输送方式输送物料，将物料从一楼输送至三楼，请选择并设计合适的气力输送装置。已知条件为：

（1）物料的密度为 $\gamma_v = 0.92 t/m^3$，温度不超过 $80℃$。

（2）要求输送量为 $6t/h$。

（3）垂直布置，输送距离为 $8m$。

项目四

液固相物系分离技术与操作

岗位任职要求

知识要求

掌握液固混合物系分离设备的种类、结构、工作原理、特点、选用方法；板框压滤机的操作要领及其常见故障和处理方法；沉降槽的操作要领及其常见故障和处理方法。

理解过滤、沉降单元操作的相关知识，如过滤单元的基本流程、过滤过程及过滤介质、过滤方程及其应用；常用液固分离设备的构造、工作过程与特点；沉降原理、沉降速度计算等。

了解液固分离的前沿技术，包括叶滤操作技术、真空过滤操作技术及离心分离技术等。

能力要求

能根据被分离物料的性质初步选择分离方式；能根据液固物系特性及分离任务要求选择适宜的分离方式和分离设备；能进行板框压滤机的基本操作，分析处理常见故障；能根据生产任务和设备特点制定简单的安全操作规程。

素质要求

具有严格遵守操作规程的职业素质和安全生产、环保节能的职业意识；具有敬业、精益、专注、创新的工匠精神和团结协作、积极进取的团队精神；具备追求知识、独立思考、勇于创新的科学态度和理论联系实际的思维方式；具备安全可靠、经济合理的工程技术观念。

主要符号意义说明

英文字母

m——颗粒质量，kg；

a——力场加速度，m/s^2；

g——重力加速度，9.81m/s^2；

V_P——颗粒的体积，m^3；

u_t——颗粒的沉降速度，m/s；

l——降尘室的长度，m；

h——降尘室的高度，m；

q_V——降尘室的生产能力，m^3/s；

b——降尘室的宽度，m；

Re——雷诺数，无因次数群；	ζ——阻力系数；
A——过滤面积，m^2。	μ——流体的黏度，$Pa \cdot s$；
希文字母	τ——停留时间，s；
ρ——流体的密度，kg/m^3；	ε——饼层空隙率；
ρ_s——颗粒的密度，kg/m^3；	r——滤饼比阻，m^{-2}。

项目导言

　　化工生产中经常遇到需要处理的非均相物系，非均相物系主要有四类：即液-固混合物（悬浮液）、气-液相混合物（泡沫或雾沫）、不互溶混合液（乳浊液）和气-固混合物。液-固混合物是指液体中含有分散的固体颗粒所形成的混合物，其中处于连续状态的液体称为连续相（或分散介质），处于分散状态的固体颗粒称为分散相（或分散物质）。例如，城市污水处理厂处理的污水一般为悬浮液，其中水为连续相，而水中的固体杂质为分散相。非均相物系的分离是化工生产中常见的单元操作，既要能够满足生产工艺提出的分离要求，又要考虑经济合理性，选择适宜的分离方法和分离设备是达到较高分离效率的关键。

　　按照分离操作的依据和作用力的不同，液固相物系分离技术主要有两种：

　　（1）过滤分离技术　依据两相在固体多孔介质透过性的差异，在重力、压力差或离心力的作用下进行分离的操作技术。如重力过滤、压差过滤、离心过滤等。

　　（2）沉降分离技术　依据连续相和分散相的密度不同，在重力或离心力的作用下进行分离的操作技术。如重力沉降、离心沉降等。

　　目前，液固相物系分离设备根据分离技术不同分为过滤分离设备和沉降分离设备，其中过滤分离设备包括普通过滤设备、叶滤设备、真空过滤设备、深床过滤设备等；沉降分离典型设备为沉降槽（澄清器、浓缩器等）。

任务一　悬浮液过滤分离技术与操作

任务情景

　　制药厂生产一种固体原药，在水中析出后形成含原药颗粒的悬浮液，经过滤、干燥成为产品，日产量为15kg干固体原药，每天过滤一次，过滤、洗涤、卸料等2h以内。已知湿滤渣、干滤渣及滤液的密度分别为 $\rho_c = 1020\ kg/m^3$、$\rho_p = 1200 kg/m^3$、$\rho = 1000 kg/m^3$；1kg悬浮液中含固体颗粒0.3kg（湿渣），原药颗粒40μm。请完成下列工作任务：

工作任务

　　1. 选用液固混合物系的分离设备。

　　2. 确定分离设备及工艺参数。

　　3. 编写过滤操作要点以及常见故障处理方法。

技术理论与必备知识

一、过滤单元操作

　　过滤是分离悬浮液最常用和最有效的单元操作之一。它是利用重力、离心力或压力差使悬浮液通过多孔性过滤介质，其中固体颗粒被截留，滤液穿过介质流出以达到固液混合物的分离。与沉降分离相比，过滤操作可使悬浮液的分离更迅速、更彻底。在工业上过滤应用得非常广泛，它既用于分离液体非均相混合物，也用于分离气体非均相混合物；既可以分离比较粗的颗粒，也可以分离比较细的颗粒，甚至可以分离细菌、病毒和高分子；既可用来从流体中除去颗粒，也可以分离不同大小的颗粒，甚至可以分离不同分子量的高分子物质；它既可以用于制取纯净的流体，也可以用于获得颗粒产品。

在过滤过程中，滤浆的输送经常采用的方式主要有压、抽、打等输送方式。根据滤浆的不同性质和设备的性能，可选择不同的输送方式。如，当所输送的滤浆密度不大，黏度也不大时，既可以采用高压惰性气体压送物料的方式，也可采用真空设备抽真空造成低压系统抽吸物料的方式；当所输送的料浆密度不大，但黏度较大时，可采用流体输送设备（泵）将滤浆打入过滤设备。

1. 过滤过程与过滤介质

（1）过滤过程　过滤过程所用的基本构件是具有微细孔道的过滤介质（如织物），要分离的液体（或气体）混合物置于过滤介质一侧（图 4-1）。在流动推动力的作用下，流体通过过滤介质的细孔道流到介质的另一侧，流体中的颗粒被介质截留，这样就实现了流体与颗粒的分离。其中待分离的悬浮液称为滤浆，通过过滤介质的澄清液称为滤液（又称清液），被过滤介质截留的固体粒子称为滤饼（又称滤渣）。

在过滤操作开始阶段，会有一些细小颗粒穿过介质而使滤液浑浊，但是会有一部分颗粒进入过滤介质孔道中发生"架桥"现象（图 4-2），随着颗粒的逐步堆积，将形成滤饼，穿过滤饼的液体则变为清洁的滤液。滤饼增至一定厚度，过滤速率就变得很慢，应该将滤饼清除。在清除滤饼之前，滤饼的空隙还存有部分滤液，将这部分滤液从滤饼中清洗出来，称为洗涤。用水或其他溶剂清洗滤饼，洗涤后得到的液体称为洗涤液。洗涤后，将滤饼用压缩空气吹干或用真空吸干，称为去湿。将洗涤去湿后的滤饼卸下，称为卸料。卸料以后过滤机要进行复原，重新进行新一轮的过滤操作。过滤操作的周期包括过滤、洗涤、卸料、复原等四个阶段。

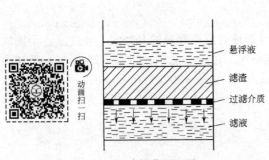

图 4-1　过滤操作原理图

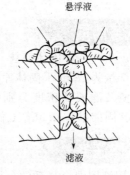

图 4-2　架桥现象

（2）**过滤介质**　工业用的过滤介质应具有下列条件：

① 多孔性。孔道适当地小，对流体的阻力小，又能截住要分离的颗粒；

② 物理化学性质稳定，耐热、耐化学腐蚀；

③ 足够的机械强度，使用寿命长；

④ 价格便宜。

工业上常用的过滤介质主要有以下几类。

① 织物介质　又称滤布，包括由棉、毛、丝、麻等天然纤维，玻璃丝和各种合成纤维制成的织物。此外还有用金属丝织成的网。根据编织方法和孔网的疏密程度的不同，这类介质所能截留的颗粒的粒径范围较宽，从几十微米到 $1\mu m$。其规格习惯称为"目"或"号"，指每平方英寸介质所具有的孔数，"目"或"号"数越大，表明孔径越小，对悬浮液的拦截能力越强。通常是本着滤布的孔径略大于拟除去最小颗粒直径的原则来确定滤布规格。织物介质薄，阻力小，清洗与更新方便，价格比较便宜，是工业上应用最广泛的过滤介质。

② 多孔固体介质　如素烧陶瓷、烧结金属（或玻璃）、塑料细粉粘成的多孔塑料、棉花饼等。这类介质较厚，孔道细，阻力较大，能截留 $1\sim3\mu m$ 的微小颗粒。

③ 堆积介质　由各种固体颗粒（砂、木炭、石棉粉等）或非编织的纤维（玻璃棉等）堆积而成，层较厚。

④ 多孔膜　由高分子材料制成，膜很薄（几十微米到 $200\mu m$），孔很小，可以分离小到 $0.005\mu m$ 的颗粒。应用多孔膜的过滤有超滤和微滤。

根据混合物中颗粒含量、性质、粒度分布和分离要求的不同可以选用不同的过滤介质。不同类型的过滤介质所用的过滤设备形式不同。

（3）滤饼　滤饼是由过滤介质截留的颗粒累积而成的固定床层。随着操作的进行，滤饼的厚度与流动阻力将逐渐增加。

若滤饼由不易变形的坚硬固体颗粒（如硅藻土、碳酸钙等）所构成，则当滤饼两侧的压力差增大时，颗粒的形状及颗粒间的空隙都不会有显著变化，故单位厚度滤饼的流体阻力可以认为恒定，对此类滤饼称为不可压缩滤饼，这类滤饼由刚性较强的颗粒形成，它不会因受到压力差而造成变形；反之，若滤饼由某些氢氧化物之类的胶体物质所构成，则当两侧压力差增大时，颗粒的形状和颗粒间的空隙便有显著的改变，使得单位厚度滤饼的流动阻力增大，对此类滤饼则称为可压缩滤饼，这类滤饼由较软的颗粒形成，它在压差的作用下易于变形，使滤饼中的流动通道变小，阻力增大。

（4）助滤剂　除了上述可压缩滤饼外，悬浮液含有很细的颗粒，它们可能进入过滤介质的孔隙，使介质的空隙减小，阻力增加，同时细颗粒形成的滤饼阻力更大。为了克服上述困难，提高过滤速率，可以采用加入助滤剂的方法。助滤剂是一些不可压缩的粒状或纤维状固体，它的加入可以改变滤饼结构，提高刚性，增加空隙，减少流动阻力。

加入助滤剂的方法有下述两种。

① 预涂。用助滤剂配成悬浮液，在正式过滤前用它进行过滤，在过滤介质上形成一层由助滤剂组成的滤饼，这种方法可以避免细颗粒堵塞介质的细孔。如果滤饼有黏性，此法有助于滤饼的脱落。

② 将助滤剂混在滤浆中一起过滤。助滤剂应是质地坚硬，粒度适当，能悬浮于料液中，化学性质稳定，不会污染滤液的不溶性物质。常用的助滤剂有硅藻土、石棉、炭粉、纸浆粉等。

必须指出，当滤饼是产品时不能使用助滤剂。

2．过滤的分类

工业上可用过滤分离的非均相混合物各种各样，分离要求也各不相同，为了适应不同分离对象的不同分离要求，过滤方法和设备也多种多样，为了更好地掌握过滤技术，有必要对它们进行适当的分类。

（1）根据过程的机理分类

① 表面过滤　化工生产中的过滤基本上是表面过滤。应用织物、多孔固体或多孔膜等

过滤介质的过滤为表面过滤。这些过滤介质的孔一般小于颗粒，过滤时流体可以通过介质的小孔，颗粒的尺寸大，不能进入小孔而被过滤介质截留。因此颗粒的截留主要依靠筛分作用。

实际上表面过滤所用过滤介质的孔径不一定都小于颗粒的直径，在过滤刚开始时，部分颗粒可以进入介质的小孔，有的颗粒透过介质，有的颗粒在孔中或孔口上形成架桥（如图4-3），使介质的实际孔径减小，颗粒不能通过而被截留。此外随着过滤的进行，被截留的颗粒在介质表面形成滤饼，滤饼的空隙小，颗粒在滤饼表面被截留，滤饼起真正过滤介质的作用。

② 深层过滤　深层过滤应用沙子等堆积介质作为过滤介质，介质层一般较厚，在介质层内部构成长而曲折的通道，通道的尺寸大于颗粒粒径，过滤时颗粒随流体进入介质的孔道，依靠直接拦截、惯性碰撞、扩散沉积、重力沉降以及静电效应等原因使颗粒沉积在介质的孔道中而与流体分开。

深层过滤一般只用在流体中颗粒含量很少的场合，例如水的净化、烟气除尘等环保行业。

（2）根据过滤过程介质与滤饼的变化情况分类

① 澄清过滤　澄清过滤的多数情况是深层过滤，"澄清"两字是针对除去流体中少量颗粒而获得纯净的流体而言的，例如水与空气的净化。由于所处理的流体中含颗粒少，而介质中的空隙较大，所以在过滤过程中因颗粒沉积引起的介质阻力的变化不大，在一定时间内过滤速率几乎保持不变。

用深层介质进行澄清过滤时，当介质的空隙中积累较多的颗粒后，空隙变小，阻力增大，出现颗粒"穿透"现象，滤液中颗粒含量增加，此时需要对介质进行清洗再生。

② 滤饼过滤　就机理而言滤饼过滤是表面过滤。当悬浮液中颗粒含量较高时，在过滤介质表面由被截留的颗粒形成滤饼，使过滤的阻力增加，过滤速率下降；随着过滤的进行，滤饼不断积累，过滤速率不断下降，所以滤饼过滤的特征是过滤阻力随过滤的进行而增加。

③ 限制滤饼层增长的过滤　过滤过程中随着滤饼的积累，过滤速率降低，为了使过滤在比较高的速率下进行，迄今已发展了几种避免与限制滤饼增长的方法：

一是在过滤装置中设移动的刮片，使滤饼厚度始终限制在刮片与过滤介质的间隙范围内，过滤速度大致保持恒定，生产能力可以比传统方式操作的过滤机提高很多。

二是双功能过滤（Dual-functional filter 或 Uniflow filter）。这种过滤方法是1970年美国专利披露的。它的特点是使过滤过程快速循环进行，滤饼积累到一定厚度（很薄）就停止过滤，抖动过滤介质，使滤饼脱落，接着进行下一循环的过滤。

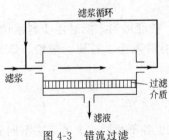

图 4-3　错流过滤

三是错流过滤。传统的过滤都如图4-1表示的那样，液体只向一个方向（即与过滤介质垂直的方向）流动，可称为"终端过滤"。这种过滤方式的特点是滤饼在介质上不断积累。

错流过滤（图4-3）亦称动态过滤，它的特点是使滤浆以较高流速平行流过过滤介质表面，滤液垂直穿过介质，颗粒不在介质表面积累而随滤浆循环，这样，可使过滤过程始终在不积或只积少量滤饼的条件下进行，从而可以始终保持恒定的高速。

错流过滤可以通过不同方法实现，图 4-3 所示是依靠泵送使滤浆平行流过过滤介质表面。

（3）根据促使流体流动的推动力分类

① 重力过滤　悬浮液的过滤可以依靠液体的位差使液体穿过过滤介质流动，例如实验室中的滤纸过滤、不加压的砂滤净水装置。由于位差所能建立的推动力不大，这种过滤用得不多。

② 压差过滤　人为地在滤饼上游和滤液出口间造成压力差，并以此压力差为推动力的过滤称为压差过滤。这种过滤用得最普遍，液体和气体非均相混合物都可以用。

③ 离心过滤　利用使滤浆旋转所产生的惯性离心力使滤液流过滤饼与过滤介质，从而与颗粒分离。离心过滤能建立很大的推动力，得到很高的过滤速率。同时，所得的滤饼中含液量很少，所以它的应用也很广泛。

（4）根据操作方式分类　分为间歇过滤和连续过滤。与所有化工过程一样，间歇过滤时，固定位置上的操作情况随时间而变化；连续过滤时，固定位置上的操作情况不随时间而变，过滤过程的各步操作在不同位置上进行。

3. 过滤推动力

由上述内容可知，过滤过程的推动力可以是重力、离心力或压力差。在实际过滤操作过程中，以压力差和离心力为推动力的过滤操作比较常见。

依靠重力为推动力的过滤称为重力过滤。重力过滤的过滤速度慢，仅适用于小规模、大颗粒、含量少的悬浮液过滤。依靠离心力为推动力的过滤称为离心过滤。离心过滤速率快，但受到过滤介质强度及其孔径的制约，设备投资和动力消耗也比较大，多用于固相颗粒粒度大、浓度高、液体含量较少的悬浮液。

如果过滤的推动力是在滤饼上游和滤液出口之间造成压力差而进行的过滤，称为压差过滤，可分为加压过滤和真空吸滤。如果压差是通过在介质上游加压形成的，则称为加压过滤；如果压差是在过滤介质的下游抽真空形成的，则称为减压过滤（或真空抽滤）。

二、液固过滤设备

1. 板框压滤机

板框压滤机是历史最久，目前仍在普遍使用的一种间歇操作的过滤机。

（1）结构　板框压滤机由许多块正方形的滤板与滤框交替排列组合而成，板和框之间装有滤布，滤板与滤框靠支耳架在一对横梁上，并用一端的压紧装置将它们压紧。组装后的外形图如图 4-4 所示。板框压滤机的滤板和滤框可用铸铁、碳钢、不锈钢、铝、塑料、木材等制造。我国制定的板框压滤机系列规格：框的厚度为 $25\sim50mm$，框每边长 $320\sim1000mm$，框数可从几个到 60 个，随生产能力而定。板框压滤机的操作压强一般为 $0.3\sim0.5MPa$，最高可达 $1.5MPa$。

滤板和滤框的结构见图 4-5。滤板侧面设有凸凹纹路，凸出部分支撑滤布，凹处形成的沟为滤液流道；上方两侧角上分别设有两个孔，组装后形成悬浮液通道和洗涤水通道；下方设有滤液出口。滤板有过滤板与洗涤板之分，洗涤板的洗涤水通道上设有暗孔，洗涤水进入通道后由暗孔流到两侧框内洗涤滤饼。滤框上方角上开有与板同样的孔，组装后形成悬浮液通道和洗涤水通道；在悬浮液通道上设有暗孔，使悬浮液进入通道后由暗孔流到框内；框的中间是空的，两侧装上滤布后形成累积滤饼的空间。

在滤板和滤框（图 4-5）外侧铸有小钮或其他标志，便于组装时按顺序排列。滤板中的非洗涤板为一钮，洗涤板为三钮，而滤框则是二钮，滤板与滤框装合时，按钮数以 1-2-3-2-1-2……的顺序排列。

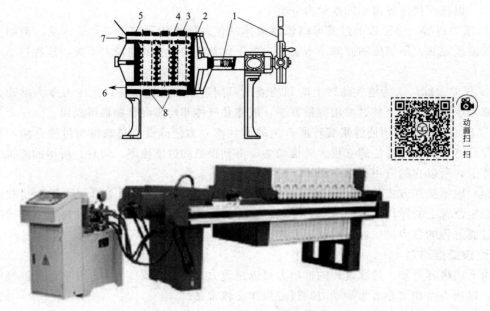

图 4-4　板框压滤机
1—压紧装置；2—可动头；3—滤框；4—滤板；
5—固定头；6—滤液出口；7—滤浆进口；8—滤布

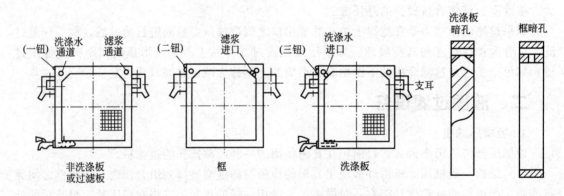

图 4-5　滤板和滤框

（2）工作过程　板框压滤机为间歇操作，每个操作循环由装合、过滤、洗涤、卸饼、清理 5 个阶段组成。板框装合完毕，开始过滤，悬浮液在指定压强下经滤浆通路由滤框角上的暗孔并行进入各个滤框，见图 4-6(a)，滤液分别穿过滤框两侧的滤布，沿滤板板面的沟道至滤液出口排出。颗粒被滤布截留而沉积在框内，待滤饼充满全框后，停止过滤。当工艺要求对滤饼进行洗涤时，先将洗涤板上的滤液出口关闭，洗涤水经洗涤水通路从洗涤板角上的暗孔并行进入各个洗涤板的两侧，见图 4-6(b)。洗涤水在压差的推动下先穿过一层滤布及整个框厚的滤饼，然后再穿过一层滤布，最后沿滤板（一钮板）板面沟道至滤液出口排出。这种洗涤方法称为横穿洗涤法，它的特点是洗涤水穿过的途径正好是过滤终了时滤液穿过途径的二倍。洗涤结束后，旋开压紧装置，将板框拉开卸出滤饼，然后清洗滤布，整理板框，重新装合，进行下一个循环。

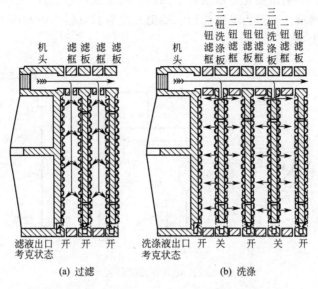

图 4-6　板框压滤机内液体流动路径

（3）特点　板框压滤机的优点是结构简单，制造容易，设备紧凑，过滤面积大而占地小，操作压强高，滤饼含水少，对各种物料的适应能力强。它的缺点是间歇手工操作，劳动强度大，生产效率低。

近年来大型板框压滤机的自动化和机械化的发展很快，国内也开始使用自动操作的板框压滤机。

2．叶滤机

（1）结构　叶滤机的主要构件是矩形或圆形的滤叶。滤叶由金属丝网组成的框架上覆以滤布构成，将若干个平行排列的滤叶组装成一体，安装在密闭的机壳内，即构成叶滤机，滤叶可以垂直放置，也可以水平放置。图 4-7 是一种结构比较简单的叶滤机。

（2）工作过程　叶滤机也是间歇操作设备。悬浮液从叶滤机顶部进入，在压力作用下液体透过滤叶上的滤布，通过分配花板从底部排出，固粒被截留在滤叶外部，当滤叶上滤饼厚度达到一定时，停止过滤，若需要洗涤，则进洗涤水直行洗涤，最后拆开卸料。

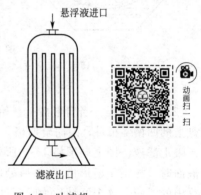

图 4-7　叶滤机

（3）特点　叶滤机设备紧凑，密闭操作，劳动条件较好，每次循环滤布不需装卸，劳动力较省；缺点是更换滤布较困难，有的叶滤机结构比较复杂。

3．转筒真空过滤机

（1）结构　转筒真空过滤机是工业上应用最广的一种连续操作的过滤设备。图 4-8 是整个装置的示意图。转筒真空过滤机依靠真空系统造成的转筒内外的压差进行过滤。它的主体：一是能转动的水平圆筒，即转筒，见图 4-9。筒的表面有一层金属网，网上覆盖滤布，转筒内用隔板沿圆周分隔成互不相通的若干扇形小格。二是分配头，分配头由紧密相对贴合的转动盘与固定盘构成，见图 4-9。转动盘上有与转筒上扇形小格同样数量的缝隙，且一一对应，转动盘与转筒同步转动；固定盘固定在机架上，它与转动盘通过弹簧贴合在一起，固定盘上有三个凹槽，分别是吸走滤液的真空凹槽、吸走洗涤水的真空凹槽、通入压缩空气的凹槽。三是悬浮液料槽，一般为半圆筒形。辅助系统有抽真空系统和压缩空气系统，另外还有刮刀、洗涤水喷头等。

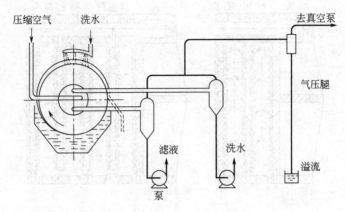

图 4-8　转筒真空过滤机装置示意图

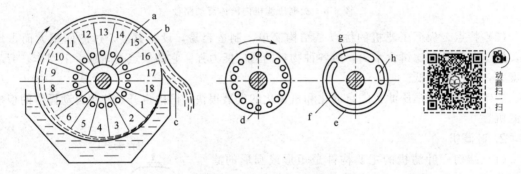

图 4-9　转筒及分配头的结构

a—转筒；b—滤饼；c—割刀；d—转动盘；e—固定盘；f—吸走滤液的真
空凹槽；g—吸走洗水的真空凹槽；h—通入压缩空气的凹槽

（2）工作过程　当扇形格 1 开始进入滤浆内时，转动盘上与扇形格 1 相通的小孔便与固定盘上的凹槽 f 相对，因而扇形格 1 与吸滤液的真空管道相通，扇形格 1 的过滤表面进行过滤，吸走滤液。图上扇形格 1～7 所处的位置均在进行过滤，称为过滤区。扇形格刚转出滤浆液面时（相当于扇形格 8，9 所处的位置）仍与凹槽 f 相通，此时真空系统继续抽吸留在滤饼中的滤液，这个区域称为吸干区，扇形格转到 12 的位置时，洗涤水喷洒在滤饼上，扇形格与固定盘上的与吸洗涤水管道连通的凹槽 g 相通，洗涤水被吸走，扇形格 12，13 所处的位置称为洗涤区。扇形格 11 对应于转动盘上的小孔位于凹槽 f 与 g 之间，不与任何管道相连通，该位置称为不工作区，由于不工作区的存在，当扇形格由一个区转入另一个区时各操作区不致互相串通。扇形格 14 的位置为吸干区，15 为不工作区。扇形格 16，17 与固定盘上通压缩空气管道的凹槽 h 相通，压缩空气从扇形格 16，17 内穿过滤布向外吹，将转筒表面上沉积的滤饼吹松，随后由固定的刮刀将滤饼卸下，扇形格 16，17 的位置称为吹松区与卸料区。扇形格 18 为不工作区。如此连续运转，在整个转筒表面上构成了连续的过滤操作，过滤、洗涤、吸干、吹松、卸料等操作同时在转筒的不同位置进行，转筒真空过滤机的各个部位始终处于一定的工作状态。

转筒真空过滤机的过滤面积（指转筒表面）一般为 5～40m²，转筒浸没部分占总面积的

30%～40%，转速通常为 0.1～3r/min，滤饼厚度一般保持 40mm 以下，对于难过滤的胶质颗粒滤饼，厚度可小到 10mm 以下，所得滤饼含液量较大，常达 30%，很少低于 10%。

（3）特点 转筒真空过滤机连续且自动操作，省人力；适用于处理含易过滤颗粒浓度较高的悬浮液；用于过滤细和黏的物料时采用预涂助滤剂的方法也比较方便，只要调整刮刀的切削深度就能使助滤剂层在长时间内发挥作用。但转筒真空过滤机系统设备比较复杂，投资大；依靠真空作为过滤推动力会受限制；此外它不宜过滤高温悬浮液。

4. 离心机

离心机是利用离心力分离液态非均相系统的设备。离心分离的原理与沉降分离或过滤分离的原理是一样的，但由于离心力远大于重力或压力差，所以离心分离速率远大于重力沉降和普通过滤。下面介绍几种化工生产中常用的离心机。

（1）三足式离心机

① 构造 三足式离心机分成上部卸料和下部卸料两大类。图 4-10 所示为上部卸料的三足式离心机的结构。包括转鼓、传动机构、电动机、外壳和底盘的整个系统用三根摆杆悬吊在三个支柱（三足）的球面座上，摆杆上装有缓冲弹簧，摆杆两端分别以球面与支柱和底盘相连接，另外还有翻盖、支座和制动器等。三足式离心机的轴短而粗，鼓底向上凸出，使转鼓重心靠近上轴承，这不仅使整机高度降低以利操作，而且使转轴回转系统的临界转速远高于离心机的工作转速，减小振动，并由于支撑摆杆的挠性较大，使整个悬吊系统的固有频率远低于转鼓的转动频率，增强了减振效果。

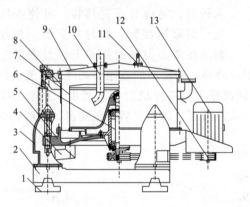

图 4-10 上部卸料三足式离心机

1—减振块；2—底盘；3—机脚；4—滤液出口；5—大盘；6—传动总成；7—转鼓；
8—外壳；9—翻盖；10—进料管；11—洗涤液进口管；12—电机起步轮；13—电机

② 工作过程 操作时，在转鼓中加入待过滤的悬浮液，在离心力的作用下，滤液透过滤布和转鼓上的小孔进入外壳，然后再引至出口，固体则被截留在滤布上成为滤饼。待过滤了一定量的悬浮液，滤饼已积到一定厚度后，就停止加料。如需要洗涤滤饼或干燥滤饼，则应使转鼓再继续转动，待洗涤或干燥完毕再停车。

③ 特点 三足式离心机是过滤离心机中应用最广泛、适应性最好的一种设备，可用于分离固体从 10μm 的小颗粒至数毫米的大颗粒，甚至纤维状或成件的物料。

上部卸料三足式离心机具有结构简单、操作平稳、占地面积小、价格低廉等优点。适用于过滤周期较长，处理量不大，滤渣要求含液量较低的生产过程，过滤时间可根据滤渣湿含量的要求灵活控制，翻盖可以防止浆料中挥发性成分对环境的污染。上部人工卸除滤饼，操作灵活，广泛用于小批量、多品种物料的分离，但人工卸料劳动强度大。下部卸料式三足离心机在转鼓内设置刮刀，滤饼自动出料，降低了劳动强度，并且采用 PLC 程序控制，可以实现过滤、洗涤全自动连续过滤。但这类离心机的转动机构和轴承等都在机身下部，操作检修均不方便，且易因液体漏入轴承而使其受到腐蚀。

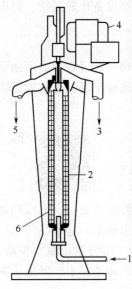

图 4-11　管式超速离心机

1—加料；2—转筒；3—轻液出口；

4—电机；5—重液出口；6—挡板

（2）管式超速离心机

① 结构　管式超速离心机的结构见图 4-11。主要由机身、传动系统、转鼓、集液盘、进液轴承座等组成。管式超速离心机的分离因数一般高达 15000～60000，转速高达 8000～50000r/min。为了减小转筒所受的应力，转筒为细长形，一般直径 0.1～0.2m，高 0.75～1.5m。管式超速离心机有 GF-分离型和 GQ-澄清型。GF-分离型主要用于分离各种难分离的乳浊液，特别适用于两相密度相差甚微的液-液分离；GQ-澄清型用于分离各种难以分离的悬浮液，特别适用于浓度小、黏度大、固相颗粒细、固液重度较小的固-液分离。

② 工作过程　混合液从离心机底部进入转筒，筒内有垂直挡板，可使液体迅速随转筒高速旋转，同时自下而上流动，且料液在离心力场的作用下因其密度差的存在而分离。对于 GF-分离型，密度大的液相形成外环，密度小的液相形成内环，流动到转鼓上部从各自的排液口排出，微量固体沉积在转鼓壁上，待停机后人工卸出。对于 GQ-澄清型，密度大的固体微粒逐渐沉积在转鼓内壁形成沉渣层，待停机后人工卸出，澄清后的液相流动到转鼓上部的排液口排出。

③ 特点　管式超速离心机由于分离因数很高，所以它的分离效率极高，但处理能力较低，用于分离乳浊液时可连续操作，用来分离悬浮液时，可除去粒径在 $1\mu m$ 左右的极细颗粒，故能分离其他离心沉降设备不能分离的物料。它分离能力强，结构简单，操作、维修方便，耗能低，占地面积小，噪声低，能适应物料的温度范围宽。

（3）碟片式高速离心机

① 结构　碟片式离心机可用于分离乳浊液和从液体中分离少量极细的固体颗粒。图 4-12 为碟片式离心机的示意图。它的转鼓内装有 50～100 片平行的倒锥形碟片，间距一般为 0.5～12.5mm，碟片的半腰处开有孔，诸碟片上的孔串联成垂直的通道，碟片直径一般为 0.2～0.6m。

动画扫一扫

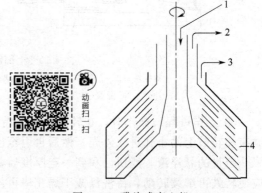

图 4-12　碟片式离心机

1—加料；2—轻液出口；3—重液出口；4—固体物积存区

② 工作过程 转鼓与碟片通过一垂直轴由电动机带动高速旋转，转速在 4000～7000r/min，分离因数可达 4000～10000。要分离的液体混合物由空心转轴顶部进入，通过碟片半腰的开孔通道进入诸碟片之间，并随碟片转动，在离心力的作用下，密度大的液体或含细小颗粒的浓相趋向外周，沉于碟片的下侧，流向外缘，最后由上方的重液出口流出；轻液则趋向中心，沉于碟片上侧，流向中心，自上方的轻液出口流出。碟片的作用在于将液体分隔成很多薄层，缩短液滴（或颗粒）的水平沉降距离，提高分离效率，它可将粒径小到 $0.5\mu m$ 的颗粒分离出来。

③ 特点 碟片式高速离心机转鼓容积大，分离效率高，但结构复杂，不易用耐腐蚀材料制成，不适用于分离腐蚀性的物料。此种设备广泛用于润滑油脱水、牛乳脱脂、饮料澄清、催化剂分离等。

（4）刮刀卸料离心机

① 结构 卧式刮刀卸料离心机是自动操作的间歇离心机。图 4-13 为卧式刮刀卸料离心机结构及操作的示意图。它的结构主要由转鼓、外壳、刮刀、溜槽、液压缸等组成。

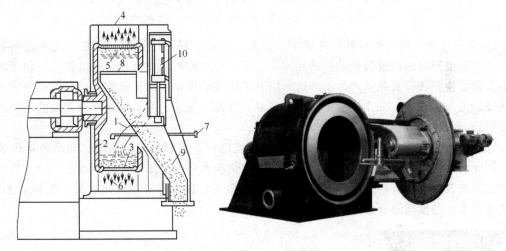

图 4-13 卧式刮刀卸料离心机
1—进料管；2—转鼓；3—滤网；4—外壳；5—滤饼；6—滤液；
7—冲洗管；8—刮刀；9—溜槽；10—液压缸

② 工作过程 操作时，进料阀门自动定时开启，悬浮液进入全速运转的鼓内，滤液经滤网及鼓壁小孔被甩到鼓外，再经机壳的排液口排出。被滤网截留的颗粒被耙齿均匀分布在滤网面上。当滤饼达到指定厚度时，进料阀门自动关闭，停止进料。随后冲洗阀门自动开启，洗水喷洒在滤饼上，洗涤滤饼，再甩干一定时间后，刮刀自动上升，滤饼被刮下，并经倾斜的溜槽排出。刮刀升至极限位置后自动退下，同时冲洗阀门又开启，对滤网进行冲洗，即完成一个操作循环，接着开始下一个循环的进料。此种离心机也可人工操纵。它的操作特点是加料、分离、洗涤、甩干、卸料、洗网等工序的循环操作都是在转鼓全速运转的情况下自动地依次进行。每一工序的操作时间可按预定要求实行自动控制。

③ 特点 卧式刮刀卸料离心机操作简便，生产能力大，适宜于大规模连续生产，目前已较广泛地用于石油、化工行业，如硫铵、尿素、碳酸氢铵、聚氯乙烯、食盐、糖等物料的脱水。但由于采用刮刀卸料，颗粒破碎严重，对于必须保持晶粒完整的物料不宜采用。

（5）活塞推料离心机

① 结构 活塞推料离心机是自动连续操作的离心机，其结构如图 4-14 所示。活塞推料

离心机主要由转鼓、活塞推送器、进料斗等组成。

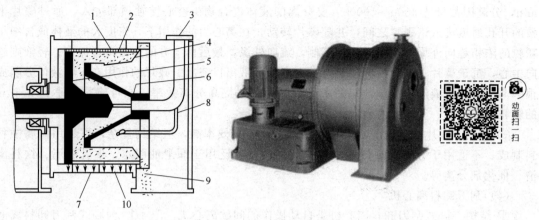

图 4-14　活塞推料离心机

1—转鼓；2—滤网；3—进料口；4—滤饼；5—活塞推送器；6—进料斗；

7—滤液出口；8—冲洗管；9—固体排出；10—洗水出口

② 工作过程　活塞推料离心的操作一直是在全速旋转下进行的，料浆不断由进料管送入，沿锥形进料斗的内壁流到转鼓的滤网上，滤液穿过滤网经滤液出口连续排出。积于滤网表面上的滤渣则被往复运动的活塞推送器沿转鼓内壁面推出，滤渣被推至出口的途中依次进行洗涤、甩干等过程。工作过程中加料、过滤、洗涤、甩干、卸料等操作在转鼓的不同部位同时进行，与转筒真空过滤机的工作过程相似。

③ 特点　活塞推料离心的优点是颗粒破碎程度小，控制系统较简单，功率消耗也较均匀。因此活塞推料离心主要用于浓度适中并能很快脱水和失去流动性的悬浮液。缺点是对悬浮液的浓度较敏感，若料浆太稀，则滤饼来不及生成，料液将直接流出转鼓；若料浆太稠，则流动性差，易使滤渣分布不均，引起转鼓振动。

任务实施

一、选用液固混合物系的分离设备

液-固分离的目的主要是：①获得固体颗粒产品；②澄清液体。对液-固混合物系，要同时考虑分离目的、颗粒粒径分布、固体浓度（含量）等因素。

1. 以获得固体颗粒产品为分离目的

可采用如下方法：

固体颗粒的粒径大于 $50\mu m$，可采用过滤离心机，分离效果好，滤饼含液量低；粒径小于 $50\mu m$ 的宜采用压差过滤设备。

固体（体积分数）小于 1% 时，可采用连续沉降槽、旋液分离器、沉降离心机浓缩；

固体（体积分数）为 1%～10%，可采用板框压滤机；

固体体积分数在 10% 以上可采用离心机；

固体体积分数在 50% 以上可采用真空过滤机等。

2. 以澄清液体为分离目的

可采用如下方法：

利用连续沉降槽、过滤机、过滤离心机或沉降离心机分离不同粒径的颗粒，还可加入絮凝剂或助滤剂。如螺旋沉降离心机可除去 $10\mu m$ 以上的颗粒；预涂层的板框式压滤机可除去 $5mm$ 以上的颗粒；管式分离机可除去 $1\mu m$ 左右的颗粒。

当澄清要求非常高时，可在以上分离操作的最后采用深层过滤。

以上提到的各类数据仅是一种参考值，由于生产过程中分离的影响因素极其复杂，通常要根据工程经验或通过中间试验，判断一个新系统的适用设备与适宜的分离操作方法。

二、确定分离设备及工艺参数

1. 确定悬浮液罐容积

（1）物料衡算基本方程　通过对过滤过程的物料衡算，可以推出悬浮液量、滤液量、滤饼量（干和湿滤饼）等重要参数之间的关系。

设 1kg 悬浮液中能获得的干滤饼的质量为 X（kg）（即 kg 干滤饼/kg 悬浮液），1kg 干滤饼所对应的湿滤饼质量为 C（kg）（即 kg 湿滤饼/kg 干滤饼），过滤过程得到 $1m^3$ 滤液同时可得的干滤饼质量为 W（kg）（工业生产中滤液常以体积计量），滤液密度为 ρ，湿滤饼密度为 ρ_C，干滤饼（湿滤饼经干燥而得）密度为 ρ_P。以 1kg 悬浮液为基准：经过滤和干燥得到干滤饼质量为 X（kg），对应的湿滤饼质量为 CX（kg）。

物料衡算基本方程式：悬浮液质量＝湿滤饼质量＋滤液质量

可由干滤饼质量 X 推出对应的滤液体积为 $\dfrac{X}{W}$（m^3），即得滤液质量为 $\dfrac{X\rho}{W}$ kg，则物料衡算式为：

$$1=CX+\frac{X\rho}{W}$$

即

$$W=\frac{X\rho}{(1-CX)} \tag{4-1}$$

也可根据湿滤饼体积及其中液体体积、干滤饼体积之间关系列出物料衡算式：

$$\frac{CX}{\rho_C}=\frac{X}{\rho_P}+\frac{CX-X}{\rho}$$

即

$$\frac{C}{\rho_C}=\frac{1}{\rho_P}+\frac{C-1}{\rho} \tag{4-2}$$

（2）确定悬浮液罐容积

例4-1　某药厂生产一种固体原药，生产过程中需经过滤、干燥操作，日产量为 15kg 干固体原药，每天过滤一次。已知湿滤渣、干滤渣及滤液的密度分别为 $\rho_C=1400kg/m^3$，$\rho_P=2600kg/m^3$，$\rho=1000kg/m^3$，若 1kg 悬浮液中含固体颗粒 0.04kg（湿渣）。试问，为满足生产，需要采购多大的滤浆储罐？

解　计算并选择滤浆（悬浮液）储罐体积和规格。

由式(4-2)计算 1kg 干滤饼所对应的湿滤饼质量为 C（kg）

即

$$\frac{C}{1400}=\frac{1}{2600}+\frac{C-1}{1000}$$

可得：$C=2.15kg$（湿滤饼）/kg（干滤饼）

已知 $X=0.04kg$（湿滤饼）/kg（悬浮液），由式(4-1)可计算过滤过程得到 $1m^3$ 滤液同时可得的干滤饼质量 W（kg）

即

$$W=\frac{X\rho}{1-CX}=\frac{0.04\times1000}{1-2.15\times0.04}=43.8[kg（干渣）/m^3（滤液）]$$

$$滤液量（体积）=\frac{15}{43.8}=0.342（m^3）$$

$$湿滤饼量（体积）=\frac{2.15\times15}{1400}=0.02（m^3）$$

$$滤浆量（体积）=0.342+0.02=0.362（m^3）$$

考虑装料系数以及设备的通用性，建议选择购买 $0.40m^3$（$\phi700\times1000$）的储罐。

2. 确定过滤操作时间和过滤设备的生产能力

（1）过滤基本方程式　液体通过饼层（包括滤饼和过滤介质）空隙的流动与普通管内流动相仿。由于过滤操作所涉及的颗粒尺寸一般很小，形成的通道呈现不规则网状结构。由于孔道很细小，流动类型可认为在滞流范围。

仿照圆管中滞流流动时计算压降的哈根-泊谡叶公式

$$\Delta p_f=\frac{32\mu lu}{d^2}$$

在过滤操作中，Δp_f 就是液体通过饼层克服流动阻力的压强差 Δp。由于过滤孔道曲折多变，可将滤液通过饼层的流动看作液体以速度 u 通过许多平均直径为 d_0、长度等于饼层厚度 $L+L_e$ 的小管内的流动（L 为滤饼厚度，L_e 为过滤介质的当量滤饼厚度），则液体通过饼层的瞬间平均速度为：

$$u=\frac{1}{A}\times\frac{dV}{d\tau} \tag{4-3}$$

$$A_0=\varepsilon A \tag{4-4}$$

式中　A_0——饼层孔隙的截面积，m^2；

A——过滤面积，m^2；

ε——饼层空隙率，对不可压缩滤饼为定值；

τ——过滤时间，s；

V——滤液量，m^3；

$\dfrac{dV}{d\tau}$——单位时间获得的滤液体积，称为过滤速率，m^3/s。

于是，哈根-泊谡叶公式可变为：

$$\Delta p=\frac{32\mu(L+L_e)\dfrac{dV}{d\tau}}{d_0^2A_0} \tag{4-5}$$

式中　μ——滤液黏度，Pa·s。

将式（4-4）代入式（4-5）并整理得

$$\frac{dV}{Ad\tau}=\frac{\varepsilon d_0^2\Delta p}{32\mu(L+L_e)} \tag{4-6}$$

令，$r=\dfrac{32}{\varepsilon d_0^2}$ 则

$$\frac{dV}{Ad\tau}=\frac{\Delta p}{r\mu(L+L_e)} \tag{4-6a}$$

式中　r——滤饼比阻，反映滤饼结构特征的参数，m^{-2}。

将滤饼体积 AL 与滤液体积 V 的比值用 υ 表示，意义为每获得 $1m^3$ 滤液所形成滤饼的体积，即

$$\upsilon = AL/V$$

所以　　　　　　　　　　$L = \upsilon V / A$ 　　　　　　　　　　　　　　　　　　(4-7)

同理　　　　　　　　　　$L_e = \upsilon V_e / A$ 　　　　　　　　　　　　　　　　　(4-8)

式(4-7) 和式(4-8) 代入式(4-6a) 得

$$\frac{dV}{d\tau} = \frac{A^2 \Delta p}{r \mu \upsilon (V + V_e)}$$ 　　　　　　　　　　(4-9)

式(4-9) 称为过滤的基本方程式，表示过滤过程中任一瞬间的过滤速率与有关因素间的关系，是过滤计算及强化过滤操作的基本依据。该式适用于不可压缩滤饼，对于大多数可压缩滤饼，式中 $r = r' \Delta p^s$，r' 为单位压强差下滤饼比阻，s 为滤饼的压缩性指数，一般在 $0 \sim 1$ 之间，可从有关资料中查取。对于不可压缩滤饼，$s = 0$。

过滤操作有两种典型方式，即恒压过滤、恒速过滤。恒压过滤是维持操作压强差不变，但过滤速率将逐渐下降；恒速过滤则保持过滤速率不变，逐渐加大压强差，但对于可压缩滤饼，随着过滤时间的延长，压强差会增加许多，因此恒速过滤无法进行到底。有时，为了避免过滤初期压强差过高而引起滤液浑浊，可采用先恒速后恒压的操作方式，即开始时以较低的恒定速率操作，当表压升至给定值后，转入恒压操作。也有既非恒速又非恒压的过滤操作，如用离心泵向过滤机输送料浆的情况，在此不予讨论。

工业中大多数过滤属恒压过滤，以下讨论过滤基本方程在恒压过滤中的应用。

(2) 恒压过滤方程　在恒压过滤中，压强差为定值 Δp，对于一定的悬浮液和过滤介质，r、μ、υ、V_e 也可视为定值，所以对式(4-9) 进行积分：

微课扫一扫

$$\int_0^V (V + V_e) dV = \frac{A^2 \Delta p}{r \mu \upsilon} \int_0^\tau d\tau$$

$$V^2 + 2V_e V = \frac{2A^2 \Delta p}{r \mu \upsilon} \tau$$

令　$K = \dfrac{2\Delta p}{r \mu \upsilon}$，则：

$$V^2 + 2V_e V = KA^2 \tau$$ 　　　　　　　　　　(4-10)

令　$q = V/A$，$q_e = V_e / A$，则式(7-32) 变为：

$$q^2 + 2q_e q = K\tau$$ 　　　　　　　　　　(4-10a)

式(4-10) 及式(4-10a) 均为恒压过滤方程，表示过滤时间 τ 与获得的滤液体积 V 或单位过滤面积上获得的滤液体积 q 的关系。式中，K、q_e 均为一定过滤条件下的过滤常数。K 与物料特性及压强差有关，单位为 m^2 / s；q_e 与过滤介质阻力大小有关，单位为 m^3 / m^2。两者均可由实验测定。

当滤饼阻力远大于过滤介质阻力时，过滤介质阻力可以忽略，于是式(4-10)、式(4-10a) 可简化为：

$$V^2 = KA^2 \tau$$ 　　　　　　　　　　(4-11)

$$q^2 = K\tau$$ 　　　　　　　　　　(4-11a)

(3) 过滤常数 K、q_e 的测定　根据式(4-11)，在恒压条件下，测得时间 τ_1、τ_2 下获得的滤液总体积 V_1、V_2，则可联立方程：

$$\begin{cases} V_1^2 + 2V_e V_1 = KA^2 \tau_1 \\ V_2^2 + 2V_e V_2 = KA^2 \tau_2 \end{cases}$$

联立方程可估算出 K、V_e，也可根据式（4-10a）估算 K、q_e 的值。在实验测定过滤常数时，通常要求测得多组 V-τ 数据，并由 $q = V/A$ 计算得到一系列 q-τ 数据。将式（4-10a）整理为以下形式：

$$\frac{\tau}{q} = \frac{1}{K}q + \frac{2q_e}{K}$$

在直角坐标系中以 $\dfrac{\tau}{q}$ 为纵轴、q 为横轴，可得到一条以 $\dfrac{1}{K}$ 为斜率、以 $\dfrac{2q_e}{K}$ 为截距的直线，并由此求出 K 和 q_e 值。为了使实验测得的数据能用于工业过滤装置，实验中应尽可能采用与实际情况相同的悬浮液和操作温度及压强。因此，完成本工作任务需要测定过滤常数 K 和 q_e，方法如例 4-2。

▶ **例4-2** 采用过滤面积为 0.2m^2 的过滤机，对某悬浮液进行过滤常数的测定。操作压强差为 0.15MPa，温度为 $20℃$，过滤进行到 5min 时，共得滤液 0.034m^3；进行到 10min 时，共得滤液 0.050m^3。试估算：①过滤常数 K 和 q_e；②按这种操作条件，过滤进行到 1h 时的滤液总量。

解 ① 计算过滤常数 K 和 q_e。

当过滤时间 $t_1 = 300\text{s}$ 时

$$q_1 = \frac{V_1}{A} = \frac{0.034}{0.2} = 0.17 \ (\text{m}^3/\text{m}^2)$$

当过滤时间 $t_2 = 600\text{s}$ 时

$$q_2 = \frac{V_2}{A} = \frac{0.050}{0.2} = 0.25 \ (\text{m}^3/\text{m}^2)$$

代入式（4-10a）：

$$0.17^2 + 2 \times 0.17 q_e = 300K$$
$$0.25^2 + 2 \times 0.25 q_e = 600K$$

联立解之：

$$K = 1.26 \times 10^{-4} \text{m}^2/\text{s}$$
$$q_e = 2.61 \times 10^{-2} \text{m}^3/\text{m}^2$$

② 计算过滤进行到 1h 时的滤液总量。

$$V_e = KA = 0.2 \times 2.61 \times 10^{-2} = 5.22 \times 10^{-3} (\text{m}^3)$$

由式（4-10）得：

$$V^2 + (2 \times 5.22 \times 10^{-3})V = 1.26 \times 10^{-4} \times 0.2^2 \times 3600$$

解得

$$V = 0.130\text{m}^3$$

▶ **例4-3** 在恒定压强差 $9.81 \times 10^3 \text{Pa}$ 下过滤某水悬浮液，已知水的黏度为 $1.0 \times 10^{-3} \text{Pa·s}$，过滤介质可忽略。过滤时形成不可压缩滤饼，其空隙率为 60%，滤饼过滤通道的平均直径为 $6.33 \times 10^{-5} \text{m}$，若获得 1m^3 滤液，可得滤饼 0.333m^3，试求：①每平方米过滤面积上获得 1.5m^3 的滤液所需的过滤时间；②若将该时间延长一倍，可再得多少滤液？

解 ① 计算过滤时间

由题意可知，滤饼比阻 $r = \dfrac{32}{\varepsilon d_0^2} = \dfrac{32}{0.6 \times (6.33 \times 10^{-5})^2} = 1.33 \times 10^{10}$

每获得 1m^3 滤液所形成滤饼的体积 $\upsilon = 0.333\text{m}^3/\text{m}^3$。

所以过滤常数：

$$K = \frac{2\Delta p}{r\mu\upsilon} = \frac{2 \times 9.81 \times 10^{3}}{1.33 \times 10^{10} \times 1.0 \times 10^{-3} \times 0.333} = 4.42 \times 10^{-3} \ (\text{m}^2/\text{s})$$

由式(4-11a)

$$t = \frac{q^2}{K} = \frac{1.5^2}{4.42 \times 10^{-3}} = 509 \ (\text{s})$$

② 计算延长时间后的滤液量

因为

$$t' = 2t = 2 \times 509 = 1018 \ (\text{s})$$

由式(4-11a)：

$$q' = \sqrt{Kt'} = \sqrt{4.42 \times 10^{-3} \times 1018} = 2.12 \ (\text{m}^3/\text{m}^2)$$

$$q' - q = 2.12 - 1.5 = 0.62 \ (\text{m}^3/\text{m}^2)$$

即将过滤时间延长一倍后，每平方米过滤面积可再获得 0.62m^3 的滤液。

（4）板框压滤机的计算　板框压滤机操作周期包括过滤、洗涤、板框拆卸、清除滤饼、重新组装等环节所需时间的总和。

过滤时，悬浮液从悬浮液通道进入滤框，滤液穿过框两边滤布，再从滤板下角的滤液通道排出机外，待框内充满滤饼时，即停止过滤。洗涤滤饼时，洗涤液从洗涤液通道进入滤框的另一侧，并穿过框内滤饼。因此洗涤经过的滤饼厚度是过滤时的两倍，通道面积却是过滤面积的 1/2，若洗涤液性质与滤液性质相近，则在同样压强差下，洗涤与过滤速率的关系如下：

$$\left(\frac{\mathrm{d}V}{\mathrm{d}\tau}\right)_{\text{w}} = \frac{1}{4}\left(\frac{\mathrm{d}V}{\mathrm{d}\tau}\right)_{\text{E}} \qquad (4\text{-}12)$$

式中　$\left(\dfrac{\mathrm{d}V}{\mathrm{d}\tau}\right)_{\text{w}}$——洗涤速率，$\text{m}^3/\text{s}$；

$\left(\dfrac{\mathrm{d}V}{\mathrm{d}\tau}\right)_{\text{E}}$——过滤终了时速率，$\text{m}^3/\text{s}$。

由于洗涤过程中，滤饼厚度不再增加，所以洗涤速率 $\left(\dfrac{\mathrm{d}V}{\mathrm{d}\tau}\right)_{\text{w}}$ 基本为一常数。即

$$\left(\frac{\mathrm{d}V}{\mathrm{d}\tau}\right)_{\text{w}} = \frac{V_{\text{w}}}{\tau_{\text{w}}}$$

式中　V_{w}——洗涤水量，m^3；

τ_{w}——洗涤时间，s。

将式(4-9)代入式(4-12)　即

$$\frac{V_{\text{w}}}{\tau_{\text{w}}} = \frac{A^2 \Delta p}{4r\mu\upsilon(V + V_{\text{e}})}$$

因为 $K = \dfrac{2\Delta p}{r\mu\upsilon}$，所以洗涤时间

$$\tau_{\text{w}} = \frac{8V_{\text{w}}(V + V_{\text{e}})}{KA^2} \qquad (4\text{-}13)$$

洗涤完毕即停车，松开压紧装置，卸除滤饼，清洗滤布，重新装合，进入下一个循环操作。

板框压滤机的生产能力为：

$$Q = \frac{3600V}{T} \qquad (4\text{-}14)$$

式中　Q——板框压滤机的生产能力，（滤液）m^3/h；

　　　V——操作周期获得的滤液总量，m^3；

　　　T——操作周期的时间总和（包括过滤时间、洗涤时间及板框拆除、滤饼清除、重装板框等辅助时间），s。

▶ **例4-4** 生产中要求在过滤时间 20min 内处理完 $4m^3$ 例 4-2 中料浆，操作条件同例 4-2，已知每立方米滤液可形成 $0.0342m^3$ 滤饼。现使用的一台板框压滤机，滤框尺寸为 $450mm \times 450mm \times 25mm$，滤布同例 4-2，试求：①完成操作所需滤框数；②若洗涤时压强差与过滤时相同，洗液性质与水相近，洗涤水量为滤液体积的 1/6 时的洗涤时间（s）；③若每次辅助时间为 15min，该压滤机生产能力为多少 $[$（滤液）$m^3/h]$？

　　解　① 确定板框数

　　已知悬浮液的处理量 $V'=4m^3$，滤饼与滤液体积比 $\upsilon=0.0342$，因此一次操作获得的总滤液量为

$$V = \frac{V'}{1+\upsilon} = \frac{4}{1+0.0342} = 3.87 \text{（}m^3\text{）}$$

　　由例 4-2 可知，$K = 1.26 \times 10^{-4} m^2/s$，$q_e = 2.61 \times 10^{-2} m^3/m^2$。

　　由式(4-10)

$$3.87^2 + 2 \times 0.0261A \times 3.87 = 1.26 \times 10^{-4} A^2 \times 20 \times 60$$

　　解得

$$A = 10.6 \text{（}m^2\text{）}$$

　　每框两侧均有滤布，故每框过滤面积为

$$0.45 \times 0.45 \times 2 = 0.405 \text{（}m^2\text{）}$$

　　所需框数

$$10.6 \div 0.405 = 26.2$$

　　取 27 个滤框，则滤框总容积量为

$$0.45 \times 0.45 \times 0.025 \times 27 = 0.137 \text{（}m^3\text{）}$$

　　滤饼总体积

$$\upsilon V = 0.0342 \times 3.87 = 0.132(m^3) < 0.137 \text{（}m^3\text{）}$$

　　因此，27 个滤框可满足要求。实际过滤面积为

$$27 \times 0.405 = 10.9 \text{（}m^2\text{）}$$

　　② 确定洗涤时间

　　因为

$$V_e = q_e A = 2.61 \times 10^{-2} \times 10.9 = 0.284 \text{（}m^3\text{）}$$

　　每次洗涤水用量

$$V_w = \frac{1}{6}V = \frac{3.87}{6} = 0.645 \text{（}m^3\text{）}$$

　　所以洗涤时间为

$$\tau_w = \frac{8V_w(V+V_e)}{KA^2} = \frac{8 \times 0.645 \times (3.87+0.284)}{1.26 \times 10^{-4} \times 10.9^2} = 1432 \text{（s）}$$

　　③ 确定生产能力

$$Q = \frac{3600V}{T} = \frac{3.87 \times 3600}{20 \times 60 + 1433 + 15 \times 60} = 3.94 \text{（}m^3/h\text{）}$$

三、过滤操作要点以及常见故障处理方法

1. 板框压滤机的操作

（1）开车前的准备工作

① 在滤框两侧先铺好滤布，将滤布上的孔对准滤框角上的进料孔。滤布如有折叠，操

作时容易产生泄漏。

② 板框装好后，压紧活动机头上的螺旋。

③ 检查滤浆进口阀及洗涤水进口阀是否关闭。

④ 开启空气压缩机，将压缩空气送入储浆罐，注意压缩空气压力表的读数，待压力达到规定值，准备开始过滤。

⑤ 若采用螺杆泵输送滤浆，开车前的准备工作还需参见螺杆泵运行注意事项。

（2）过滤操作

① 开启过滤压力调节阀，注意观察过滤压力表读数，过滤压力达到规定数值后，调节维持过滤压力的稳定（若采用螺杆泵输送滤浆，利用螺杆泵的出口旁路阀门的开度来调节过滤压力）。

② 开启滤液储槽出口阀，接着开启过滤机滤浆进口阀，将滤浆送入压滤机，过滤开始。

③ 观察滤液，若滤液为清液，表明过滤正常。发现滤液有浑浊或带有滤渣，说明过滤过程中出现问题，应停止过滤，检查滤布及安装情况，滤板、滤框是否变形，有无裂纹，管路有无泄漏等。

④ 定时记录过滤压力，检查板与框的接触面是否有滤液泄漏。

⑤ 当出口处滤液量变得很小时，说明板框中已充满滤渣，过滤阻力增大使过滤速度减慢，这时可以关闭滤浆进口阀，停止过滤。

⑥ 洗涤。开启洗水出口阀，再开启过滤机洗涤水进口阀向过滤机内送入洗涤水，在相同压力下洗涤滤渣，直至洗涤符合要求。

（3）停车　关闭过滤压力表前的调节阀及洗水进口阀，松开活动机头上的螺旋，将滤板、滤框拉开，卸出滤饼，并将滤板和滤框清洗干净，以备下一循环使用。

2．板框过滤机常见故障和处理方法

（1）板框压滤机常见异常现象与处理方法　见表 4-1。

表 4-1　板框压滤机常见异常现象与处理方法

常见故障	原　因	处理方法
局部泄漏	(1)滤框有裂纹或穿孔缺陷，滤框和滤板边缘磨损 (2)滤布未铺好或破损 (3)物料内有障碍物	(1)更换新滤布和滤板 (2)重新铺平或更换新滤布 (3)清除干净
压紧程度不够	(1)滤框不合格 (2)滤框、滤板和传动件之间有障碍物	(1)更换合格滤框 (2)清除障碍物
滤液浑浊	滤布破损	检查滤布，如有破损，及时更换
顶杆弯曲	(1)顶紧中心偏斜 (2)导向架装配不正 (3)顶紧力过大	(1)更换顶杆或调正 (2)调整校正 (3)适当降低压力

（2）板框压滤机的日常维护

① 压滤机停止使用时，应冲洗干净，转动机构应保持整洁，无油污、油垢。

② 滤布每次清洗时应清洗干净，避免滤渣堵塞滤孔。

③ 电器开关应防潮保护。

技术评估

一、选择分离方法及设备

分离方法及设备的合理性需要考虑以下方面因素：

① 分离物系性质，本工作为液固物系分离，可以采用过滤、沉降分离方法；

② 分离目的，本工作任务以获得固体颗粒产品为分离目的，是制药生产，从生产效率考虑，宜采用过滤分离；

③ 悬浮液性质，颗粒粒径较小，宜采用压差过滤设备过滤；

④ 固体含量10%左右，且固体的密度与滤液接近，采用板框压滤机或叶滤机为宜。

二、选用悬浮液储罐、确定工艺参数

悬浮液量、滤液量、滤饼量（干和湿滤饼）等重要参数之间的关系，建立衡算方程正确计算出生产过程的悬浮液量，选择合理的装料系数给出储罐容积，按技术经济原则选择储罐规格。

过滤压力选择应科学合理，尽量选择工业常用过滤压力（0.4~0.6MPa）范围内，过滤常数须试验获得，利用恒压过滤方程正确计算过滤面积、滤饼的体积，从而选择板框压滤机的规格。

明确悬浮液输送及过滤压力产生方式，若采用压缩气体压送，应考虑悬浮液储罐的耐压性能。

三、编写过滤操作规程

结合学校实训装置编制操作规程，参考《危险化学品岗位安全生产操作规程编写导则》（DB37/T 2401）编写，至少须包含以下内容：

① 岗位任务；

② 生产工艺：工艺原理、工艺流程、主要设备；

③ 工艺控制指标：原料指标、工艺参数指标、操作质量指标；

④ 操作步骤：开车准备、开车、运行、正常停车、生产异常现象及处理措施。

在实训装置上实操验证操作规程的合理性、可行性、安全性，实操应规范、精心、精细，应文明操作。

◆ 技术应用与知识拓展

一、叶滤操作技术

1. 叶滤机

叶滤机是一种广泛应用于精滤操作单元的过滤设备。设备效率高，主要用于制糖业、氧化铝、钢渣提钒等化工行业，自动化程度高、滤布寿命长、滤液指标好、运行成本低，是目前世界上溶液精滤单元较先进的设备。

叶滤机结构简单、操作方便，主要由筒体、过滤元件、高位槽、卸压管、气动阀门和自控系统组成。

过滤时，粗液被粗液泵送入机筒内，再由粗液泵提供的一定压力下，过滤液通过滤袋即制成精液，然后精液沿导流管流入聚液器，最后进入机筒外部的精液总管；滤渣在滤袋外部形成滤饼。一个叶滤周期同样由进料、挂泥、过滤、卸泥四个过程组成。

2. 叶滤机的操作

以 DIASTAR 立式叶滤机操作为例，如图 4-15 所示。

（1）开车前准备　将叶滤机进料阀门打开，向叶滤机里充满料浆，即料浆通过滤布、滤片、集液管至汇总环管。此时溶液最高位置为与水平控制管齐平。

（2）挂泥循环操作　将叶滤机进料气动阀和浑精液气动阀门打开，叶滤机进行循环挂泥，在滤布上挂一层由分离溢流浮游物、铝酸三钙和水化石榴石组成的过滤介质，形成疏松多孔的过滤层，时间不超过 6min。

（3）过滤操作　将浑精液气动阀关闭，精液通过高位槽将溢流液流入精液管，通过精液管道进入精液槽。时间是挂泥完毕后至本过滤周期最后一分钟之前。

（4）卸泥操作　将进料气动阀关闭，卸泥阀、水平控制阀、减压阀开启，卸去叶滤机底部上次过滤的滤饼；同时高位槽反冲进入滤布，将滤布表面本次过滤的滤饼从滤布上冲刷下来。卸泥时间是从过滤周期的最后一分钟开始，可以在控制画面上调整其卸泥时间，即卸泥阀打开时间在 15～25s 之间。叶滤机卸泥的最后一分钟，气动卸泥阀处于关闭状态，滤饼从滤布表面脱落，向叶滤机底部压缩。

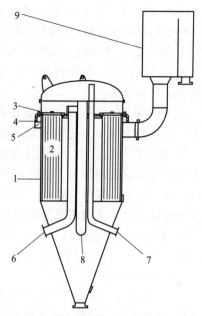

图 4-15　DIASTAR 立式叶滤机的结构
1—机壳；2—滤布；3—集液阀；4—集液管；
5—集液环管；6—进料管；7—减压管；
8—水平控制管；9—高位槽

二、真空过滤操作技术

1. 真空过滤机

真空过滤机是以真空负压为推动力实现固液分离的设备。在结构上，过滤区段沿水平长度方向布置，可以连续完成过滤、洗涤、吸干、滤布再生等作业，广泛应用于冶金、矿山、化工、造纸、食品、制药、环保等领域中的固液分离。

真空过滤器是在滤液出口处形成负压作为过滤的推动力。这种过滤机又分为间歇操作和连续操作两种。间歇操作的真空过滤机可过滤各种浓度的悬浮液，连续操作的真空过滤机适于过滤含固体颗粒较多的稠厚悬浮液。

（1）间歇式真空过滤机　真空过滤机与加压过滤机机理基本相同，只是过滤介质的一侧压力低于大气压，推动力较小。真空抽滤器：结构简单，过滤推动力较重力过滤器大。真空叶滤机：结构简单，适于一般的泥浆状物料过滤，但操作条件较差，劳动强度较高。

（2）连续式真空过滤机

① 外滤面转鼓真空过滤机　能连续和自动操作，能有效地进行过滤、洗涤、脱水，操作现场干净，易于检查和修理。缺点是成本高，使用范围受热液体或挥发性液体的蒸气压限制，沸点低或在操作温度下易挥发的物料不能过滤，难以处理含固量多和颗粒特性变化大的料浆，并且滤饼含湿量在 30% 左右，很少低于 10%，主要用于化工、食品行业。

② 内滤面转鼓真空过滤机　适用于过滤固体颗粒粗细不均的悬浮液，不需要搅拌装置，机器成本低，能适应进料浓度的变化，若需要在高温下操作，很容易采取保温措施。缺点是，转鼓表面不能充分利用，滤饼需要一定的黏性，否则易脱落，致使真空度下降，进料流量发生变化；更换滤布困难。

③ 圆盘真空过滤机　按单位过滤面积计算价格最低，占地面积小，但滤饼湿度高于转鼓真空过滤机。由于过滤面为立式，滤饼厚薄不均，易龟裂，不易洗涤，薄层滤饼卸料困

难，滤布磨损快，且易堵塞。易于处理沉降速度不高，易过滤的物料，不适合处理非黏性物料，应用范围与转鼓真空过滤机相同。

④ 转台真空过滤机　结构简单，洗涤效果好，洗涤液与滤液分开，对于脱水快的料浆，单台过滤机的处理量大；缺点是占地面积大，滤布磨损快，且易堵塞。

⑤ 翻斗真空过滤机　可过滤黏稠的物料，适应性强，适用于分离含固量的质量分数大于20%，密度较大，易分离和滤饼要进行充分洗涤的料浆，常用于化工、轻工等行业。

⑥ 带式真空过滤机　分固定室式、移动室式、滤带间歇移动式三种。带式真空过滤机是水平过滤面，上面加料，过滤效率高，洗涤效果好，滤饼厚度可调，滤布可正反两面同时洗涤，操作灵活，维修费用低，可应用于化工、制药、食品行业，对于沉降速度较快的料浆的分离性能尤佳，当滤饼需要洗涤时更为优良。

2. 真空过滤机的操作

以转筒真空过滤机的操作为例。

（1）开车前的准备工作

① 检查滤布。滤布应清洁无缺损，不能有干浆。

② 检查滤浆。滤浆槽内不能有沉淀物或杂物。

③ 检查转鼓与刮刀之间的距离，一般为1~2mm。

④ 检查真空系统真空度和压缩空气系统压力是否符合要求。

⑤ 给分配头、主轴瓦、压辊系统、搅拌器和齿轮等传动机构加润滑脂和润滑油，检查和补充减速机的润滑油。

（2）开车操作

① 开车启动。观察各传动机构运转情况，如平稳、无振动、无碰撞声，可试空车和洗车15min。

② 开启进滤浆阀门向滤槽注入滤浆，当液面上升到滤槽高度的1/2时，再打开真空、洗涤、压缩空气等阀门，开始正常生产。

③ 经常检查滤槽内的液面高低，保持液面高度，高度不够会影响滤饼的厚度。

④ 经常检查各管路、阀门是否有渗漏，如有渗漏应停车修理。

⑤ 定期检查真空度、压缩空气压力是否达到规定值，洗涤水分布是否均匀。

⑥ 定时分析过滤效果，如滤饼的厚度、洗涤水是否符合要求。

（3）停车操作

① 关闭滤浆入口阀门，再依次关闭洗涤水阀门、真空和压缩空气阀门。

② 洗车，除去转鼓和滤槽内的物料。

三、深床过滤设备操作技术

1. 深床过滤

深床过滤是一个用于除水和废水中悬浮物、胶体和微生物等的单元过程，是人类技术史上出现较早的一种用来改善水质的方法，目前已广泛应用于饮用水处理、工业水处理、废水深度处理及油田回注水处理等。

深床过滤是通过滤料层去除水中颗粒的，因此，深床过滤工艺技术的关键是过滤介质——滤料。石英砂滤料具有来源广、价格低、机械强度高和化学稳定性好等优点，因此应用较早也较广泛。

2. 深床过滤器

（1）石英砂过滤器　石英砂过滤器是一种典型的深床过滤器，其结构特点是滤层较厚，过滤介质石英砂的密度较大，滤床比较稳定。石英砂过滤器工作的机理主要是吸附作用，而筛除作用是次要的。由于滤床在反冲洗时是固定的，属于固定孔隙过滤器，被吸附在滤层中的微小颗粒脱附比较困难，因此用反洗来恢复过滤性能的效果有限，使用一段时间后过滤性能会严重下降，往往需要更换滤料。这种过滤器一般应用在对水质要求相对不高的清水过滤。

（2）轻质滤料过滤器　轻质滤料过滤器的基本结构和过滤原理与石英砂过滤器相同，区别是作为滤料的核桃壳的密度较小，一般在 $1.2g/cm^3$ 左右。由于滤料较轻，反冲洗时在水流作用下滤层成为沸腾床，由滤料间隙形成的微孔被解除，吸附的悬浮物得以脱附。因此，这种过滤器属于非固定孔隙过滤器，反洗再生能力较强，过滤性能稳定，适合于中高渗透率地层水质要求的采出水过滤。

（3）微孔陶瓷过滤器　这种过滤器的过滤原件是烧结而成的多孔陶瓷管，它的本体既作为滤层也作为承托层。这种过滤介质的特点是孔隙均匀且稳定，对较大的悬浮物有筛除作用，而对较小的悬浮物有吸附作用。反冲洗是通过逆向流和横向流对过滤介质进行冲刷，对筛除物的清除效果较好，而对吸附物的清除效果则不明显，因而容易造成堵塞。这种过滤器适合中等渗透率地层水质的清水过滤。用于含油的采出水过滤时，过滤原件的反洗再生比较困难，需要加入清洗剂并采用气吹等办法，反洗工艺非常复杂。

（4）纤维介质过滤器　这也是一种深床过滤器，滤层介质采用纤维材料，一般为合成纤维，常用的有纤维球和纤维束。这种过滤器的过滤机理是纤维介质在外力（水力或机械力）作用下被压紧后形成微小的孔隙，主要产生吸附作用，将水中的悬浮物滤除。反洗时，解除压紧力使纤维滤材蓬松，被吸附的悬浮物脱附并在反洗水流的冲洗下被清除。由于纤维材料非常细，压紧后形成的孔隙也就非常小，因此过滤精度非常高，是比较理想的精细过滤器。不过，如果水中含油，则会非常麻烦。因为一般合成纤维都是亲油的，对油会有很强的吸附力，而油被吸附到纤维滤材上之后作为黏结剂将纤维滤材粘在一起，很难松开，反洗非常困难。这种过滤器适用于以清水作为水源的低渗透地层注水水质过滤，目前已得到比较成功的应用。

此外，国内一些研究单位（如江汉机械研究所）正在研究不亲油纤维以及纤维改性技术，目的是将这种过滤器用于含油的采出水过滤，目前已取得了很大的进展。如果能将纤维材料本身对油的吸附力减小到足够的程度，纤维介质过滤器，尤其是纤维束过滤器将会成为低渗透油田采出水回注水质过滤的理想设备。

任务二　悬浮液沉降分离技术与操作

◆ 任务情景

氧化铝厂铝土矿高压碱溶，生成主要由铝酸钠溶液和赤泥组成的赤泥浆液，用一次洗液进行稀释得悬浮矿浆，用泵送到分离沉降槽在絮凝剂的作用下进行一次沉降分离，上层清液经溢流管送到综合过滤粗液槽，进行粗液精制，精制液去生产氧化铝，分离沉降槽底流送入洗涤沉降槽进行四次反向洗涤，进一步回收其中的氧化铝和氧化钠。已知悬浮矿浆固含量 320g/L，一次沉降溢流浮游物（清液固含量）0.25g/L，底流固含量 350g/L，槽温 100～105℃，赤泥颗粒直径为 30μm 、密度为 1850kg/m³，溶液黏度 1.65×10⁻³Pa·s、密度 1250kg/m³。

工作任务

1. 确定沉降速度。
2. 编写沉降操作要点以及常见故障处理方法。

技术理论与必备知识

一、沉降原理

沉降是指在某种外力作用下，由于两相物质密度不同而发生相对运动，从而实现两相分离的操作过程。根据所受外力的不同，沉降可分为重力沉降和离心沉降。

1. 重力沉降

在重力作用下，分散相颗粒和连续相流体发生相对运动而实现分离的操作过程称为重力沉降。重力沉降的实质是借助分散相和连续相有较大密度差异而实现分离的，密度相差越大，分离越易进行，分离也越完全。

2. 离心沉降

当分散相与连续相密度差较小或颗粒细小时，在重力作用下沉降速度较低。利用离心力的作用，使固体颗粒沉降速度加快以达到分离的目的，这样的操作称为离心沉降。离心沉降不仅可以大大提高沉降速度，沉降设备的尺寸也可以大大缩小。

3. 沉降原理

颗粒（分散相）与流体（连续相）在力场中做相对运动时，受到三个力的作用。

（1）质量力 F_m 在重力场中称为重力，在离心力场中称为离心力，可表示为：

$$F_m = ma \tag{4-15}$$

式中 m——颗粒质量，kg；

　a——力场加速度，m/s²，在重力场中，该值为 9.81m/s²。

（2）浮力 F_b 根据阿基米德原理，浮力在数值上等于同等体积流体在力场中所受的力，可表示为：

$$F_b = V_p \rho a \tag{4-16}$$

式中 ρ——流体的密度，kg/m³；

　V_p——颗粒的体积，m³。

（3）曳力 F_d 流体作用于颗粒上的力称为曳力，它与颗粒的运动方向相反。根据作用力和反作用力的关系，颗粒在流体中进行沉降运动时受到的来自流体的曳力在数值上等于流体沿颗粒表面进行绕流运动所受到的来自颗粒的阻力，可表示为

$$F_d = \zeta A \rho \frac{u^2}{2} \tag{4-17}$$

式中 ζ——阻力系数，量纲为 1；

　A——颗粒在相对运动方向上的投影面积（对球形颗粒，$A = \pi d^2/4$），m²；

　u——颗粒的沉降速度，m/s。

如果颗粒的初始速度为零，则曳力也为零。对于一定的颗粒和流体，质量力 F_m、浮力

F_b、曳力 F_d 一定，但曳力 F_d 却随着颗粒运动速度而变化。比如某一质量的颗粒在沉降的那一瞬间，其速度 $u=0$，因此，曳力 F_d 也为零，颗粒仅受质量力和浮力（与质量力方向相反）的作用，此时两力作用之和为最大，使加速度具有最大值。颗粒开始沉降后，曳力（也与质量力方向相反）随着颗粒运动速度 u 的增加而增大，当增加到三个作用力之和为零时，加速度为零，速度 u 稳定在某一值后进行匀速沉降运动。

二、沉降槽

沉降槽是一种从悬浮液分离固体颗粒的重力沉降设备。用于低浓度悬浮液分离的设备常称为澄清器；用于中等浓度悬浮液的浓缩时称为浓缩器、增稠器或增厚器。

（1）结构　连续沉降槽是一种初步分离悬浮液的设备。图 4-16 是典型的连续沉降槽示意图。它主要由一个大直径的浅槽、进料槽道与料井、转动机构与转耙组成。

（2）工作过程　操作时料浆通过进料槽道由位于中央的圆筒形料井送至液面以下 0.3～1m 处，分散到槽的横截面上。要求料浆尽可能分布均匀，引起的扰动小。料浆中的颗粒向下沉降，清液向上流动，经槽顶四周的溢流堰

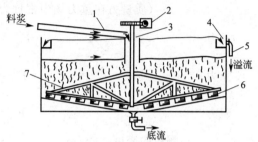

图 4-16　连续沉降槽
1—进料槽道；2—转动机构；3—料井；
4—溢流槽；5—溢流管；6—叶片；7—转耙

流出。沉到槽底的颗粒沉渣由缓缓转动的耙拨向中心的卸料锥而后排出。槽中各部位的操作状态，即颗粒的浓度、沉降速度等不随时间而变。基于重力沉降分离的一般规律，连续沉降槽直径大，高度小。槽径小的数米，大的可达百米以上，为了节省占地面积，有时将几个（5个以下）沉降槽叠在一起构成多层沉降槽。这时可用一根共同的轴带动各槽的耙。耙的转速很低，视槽的大小而异，小槽耙的转速约 1r/min，大槽耙的转速可低到 0.1r/min 左右。

（3）特点　连续沉降槽构造简单，生产能力大，劳动条件好，但设备庞大、占地面积大，湿沉降的处理量大。

任务实施

一、确定沉降速度

1. 重力沉降速度

（1）重力沉降速度　重力沉降速度是指颗粒相对于周围流体的沉降运动速度。其影响因素很多，如颗粒的形状、大小、密度以及流体的密度和黏度等。为了便于讨论，先以形状、大小不随流动情况而变的球形颗粒作为研究对象。

（2）球形颗粒的自由沉降速度计算　如果球形颗粒在重力沉降过程中不受流体、周围颗粒和器壁的影响，则称为自由沉降，反之称为干扰沉降。自由沉降是一种理想的沉降状态，实际生产中的沉降几乎全都是干扰沉降。但由于自由沉降过程的影响因素少，研究起来相对简单。所以，对重力沉降的研究通常从自由沉降入手。

自由沉降应满足下述条件：

① 分散相颗粒为表面光洁度、颗粒直径和密度同一的球形颗粒，不会因颗粒沉降速度

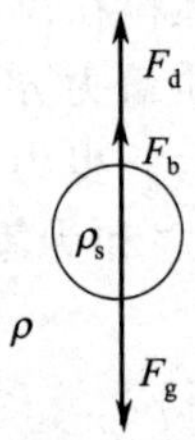

图 4-17 球形
颗粒受力分析

的差异引起撞击干扰。

② 物系中分散相颗粒的浓度较稀，沉降过程中不会发生颗粒与颗粒间的碰撞干扰。

③ 沉降设备的尺寸相对较大，器壁对颗粒的沉降无干扰作用。

④ 连续相的流动稳定、低速，连续相的流动对颗粒的沉降无干扰作用。

如图 4-17 所示，球形颗粒置于静止的流体中，在颗粒密度大于流体密度时，颗粒将在流体中沉降，此时颗粒受到的三个力的作用，即重力（质量力在重力场中常称为重力）、浮力和阻力（即曳力）。

重力
$$F_g = \frac{\pi}{6} d^3 \rho_s g$$

浮力
$$F_b = \frac{\pi}{6} d^3 \rho g$$

阻力
$$F_d = \zeta A \rho \frac{u^2}{2}$$

式中　ρ_s——颗粒的密度，kg/m^3。

根据牛顿第二运动定律，上面三个力的合力等于颗粒的质量与其加速度 a 的乘积，即

$$F_g - F_d - F_b = ma \tag{4-18}$$

如上所述，达到匀速运动后合力为零。

$$F_g - F_d - F_b = 0 \tag{4-19}$$

因此，静止流体中颗粒的沉降过程可分为两个阶段，即加速段和等速段。

由于工业中处理的非均相混合物中，颗粒大多很小，因此经历加速段的时间很短，在整个沉降过程中往往可忽略不计。

等速段中颗粒相对于流体的运动速度 $u = u_t$，u_t 称为沉降速度。又因为该速度是加速段终了时的速度，故又称为"终端速度"。由式(4-19)可知，等速段的合力关系：

$$\frac{\pi}{6} d^3 \rho_s g = \frac{\pi}{6} d^3 \rho g + \zeta A \rho \frac{u_t^2}{2}$$

整理后可得到重力沉降速度 u_t 的关系式

$$u_t = \sqrt{\frac{4gd(\rho_s - \rho)}{3\zeta\rho}} \tag{4-20}$$

利用式(4-20)计算沉降速度时，首先需要确定阻力系数 ζ。通过量纲分析可知，ζ 是颗粒对流体做相对运动时的雷诺数 Re_t 的函数，即

$$\zeta = f(Re_t)$$

$$Re_t = \frac{du_t\rho}{\mu}$$

式中　μ——流体的黏度，$Pa \cdot s$。

ζ 与 Re_t 的关系通常由实验测定，如图 4-18 所示。

为了便于计算 ζ，可将球形颗粒的曲线分为三个区域，即

层流区（$10^{-4} < Re_t \leqslant 2$）
$$\zeta = \frac{24}{Re_t} \tag{4-21}$$

过渡区（$2 < Re_t < 10^3$）
$$\zeta = \frac{18.5}{Re_t^{0.6}} \tag{4-22}$$

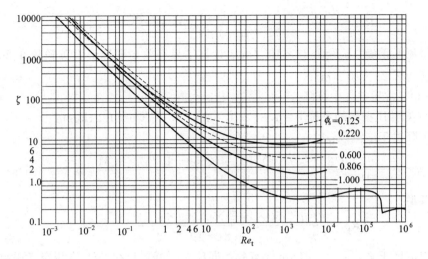

图 4-18　ζ-Re_{t} 的关系图

湍流区（$10^3 \leqslant Re_{\mathrm{t}} < 2 \times 10^5$）　　　　$\zeta = 0.44$　　　　　　　　　　（4-23）

由式（4-21）～式（4-23）及图 4-18 可知，在层流区内，流体黏性引起的摩擦阻力占主要地位，而随着的 Re_{t} 增加，流体经过颗粒的绕流问题则逐渐突出，因此在过渡区，由黏度引起的摩擦阻力和绕流引起的形体阻力二者都不可忽略，而在湍流区，流体黏度对沉降速度基本已无影响，形体阻力占主要地位。

将式（4-21）～式（4-23）分别代入式（4-20），可得到球形颗粒在各区中沉降速度的计算式，即

层流区　　　　　　　　　$$u_{\mathrm{t}} = \frac{d^2(\rho_{\mathrm{s}} - \rho)g}{18\mu}$$　　　　　　　　　（4-24）

过渡区　　　　　　　$$u_{\mathrm{t}} = 0.27 \sqrt{\frac{d(\rho_{\mathrm{s}} - \rho)g}{\rho} Re_{\mathrm{t}}^{0.6}}$$　　　　　　　（4-25）

湍流区　　　　　　　　$$u_{\mathrm{t}} = 1.74 \sqrt{\frac{d(\rho_{\mathrm{s}} - \rho)g}{\rho}}$$　　　　　　　　（4-26）

式（4-24）～式（4-26）分别称为斯托克斯公式、艾伦公式和牛顿公式。

在用以上公式计算颗粒的沉降速度时，由于无法计算雷诺数 Re_{t}，因此常采用试差法，即先假设颗粒沉降属于某个区域，选择相对应的计算公式进行计算，然后再将计算结果用雷诺数 Re_{t} 进行校核，若与原假设区域一致，则计算的 u_{t} 有效，否则，按计算出来的 Re_{t} 值另选区域，直至校核与假设相符为止。

▶ 例4-5　试计算直径为 $50\mu\mathrm{m}$、密度为 $2650\mathrm{kg/m^3}$ 的球形石英颗粒在 20℃水中和 20℃常压空气中的自由沉降速度。

解　① 在 20℃水中沉降

查得 20℃水的黏度，$\mu = 1.01 \times 10^{-3}\mathrm{Pa \cdot s}$，密度 $\rho = 998\mathrm{kg/m^3}$。

假设沉降属于层流区，上述数据代入式（4-24），得：

$$u_{\mathrm{t}} = \frac{d^2(\rho_{\mathrm{s}} - \rho)g}{18\mu} = \frac{(50 \times 10^{-6})^2 \times (2650 - 998) \times 9.81}{18 \times 1.01 \times 10^{-3}} = 2.23 \times 10^{-3} \ (\mathrm{m/s})$$

校核流型：

$$Re_t = \frac{du_t\rho}{\mu} = \frac{50\times10^{-6}\times2.23\times10^{-3}\times998}{1.01\times10^{-3}} = 0.110 < 2$$

假设层流区正确，$u_t = 2.23\times10^{-3}$ m/s 计算结果有效，即球形石英颗粒在 20℃水中自由沉降速度为 2.23×10^{-3} m/s。

② 在 20℃常压空气中沉降

查得 20℃常压空气的黏度 $\mu = 1.81\times10^{-5}$ Pa·s，密度 $\rho = 1.21$ kg/m³。

假设沉降属于层流区：

$$u_t = \frac{d^2(\rho_s-\rho)g}{18\mu} = \frac{(50\times10^{-6})^2\times(2650-1.21)\times9.81}{18\times1.81\times10^{-5}} = 0.199 \ (\text{m/s})$$

校核流型：

$$Re_t = \frac{du_t\rho}{\mu} = \frac{50\times10^{-6}\times0.199\times1.21}{1.81\times10^{-5}} = 0.667 < 2$$

假设层流区正确，$u_t = 0.199$ m/s 有效，即球形石英颗粒在 20℃常压空气中自由沉降速度为 0.199m/s。

结论：同一颗粒在不同介质中沉降时，具有不同的沉降速度。

（3）实际沉降速度的影响因素　上述重力沉降速度的计算式是针对球形颗粒在自由沉降条件下得到的，而在实际生产过程中，颗粒的沉降多为干扰沉降，颗粒在沉降过程中会受到周围颗粒、流体、器壁等因素的影响。一般说来，实际沉降速度小于自由沉降速度。下面对各种影响沉降速度的因素进行分析，以便能够选择较优的操作条件，正确地进行操作。

① 颗粒含量的影响　实际沉降过程中，当颗粒的体积分数大于 0.2% 时，颗粒间相互作用明显，则干扰沉降不容忽视。由于颗粒含量较大，周围颗粒的存在和运动会改变原来单个颗粒的沉降，使颗粒的沉降速度较自由沉降时小。这种情况可先按自由沉降计算，然后按颗粒浓度予以修正，其修正方法参见有关手册。

② 颗粒形状的影响　在实际生产中，非均相物系中的颗粒有时并非球形颗粒。由于非球形颗粒的表面积大于球形颗粒的表面积（体积相同时），因此沉降时非球形颗粒遇到的阻力大于球形颗粒，其沉降速度小于球形颗粒的沉降速度，非球形颗粒与球形颗粒的差异用球形度（Φ_s）表示，球形度的定义为

$$\Phi_s = \frac{\text{与实际颗粒体积相等的球形颗粒的表面积}}{\text{实际颗粒的表面积}}$$

由球形度的定义看，球形颗粒的球形度为 1。一般颗粒的球形度可由实验确定。

从图 4-19 中看出，颗粒球形度越小，阻力系数越大，沉降速度越小，达到一定沉降要求所需的沉降时间越长。

对于非球形颗粒，计算雷诺数时，应当以当量直径 d_e（与实际颗粒具有相同体积的球形颗粒的直径）代替 d，d_e 的计算式为

$$d_e = \sqrt[3]{\frac{6V_p}{\pi}}$$

式中　V_p——实际颗粒的体积，m³。

③ 颗粒大小的影响　从斯托克斯定律可以看出，其他条件相同时，粒径越大，沉降速度越大，越容易分离。如果颗粒大小不一，大颗粒将对小颗粒产生撞击，其结果是大颗粒的沉降速度减小，而对沉降起控制作用的小颗粒的沉降速度加快，甚至因撞击导致颗粒聚集而

进一步加快沉降，这时的沉降速度应根据实验进行测定。

④ 流体性质的影响　流体与颗粒的密度差越大，沉降速度越大；流体的黏度越大，沉降速度越小。因此，对于高温含尘气体的沉降，通常需先散热降温，以便获得更好的沉降效果。

⑤ 流体流动的影响　流体的流动会对颗粒的沉降产生干扰，为了减少干扰，进行沉降时要尽可能控制流体流动处于稳定的低速。因此，工业上的重力沉降设备通常尺寸很大，其目的之一就是降低流速，消除流动干扰。

⑥ 器壁的影响　器壁对沉降的干扰主要有两个方面，一是摩擦干扰，它会使沉降速度下降；二是吸附干扰，它会使颗粒的沉降距离缩短。因此，器壁的影响是双重的。当容器较小时，容器的壁面和底面均能增加颗粒沉降时的曳力，使颗粒的实际沉降速度较自由沉降速度小；当容器尺寸远远大于颗粒尺寸（例如 100 倍以上）时，器壁效应可以忽略，否则需加以考虑。如在层流区，器壁对沉降速度的影响可用下式进行修正：

$$u'_{t} = \frac{u_{t}}{1 + 2.1\left(\frac{d}{D}\right)}$$

式中　u'_{t}——颗粒的实际沉降速度，m/s；
　　　D——容器直径，m。

由上可知，实际沉降速度的计算是相当复杂的，为简化计算，实际沉降可近似按自由沉降处理，由此引起的误差在工程上是可以接受的。

2. 离心沉降速度

细小的颗粒在重力作用下的沉降非常缓慢，为加速分离，人为地使混合物高速旋转，利用离心力的作用使固体颗粒迅速沉降实现分离的操作，称为离心沉降。离心沉降不仅大大提高了沉降速度，设备尺寸也可缩小很多。

当物体受到离心力作用时，产生圆周运动。在与中心轴距离为 R、切向速度为 u_{T} 的位置上，离心加速度为 u_{T}^2/R，若旋转角速度用 ω(rad/s) 表示，离心加速度为 $\omega^2 R$，常用符号 a 表示离心加速度，即 $a = \omega^2 R = u_{T}^2/R$。

与颗粒在重力场中相似，颗粒在离心力场中也受到三个力的作用，即惯性离心力、向心力（与重力场中的浮力相当，其方向为沿半径指向旋转中心）和阻力（与颗粒径向运动方向相反，沿半径指向中心）。

仍讨论球形颗粒，其直径为 d，则上述三个力分别为：

离心力
$$F_{c} = \frac{\pi}{6}d^3 \rho_{s} a$$

向心力
$$F_{b} = \frac{\pi}{6}d^3 \rho a$$

阻力
$$F_{d} = \frac{\pi}{4}d^2 \zeta \frac{\rho u_{r}^2}{2}$$

式中　u_{r}——颗粒与流体在径向上的相对速度，m/s。

当合力为零时
$$F_{c} = F_{b} + F_{d}$$

或
$$\frac{\pi}{6}d^3 \rho_{s} a = \frac{\pi}{6}d^3 \rho a + \frac{\pi}{4}d^2 \zeta \frac{\rho u_{r}^2}{2}$$

颗粒在径向上相对于流体的运动速度 u_r 就是颗粒在此位置上的离心沉降速度，因此：

$$u_r = \sqrt{\frac{4d \cdot (\rho_s - \rho) a}{3\zeta\rho}} \tag{4-27}$$

将式（4-27）和式（4-20）比较后可以看出，颗粒的离心沉降速度与重力沉降速度的计算通式相似。因此计算重力沉降速度的式（4-20）～式（4-22）及所对应的流动区域仍可用于离心沉降，仅需将重力加速度 g 改为离心加速度 a，将 Re_t 中的 u_t 用 u_r 代替即可。

故离心沉降速度计算式为：

层流区
$$u_r = \frac{d^2(\rho_s - \rho)a}{18\mu} \tag{4-28}$$

过渡区
$$u_r = 0.153 \left[\frac{d^{1.6}(\rho_s - \rho)a}{\rho^{0.4}\mu^{0.6}}\right]^{1/1.4} \tag{4-29}$$

湍流区
$$u_r = 1.74 \sqrt{\frac{d(\rho_s - \rho)a}{\rho}} \tag{4-30}$$

校核流型
$$Re_t = \frac{du_r\rho}{\mu} \tag{4-31}$$

进一步比较可见，对于在相同流体介质中的颗粒，离心沉降速度与重力沉降速度之比仅取决于离心加速度与重力加速度之比，其比值称为离心分离因数。

$$K_c = \frac{a}{g}$$

离心分离因数是反映离心沉降设备工作性能的主要参数。显然，旋转角速度越高，半径越大，K_c 则越高。因此可以通过人为地调节离心加速度 a，来获得不同的离心分离因数 K_c，从而说明离心沉降比重力沉降具有更强的适应能力和分离能力，如高速管式离心机，K_c 可达到 60000。

➤ **例4-6** 针对例 4-5 中的石英颗粒在 20℃ 水中沉降的问题，现拟采用离心沉降，旋转半径为 0.1m，旋转线速度为 3m/s，求颗粒的离心沉降速度。

解 由于颗粒的 Re_t 与沉降区未知，计算沉降速度仍需试差。

假设沉降属于层流区，上述数据代入公式（4-28），得：

$$u_r = \frac{d^2(\rho_s - \rho)a}{18\mu} = \frac{(50 \times 10^{-6})^2 \times (2650 - 998) \times 3^2/0.1}{18 \times 1.01 \times 10^{-3}} = 20.46 \times 10^{-3} \ (\text{m/s})$$

校核流型：

$$Re_t = \frac{du_r\rho}{\mu} = \frac{50 \times 10^{-6} \times 20.46 \times 10^{-3} \times 998}{1.01 \times 10^{-3}} = 1.01 < 2$$

假设层流区正确，$u_r = 20.46 \times 10^{-3}$ m/s 计算结果有效，即球形石英颗粒在 20℃ 水中离心沉降速度为 20.46×10^{-3} m/s。

结论：与重力沉降速度相比，离心沉降速度提高了一个数量级。

二、沉降操作要点以及常见故障处理方法

1. 沉降槽的操作

（1）开车前准备　停车 24h 以上的设备，开车前联系电工、仪表工检查电气、仪表的完好情况。检查槽内有无杂物，无杂物时封闭人孔盖。检查流程是否正确（进料管、益流管阀门开闭状态）、管道是否畅通。检查安全防护装置是否完好、工具摆放是否到位、絮凝剂是

否配制好。

(2) 开车操作 启动试空车，注意减速器及耙机运转方向（耙机不能反转）、电流及电压情况，无异常时耙机停车。通知稀释岗位进料、底流泵工做好启泵准备，沉降槽进料后启动耙机并适当加入配制好的絮凝剂。沉降槽有溢流后，改向后序定量进料。出料清液溢流后，通知其他岗位。操作过程中每小时进行一次测定和记录，包括进料温度、进料液固比、沉降速度、压缩液固比、加热水温度、加热水量、沉降槽清液层高度、絮凝剂添加情况。

(3) 停车操作 沉降槽停止进料，停加絮凝剂，关闭絮凝剂进槽阀，适当开启蒸汽阀，保持槽内温度下降，防止水解。停止加热水，槽底流逐步放小，将泥拉空。

2. 沉降槽的维护

沉降槽常见故障与处理方法见表 4-2。

表 4-2 沉降槽的常见故障与处理方法

常见故障	原因	处理方法
沉降槽跑浑	(1)溶出效果不好 (2)絮凝剂添加的影响 (3)排泥量少	(1)及时与溶出岗位联系 (2)提高配制质量，并分批加入 (3)加大底流排泥量
耙料机无法启动	(1)槽底沉渣太厚 (2)电路故障	(1)停车处理沉渣 (2)电工检修

技术评估

一、确定沉降速率

采用试差法，即先假设颗粒沉降属于某个区域，选择相对应的计算公式进行正确计算，然后再将计算结果用雷诺数 Re_t 进行校核，若与原假设区域一致，则计算的 u_t 有效，否则，按计算出来的 Re_t 值另选区域，直至校核与假设相符为止。

二、编写过滤操作规程

结合学校实训装置编制操作规程，参考《危险化学品岗位安全生产操作规程编写导则》(DB37/T 2401) 编写，至少须包含以下内容：

① 岗位任务；

② 生产工艺：工艺原理、工艺流程、主要设备；

③ 工艺控制指标：原料指标、工艺参数指标、操作质量指标；

④ 操作步骤：开车准备、开车、运行、正常停车、生产异常现象及处理措施。

在实训装置上实操验证操作规程的合理性、可行性、安全性，实操应规范、精心、精细，应文明操作。

技术应用与知识拓展

一、离心分离技术

离心分离技术是借助于离心机旋转所产生的离心力，根据物质颗粒的沉降系数、质量、密度及浮力等因子的不同，而使物质分离的技术。

离心机根据转速不同分为常速（低速）、高速和超速三种。

（1）常速离心机　常速离心机又称为低速离心机。其最大转速在 8000r/min 以内，相对离心力（RCF）在 $10^4 g$ 以下，主要用于分离粗结晶等较大颗粒。常速离心机的分离形式、操作方式和结构特点多种多样，可根据需要选择使用。

（2）高速离心机　高速离心机的转速为 $1\times10^4 \sim 2.5\times10^4 r/min$，相对离心力达 $1\times10^4 \sim 1\times10^5 g$，主要用于分离各种沉淀物。

（3）超速离心机　超速离心机的转速达 $2.5\times10^4 \sim 8\times10^4 r/min$，最大相对离心力达 $5\times10^5 g$ 甚至更高一些。超速离心机的精密度相当高。为了防止样品液溅出，一般附有离心管帽；为防止温度升高，均有冷冻装置和温度控制系统；为了减少空气阻力和摩擦，设置有真空系统。此外还有一系列安全保护系统、制动系统及各种指示仪表等。

分析用超速离心机用于样品纯度检测时，是在一定的转速下离心一段时间以后，用光学仪器测出各种颗粒在离心管中的分布情况，通过紫外吸收率或折射率等判断其纯度。若只有一个吸收峰或只显示一个折射率改变，表明样品中只含一种组分，样品纯度很高。若有杂质存在，则显示含有两种或多种组分的图谱。

二、三足式离心机的操作

三足式离心机是化工企业常用的离心分离设备。

（1）开车前检查准备

① 检查机内外有无异物，主轴螺母有无松动，制动装置是否灵敏可靠，滤液出口是否通畅。

② 试空车 3～5min，检查转动是否均匀正常，转鼓转动方向是否正确，转动的声音有无异常，不能有冲击声和摩擦声。

③ 检查确无问题，将洗净备用的滤布均匀铺在转鼓内壁上。

（2）开车

① 物料要放置均匀，不能超过额定体积和质量。

② 启动前盘车，检查制动装置是否拉开。

③ 接通电源启动，要站在侧面，不要面对离心机。

④ 密切注意电流变化，待电流稳定在正常参数范围内，转鼓转动正常时，进入正常运行。

⑤ 注意转动是否正常，有无杂音和振动，注意电流是否正常。

⑥ 保持滤液出口通畅。

⑦ 严禁用手接触外壳或脚踏外壳，机壳上不得放置任何杂物。

⑧ 当滤液停止排出 3～5min 后，可进行洗涤。洗涤时，加洗涤水要缓慢均匀，取滤液分析合格后停止洗涤。待洗涤水出口停止排液 3～5min 后方可停机。

（3）停车

① 停机，先切断电源，待转鼓减速后再使用制动装置，经多次制动，到转鼓转动缓慢时，再拉紧制动装置，完全停车，使用制动装置时不可面对离心机。

② 完全停车后，方可卸料，卸料时注意保护滤布。

③ 卸料后，将机内外检查、清理，准备进行下一次操作。

三、离心机的故障处理

（1）离心机常见故障与处理方法　见表 4-3。

表 4-3　离心机的常见故障与处理方法

常见故障	原因	处理方法
滤液中常有滤渣或外观浑浊	滤布损坏	及时更换滤布
离心机电流过高	(1)滤液出口管堵塞 (2)加料过多,负荷过大	(1)检查处理 (2)减少加料
轴承温度过高	(1)回流小,前后轴回流量不均匀 (2)机械故障,轴承磨损或安装不正确	(1)调节回流量 (2)维修检查
电机温度过高	(1)加料负荷过大 (2)轴承故障 (3)电机故障 (4)外界气温过高	(1)减少加料 (2)维修检查 (3)电工检查 (4)采取降温措施
振动大	(1)供料不均匀 (2)螺栓松动或机械故障	(1)调整使之均匀 (2)停机检查、维修
推料次数减少(活塞推料离心机)	(1)油泵压力降低 (2)换向阀失灵 (3)推料盘后腔结疤	(1)检修油泵 (2)检修或更换新件 (3)清理干净
刮刀动作不灵活(刮刀式离心机)	(1)换向阀失灵 (2)油压不足或油路泄漏 (3)油泵或油缸磨损	(1)修理或更换 (2)检查油路或过滤器 (3)检修或换新件

（2）离心机的日常维护

① 运转时主要检查有无杂音和振动，轴承温度是否低于 65℃，电机温度是否低于 90℃，密封状况是否良好，地脚螺钉有无松动。

② 严格执行润滑规定，经常检查油箱、油位、油质，润滑是否正常，是否按"三过滤"的要求注油。

③ 定期洗鼓。转鼓要按时清洗，清洗时先停止进料，将自动改为手动；打开冲洗水阀门，至将整个转鼓洗净；不要停机冲洗，以免水漏进轴承室。

④ 卧式自动离心机停车时，让其自然停止，不得轻易使用紧急制动装置。不要频繁启动离心机。

测试题

4-1　在化工生产中常见的非均相物系有哪几类？请举例说明。

4-2　通过查阅信息，指出城市污水处理厂处理污水过程中采用了几种非均相物系分离技术，采用了几种分离设备，是否有更好的替代设备。

4-3　请为下列浆料选择过滤介质。

（1）污水处理厂污泥；（2）硫酸铜结晶；（3）颗粒直径小于 $5\mu m$ 的药物浆料。

4-4　影响恒压过滤速度的因素有哪些？过滤常数 K 的增大是否有利于加快过滤速度？q_e 增大又怎样？

4-5　当滤布阻力可以忽略时，若要恒压操作的板框压滤机取得最大的生产能力，在下列两种条件下，需如何确定过滤时间？

（1）若已规定每一循环中的辅助时间为 t_D，洗涤时间为 t_W。

（2）若已规定每一循环中的辅助时间为 t_D，洗水体积与滤液体积之比值为 a。

4-6　过滤面积为 $0.093 m^2$ 的小型板框压滤机，恒压过滤含碳酸钙颗粒的悬浮液。过滤时间为 50s 时，得到滤液 $2.27\times10^{-3} m^3$，过滤时间为 100s 时，共获得滤液 $3.35\times10^{-3} m^3$，问过滤时间为 200s 时，共能获得多少体积的滤液？

4-7　拟在 9.81kPa 的恒定压强下过滤某一悬浮液，过滤常数 K 为 $4.42 \times 10^{-3} \mathrm{m^2/s}$。已知水的黏度为 $1 \times 10^{-3} \mathrm{Pa \cdot s}$，过滤介质阻力可忽略不计，求：（1）每平方米过滤面积上获得 $1.5\mathrm{m^3}$ 滤液所需的过滤时间；（2）若将此过滤时间延长一倍，可再得滤液多少？

4-8　BMS 50/810-25 型板框压滤机，滤框尺寸为 810mm×810mm×25mm，共 36 个框，现用来恒压过滤某悬浮液。在操作条件下的过滤常数为 $K = 2.72 \times 10^{-5} \mathrm{m^2/s}$；$q_e = 3.45 \times 10^{-3} \mathrm{m^3/m^2}$。每滤出 $1\mathrm{m^3}$ 滤液的同时，生成 $0.148\mathrm{m^3}$ 的滤渣。求滤框充满滤渣所需的时间。若洗涤时间为过滤时间的 2 倍，辅助时间 15min，其生产能力为多少？

4-9　如何计算理想状态下的自由沉降速度？同时说明实际生产过程中沉降速度如何确定。

4-10　密度为 $1030\mathrm{kg/m^3}$、直径为 $400\mu\mathrm{m}$ 的球形颗粒在 150℃ 的热空气中降落，假设沉降在层流区。求其沉降速度。

4-11　求密度为 $2150\mathrm{kg/m^3}$ 烟灰球粒在 20℃ 的空气中作层流沉降的最大直径。

4-12　直径为 $10\mu\mathrm{m}$ 的石英颗粒随 20℃ 的水做旋转运动，在旋转半径 $r=0.05\mathrm{m}$ 处的切向速度为 12m/s，求该处的离心沉降速度和离心分离因数。

4-13　根据实训老师给定浆料的物性，选择过滤方式及设备，写出完整的操作规程，并在校内实训装置上进行实操。

项目五

气固相物系分离技术与操作

岗位任职要求

知识要求

掌握气固混合物系分离设备的种类、结构、工作原理、特点、选用方法；气固分离典型设备，如袋滤器、旋风分离器的操作及维护要领，包括设备投运前准备、启动、停运及常见事故的处理方法等。

理解气固分离技术相关知识，如离心沉降速度及计算、重力沉降设备、离心沉降设备的应用等。

了解气固分离的电除尘技术，如静电除尘器的原理及设备的操作要领等。

能力要求

能根据气固物系特性及分离任务要求初步选择分离方式和分离设备；能进行袋式过滤器的基本操作，进行日常维护；能根据生产任务和设备特点制定设备的技术操作规程及安全操作方案。

素质要求

具有严格遵守操作规程的职业素质和安全生产、环保节能的职业意识；具有敬业、精益、专注、创新的工匠精神和团结协作、积极进取的团队精神；具备追求知识、独立思考、勇于创新的科学态度和理论联系实际的思维方式；具备安全可靠、经济合理的工程技术观念。

主要符号意义说明

英文字母

m——颗粒质量，kg；

a——力场加速度，m/s^2；

g——重力加速度，9.81m/s^2；

V_P——颗粒的体积，m^3；

u_t——颗粒的沉降速度，m/s；

l——降尘室的长度，m；

h——降尘室的高度，m；

q_V——降尘室的生产能力，m^3/s；

b——降尘室的宽度，m；

Re——雷诺数，无因次数群；　　　　　　ζ——阻力系数；

A——过滤面积，m^2。　　　　　　　　　μ——流体的黏度，$Pa\cdot s$；

希文字母　　　　　　　　　　　　　　　τ——停留时间，s；

ρ——流体的密度，kg/m^3；　　　　　　ε——饼层空隙率；

ρ_s——颗粒的密度，kg/m^3；　　　　　　r——滤饼比阻，m^{-2}。

项目导言

　　化工生产中经常会遇到需要处理的气固相物系，如染料生产中，染料浆料经干燥器干燥后为典型的气固相物系，通过旋风分离收集绝大多数产品，少量尾气通过布袋收尘器收集。类似生产状况在一些粉状化工产品的后处理工段中普遍存在。在某些无机化工、水泥、冶金等生产中，常涉及高温煅烧，产生含尘高温气固相物系，工业上通常采用沉降、旋风分离收集大部分固体物料，再用如布袋除尘器、静电除尘器等收集微小颗粒，使排出的尾气达到环境保护。

　　按照分离操作的依据和作用力的不同，气固相物系分离技术除沉降分离技术、过滤分离技术、旋风分离技术外，还涉及静电分离技术和湿法分离技术。

　　静电分离技术：依据两相带电性的差异，在电场力的作用下进行分离的操作技术。如静电除尘等。

　　湿法分离技术：依据两相在增湿剂或洗涤剂中接触阻留情况不同，两相得以分离的操作技术。如文氏洗涤器、泡沫除尘器。

任务一　含尘气体过滤分离技术与操作

任务情景

　　某染料化工企业有一套年产 KN-R 活性染料 1000t 的生产装置，反应后经盐析、过滤得湿染料，再干燥。这个工艺中盐析工段投入较多的盐，盐析后经压滤，盐全部进入废水中，产生大量高浓度含盐废水。为此，准备进行技术改进，取消盐析，干燥改用喷雾干燥。空气通过过滤器和加热器，进入干燥塔顶部，然后呈螺旋状均匀地进入干燥室。反应后的料液由料液槽经过滤器由泵送至干燥塔顶的离心雾化器，与热空气并流接触，在极短的时间内干燥为成品。成品由干燥塔底部和旋风分离器排出，废气经风机排出，废气中含少量 0.002mm 粒径的染料粉尘，密度为 $1.12g/cm^3$，气体流量 $12500m^3/h$，为了减排降耗，需要回收废气中的染料粉尘。作为车间技术员，为本次技改完成以下任务。

工作任务

1. 选用气固相物系分离设备。
2. 编制操作规程。

技术理论与必备知识

一、重力沉降设备

　　（1）降尘室　当含有颗粒的气体进入降尘室气道后，因流道截面积扩大而速度减慢，只要颗粒能够在气体通过降尘室的时间内降至室底，便可从气流中分离出来。生产中，为了提高气固分离的能力，在气道中可加设若干块折流挡板，延长气流在气道中的行程，增加气流在降尘室的停留时间，还可以促使颗粒在运动时与器壁和挡板的碰撞，而后落入器底或集尘斗内，从而提高分离效率。

为了提高分离效率，还可采用多层（隔板式）降尘室。它是在降尘室内设置若干层水平隔板构成的。当含尘气体经过气体分配道进入隔板缝隙，颗粒将沉降到各层隔板的表面，洁净气体自气体集聚道汇集后再由出口气道排出。多层降尘室虽然提高了分离效率，增大了处理量，能分离较细颗粒，但清灰比较麻烦。

降尘室在操作时，应注意气流速度不宜过大，保证气流在层流区流动，以免干扰颗粒的沉降或把已沉降下来的颗粒重新扬起。一般气流速度控制在 1.2～3m/s。

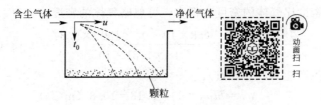

图 5-1　颗粒在降尘室内的运动情况

为了方便计算，将降尘室的气道看作为一个具有宽截面的长方体通道，如图 5-1 所示，从颗粒在降尘室内的运动情况看，气体在降尘室内的停留时间为

$$\tau = \frac{l}{u} \tag{5-1}$$

式中　τ——气流在气道内的停留时间，s；

　　　l——降尘室的长度，m；

　　　u——气流在降尘室的水平速度，m/s。

颗粒在降尘室中所需的沉降时间（以降尘室顶部计算）

$$\tau' = \frac{h}{u_0} \tag{5-2}$$

式中　h——降尘室的高度，m；

　　　u_0——气流在降尘室的垂直速度，m/s。

要使某粒径颗粒能够从气流中分离出来，则气流在降尘室内的停留时间必须大于或等于该粒径颗粒从降尘室的最高点降至室底所需的时间，这是降尘室设计和操作必须遵守的基本原则。即

$$\tau \geqslant \tau'$$
$$\frac{l}{u} \geqslant \frac{h}{u_0} \tag{5-3}$$

即停留时间应不小于沉降时间。

气流在降尘室的水平速度为：

$$u = \frac{q_V}{hb} \tag{5-4}$$

式中　q_V——降尘室的生产能力，m³/s；

　　　b——降尘室的宽度，m。

将式(5-4) 代入式(5-3)，并整理得

$$q_V \leqslant blu_0 \tag{5-5}$$

可见，降尘室的生产能力只与沉降面积 bl 和颗粒的沉降速度 u_0 有关，而与降尘室的高度 h 无关。因此，降尘室常做成扁平形状。

若降尘室为多层隔板式，隔板层数为 n，其生产能力为

$$q_V \leqslant (1+n)blu_0 \tag{5-6}$$

例5-1 粒径为 $58\mu m$，密度为 $1800 kg/m^3$，温度为 $20℃$，压力为 $101.3 kPa$ 的含尘气体，在进入反应器之前需要除去尘粒并升高温度至 $400℃$，降尘室的底面积为 $60 m^2$，试计算先除尘后升温和先升温后除尘两种方案的气体最大处理量。已知 $20℃$ 时气体的黏度为 $1.81×10^{-5} Pa·s$，$400℃$ 时气体的黏度为 $3.31×10^{-5} Pa·s$。

解 ① $20℃$ 时气体最大处理量

由于颗粒的密度比气体的密度大得多，可忽略气体的密度。

$$u_0 = \frac{d^2(\rho_s - \rho)g}{18\mu} = \frac{(58×10^{-6})^2 ×1800×9.81}{18×1.81×10^{-5}} = 0.18 \ (m/s)$$

气体的最大生产能力（处理量）：

$$q_V = blu_0 = 60×0.18 = 10.8 \ (m^3/s)$$

② $400℃$ 时气体最大处理量

$$u_0 = \frac{d^2(\rho_s - \rho)g}{18\mu} = \frac{(58×10^{-6})^2 ×1800×9.81}{18×3.31×10^{-5}} \approx 0.1 \ (m/s)$$

气体的最大生产能力（处理量）：

$$q_V = blu_0 = 60×0.1 = 6 \ (m^3/s)$$

结论：升高温度，气体黏度增大，降尘室生产能力下降。因此，在生产中通常是对含尘气体先进行降温处理，再进行分离操作。

（2）多层降尘室 实际生产中应用较为广泛的重力沉降设备为多层隔板式降尘室，其结构见图 5-2。

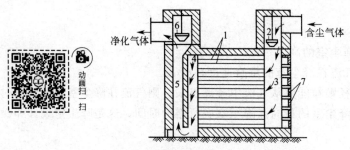

图 5-2　多层隔板式降尘室
1—隔板；2、6—调节阀；3—气体分配道；
4—气体集聚道；5—气道；7—出灰口

① 结构 多层隔板式降尘室是处理气固相混合物的设备。在砖砌的降尘室中放置很多水平隔板（搁板），隔板间距通常为 $40\sim100mm$，目的是减小灰尘的沉降高度，以缩短沉降时间，同时增大了单位体积沉降器的沉降面积，即增大了沉降器的生产能力。

② 工作过程 操作时含尘气体经气体分配道进入隔板缝隙，进、出口气量可通过流量调节阀调节；洁净气体自隔板出口经气体集聚道汇集后再由出口气道排出，流动中颗粒沉降至隔板的表面，经过一定操作时间后，从除尘口将灰尘除去。为了保证连续生产，可将两个降尘室并联安装，操作时交替使用。

③　特点　降尘室具有结构简单、操作成本低廉、对气流的阻力小、动力消耗少等优点；缺点是体积及占地面积较为庞大、分离效率低。适于分离重相颗粒直径在 $75\mu m$ 以上的气相非均相混合物。

（3）降尘气道

①　结构　降尘气道也是用以分离气体非均相物系的重力沉降设备，常用于含尘气体的预分离。结构如图 5-3 所示，其外形呈扁平状，下部设集灰斗，内设折流挡板。可直接安装在气体管道上。

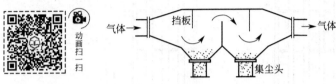

图 5-3　降尘气道

②　工作过程　含尘气体进入降尘气道后，因流道截面扩大而流速减小，增加了气体的停留时间，使尘粒有足够的时间沉降到集灰斗内，即可达到分离要求。气道中折流挡板的作用有两个：第一增加了气体在气道中的行程，从而延长气体在设备中的停留时间；第二对气流形成干扰，使部分尘粒与挡板发生碰撞后失去动能，直接落入器底或集尘头内。

③　特点　降尘气道构造简单，由于降尘气道可直接安装在气体管道上，所以无需专门的操作，但分离效率不高。

二、袋滤器

使含尘气体穿过袋状滤布，以除去其中的尘粒的设备称为袋滤器。袋滤器常用于气体除尘。

①　结构　图 5-4 是一种袋滤器的结构示意图。袋式过滤机是一种压力式过滤装置，其主要过滤元件是由一系列悬挂的圆筒形布袋，以及过滤筒盖和快开机构、不锈钢滤袋加强网等主要部件组成。

②　工作过程　气体从入口进入布袋内，穿过布袋从上面出来，进入出气总管，由排风机抽走，排风机的设计要使器内略呈负压。尘粒被布袋截留，并沉积在布袋上，操作一定时间后由上部的振动与反吹装置进行清灰处理。清灰时的操作过程如下：通过顶部的反吹振动清灰执行机构定时把调节风门转到振动清灰的位置。因器内略呈负压，所以空气即被抽入器内，由布袋外侧穿过布袋，对布袋进行反吹清灰。与此同时，振动机构使布袋产生强烈振动，促进清灰。粉尘落入底部灰箱，从出口定期排出。整个袋滤器由若干个如图所示的单元并联组合而成。反吹形成的含尘气体进入其他的单元进行过滤。

布袋除尘器的除尘效率高，一般可达 90% 以上，可以除去粒径小于 $1\mu m$ 的粉尘。常用在旋风分离器后作为末级除尘设备。

袋滤器按气体进气方式可分为内滤式和外滤式。内滤式是含尘气体由袋内向袋外流动，粉尘滤在袋内。外滤式则是粉尘分离在袋外，其袋内须设有骨架，以防滤袋被吹瘪。袋滤器又可按清灰方法分为人工拍打式、机械振打式、气环反吹式和脉冲式。袋滤器中每个滤袋的长度为 $2\sim3.5m$，直径为 $120\sim300mm$，多数情况下气体的过滤速度为 $0.6\sim0.8m/min$。布袋除尘器的使用受粉尘性质和布袋材料耐温性的限制，天然纤维最高使用温度 $80\sim90℃$，合成纤维 $80\sim130℃$，其中耐酸聚酰胺纤维可达 $200℃$，玻璃纤维可达 $250℃$。一般，耐高温材料价格比较昂贵。黏性颗粒不宜采用袋滤器。

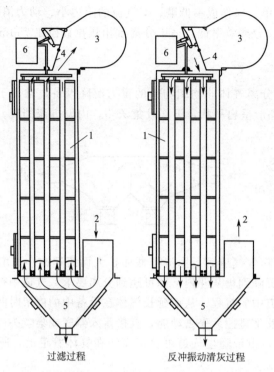

动画扫一扫

图 5-4　袋滤器

1—布袋；2—入口；3—出气总管；4—调节风门；5—集尘室；6—反吹振动清灰执行机构

③ 特点　滤袋侧漏概率小，体积小，容污量大，过滤品质高；袋式过滤可承载更大的工作压力，压损小，运行费用低，应用范围广，节能效果明显；更换滤袋时方便快捷，而且过滤机免清洗，省工省时。

三、湿法除尘器

动画扫一扫

湿法除尘器是使气体与水接触将其中尘粒除去的设备。一般在湿法除尘的同时气体被冷却，所以它常用于高温炉气的冷却与除尘。

湿法除尘器的形式很多，一般的气液传质设备，如文丘里管、喷洒塔、填料塔、板式塔，只要固体颗粒不在其中沉积堵塞，都可以用作除尘设备，此外还有一些主要用于湿法除尘的专用设备，如旋风水膜除尘器、自激喷雾洗涤器等，这些设备往往利用几种效应的同时作用使颗粒分离。

1. 文丘里除尘器

文丘里除尘器又叫文丘里洗涤器，是分离效率较高的湿法净制设备，由文丘里洗涤管（即文氏管，包括收缩管、喉管和扩散管三部分）和旋风分离器所构成。如图 5-5 所示，液体由喉管外围的环形夹套经若干径向小孔引入，含尘气体以高速通过喉部把液体喷成很细的雾滴。悬浮的灰尘和液滴接触，被液体润湿捕集，进入旋风分离器被分离出来，气体即被净制。文氏管中液体用

图 5-5　文丘里除尘器

1—洗涤管；2—有孔喉管；

3—旋风分离器；4—沉降槽

量一般为气体流量的 $0.05\% \sim 0.15\%$。

文丘里管的几何形状与尺寸的确定以保证净化效率和减小流体阻力两方面综合考虑为基本原则。一般收缩管中心角 $23° \sim 25°$，出口管中心角 $6° \sim 8°$，喉管处的流速 $40 \sim 120\text{m/s}$。

文丘里除尘器结构简单，操作方便，除尘效率高（对于 $0.5 \sim 1.5\mu\text{m}$ 的尘粒，分离效率可达 99%）；可单独使用，也可串联使用；可用来除去雾沫。缺点是压强降较大，一般为 $1000 \sim 5000\text{Pa}$；消耗能量较大。

2. 旋风水膜除尘器

图 5-6 是旋风水膜除尘器的示意图。设置在筒体上部的喷嘴由切向将水喷在器壁上，使内壁上形成一层很薄的不断下流的水膜，含尘气体由筒体下部切向导入，旋转上升，粉尘靠离心力的作用甩向器壁而为水膜黏附，随水沿器壁流下而后排出。这种设备是旋风分离与水膜除尘的综合利用，除尘效率较高。因为它主要利用颗粒受惯性离心力的沉降作用，所以它的操作原理与旋风分离器类似。

3. 泡沫除尘器

图 5-7 是一台泡沫除尘器的简图。器的外壳是圆形或方形，分成上下两室，中间隔有筛板，下室有锥形底。水或其他液体由上室的一侧靠近筛板处的进液室进入，受到经筛板上升的气体的冲击，产生很多泡沫，在筛板上形成一层流动的泡沫层。含尘气体由下室进入，当它上升时，较大的灰尘被少部分下降的液体冲洗带走，由器底排出。气体中微小的灰尘在通过筛板后，被泡沫层截留，并随泡沫层经器的另一侧的溢流挡板排出。净制后的气体由器顶排出。泡沫除尘器中，由于气液两相的接触面积很大，分离效率很高。若气体中所含的尘粒直径大于 $5\mu\text{m}$，分离效率可达 99%。为了提高分离效率，可设置双层或多层筛板。

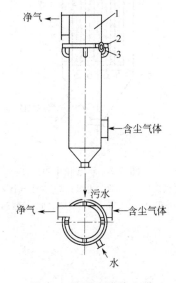

图 5-6　旋风水膜除尘器
1—外壳；2—供水管；3—进水管（内接喷嘴）

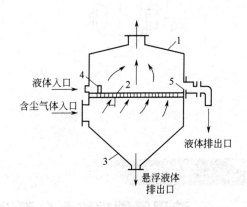

图 5-7　泡沫除尘器
1—外壳；2—筛板；3—锥形底；4—进液室；5—液流挡板

4. 湍球塔

湍球塔是一种高效除尘设备，如图 5-8 所示，其主要构造是在塔内栅板间放置一定量的轻质空心塑料球。由于受到经栅板上升的气流冲击和液体喷淋，以及自身重力等多种力的作用，轻质空心塑料球悬浮起来，剧烈翻腾旋转，并互相碰撞，使气液得到充分接触，除尘效率很高。空心塑料球常用聚乙烯或聚丙烯等材料制成。

四、静电除尘器

当气体中含有某些极微细的尘粒或露滴时，可用静电除尘器予以分离。含有悬浮尘粒或露滴的气体通过金属板间的高压直流静电场，气体发生电离，生成带有正电荷与负电荷的离子。离子与尘粒或雾滴相遇而附于其上，使后者带有电荷而被电极所吸引，尘粒便从气体中除去。

图 5-9 所示为具有管状收尘电极的静电除尘器。静电除尘器能有效地捕集 $0.1\mu m$ 甚至更小的烟尘或雾滴，分离效率可高达 99.99%，阻力较小，气体处理量可以很大。低温操作时性能良好，也可用于 500℃ 左右的高温气体除尘。缺点是设备费和运转费都较高，安装、维护、管理要求严格，所以一般只用于要求除尘效率高的场合。

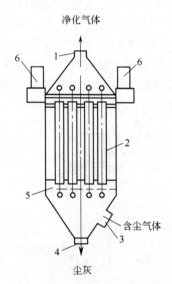

图 5-8　湍球塔
1—栅板；2—喷嘴；3—除雾器；
4—人孔；5—供水管；6—视镜

图 5-9　静电除尘器
1—净气出口；2—收尘电极；3—含尘气体入口；
4—灰尘出口；5—放电电极；6—绝缘箱

任务实施

一、选用气固相物系分离设备

气固相物系分离技术涉及沉降分离、过滤分离、静电分离、湿法分离等多项技术，因此相应的设备品种较多，如降尘室、降尘气道、旋风分离器等沉降设备，袋式过滤器等过滤设备，静电除尘器等电除尘设备，喷洒塔、填料塔等湿法除尘设备。

气固分离需要处理的固体颗粒直径通常有一个分布，一般可采用如下分离方法和设备。

（1）利用降尘室除去 $50\mu m$ 以上的粗大颗粒　降尘室投资及操作费用较低，颗粒浓度越大，除尘效率越高。常用于含尘气体的预分离，以降低颗粒浓度，以利于后续分离过程。

（2）利用旋风分离器除去 $5\mu m$ 以上的颗粒　旋风分离器结构简单、操作容易、价格低廉，设计适当时，除尘效率可达90％以上，但对 $5\mu m$ 以下颗粒的分离效率仍较低，适用于中等捕集要求以及非黏性、非纤维状固体的除尘操作。

（3）$5\mu m$ 以下颗粒的分离可选用湿式除尘器、袋式过滤器及电除尘器　湿式除尘器利用尘粒的润湿性，通过水或其他液体的惯性碰撞、黏附等作用除去颗粒，以文氏管洗涤器最为典型。湿式除尘器可除去 $1\mu m$ 以上的颗粒，结构简单，操作及维修方便，适用于各种非黏性、非水硬性的粉尘。主要缺点是需要处理产生的污水，回收固体比较困难，并需采用捕沫器清除净化气中夹带的雾沫，对气体阻力大，操作费用较高。

袋式过滤器利用纤维织物织成的透气布袋截留颗粒，可除去 $0.1\mu m$ 以上的颗粒，用于气体的高度净化和回收干粉，造价低于电除尘器，维修方便。主要缺点是不适用于黏附性强及吸湿性强的粉尘，设备尺寸及占地面积大，操作成本也较高。

电除尘器利用高压电场使含尘气体分离，荷电后的尘粒在电场力的作用下沉降到电极表面，从而实现分离。电除尘器可除去 $0.01\mu m$ 以上的颗粒，效率高，处理能力大，可用于高温，气体的流动阻力小，操作费用低，但初期投资大，要求粉尘电阻率在 $10^5 \sim 10^{11}\Omega \cdot cm$ 之间。

二、袋滤器操作要点及常见故障处理方法

1. 袋滤器的操作

以 YC 袋式过滤除尘器为例，操作可分为以下四个步骤：投运前检查—启动—运行—停运。

袋式除尘器的各项操作必须按规定的程序进行。

（1）投运前检查　为防止启动期间因烟气中水分结露和未对各部件进行检查而造成对设备的损坏，须采用以下主要检查步骤：

① 确认所有的孔洞和缝隙是否已密封好，同时确认所有需润滑的部件是否已添加适当的润滑油，以及所有设备内部的碎屑和杂质是否已经清除。

② 确认电机转向正确后，再轮流开动排灰装置（如有的话），注意有无异常。观察旋转机构是否灵活，电机保险断路应处于工作状态。检查传动机构油面高低是否符合标准。

③ 检查各电加热器（如果有）是否完好，温度继电器是否动作，同时调整好上下限。确认所有工作人员都已从除尘器内出来。严格检查各检修人孔门的密封垫料有无脱落，人孔门是否关紧密封。门四周螺栓必须拧紧，不允许漏风。

④ 检查电气控制板上报警装置的功能。可按动每个控制板上标有"试验"字样的按钮来模拟报警。检查电源网络电压是否正常，气源压力是否正常，喷吹压力调整是否在允许范围内。

⑤ 检查进出口风门开启情况，手动、电动是否灵活。检查料位仪动作情况，如采用核料位仪则要打开阀门，检查电气控制板上控制仪表的显示值。如采用电容式料位仪要进行复位检测，调整零位。

⑥ 如采用蒸气加热系统，则要检查管路系统有无泄漏，法兰处连接是否可靠，各阀等启动是否灵活。

⑦ 试动作清灰操作循环的全过程，以检查每个脉冲阀、提升阀的操作是否正确。

⑧ 对各类阀门，如进排气阀、卸灰阀、螺旋输送机等进行调试，先手动后电动，各机械部件应无松动、卡死现象，轻松灵活，密封性好。

（2）启动 试车前应再一次检查箱体内是否有杂物，各处密封是否可靠，运动部件是否动作灵活，电路控制系统接线是否正确，压缩空气的压力是否符合要求。一切正常后，可按下列程序进行调试试车：

① 投运前的检查工作完毕后，所有安全措施得以落实，所有工作人员已就位。

② 首先调试脉冲喷吹控制系统。接通压缩气源，并向电磁阀输入动作信号，检查各气动元件动作是否符合设定要求。

③ 启动输灰系统，检查是否合乎工作要求。

④ 空载下，启动引风机，缓缓打开引风机调节阀，使其达到工艺通风要求，并观察设备运行情况，同时逐室检查脉冲喷吹效果。

⑤ 一定要等引风机全部正常启动，达到规定值后，再逐个开启各吸尘罩的阀门，否则会造成风机电机过流烧毁。

⑥ 除尘器开始带尘运行时先不要开启清灰装置，应使粉尘慢慢积聚在滤袋外表面上，运行一段时间后，再开动清灰装置。设定清灰周期应通过反复试验来确定，并将此控制程序固定在微机内。

⑦ 以上一切备妥可按下列步骤开机运行：将主开关置"通"位置。将二次控制"电源"开关置"通"位置，"电源"指示灯亮。将本柜/远程（中控机旁）选择为本柜或远程启动，相应的指示灯亮起。建议选取"自动""在线""定压"控制方式，本方式过滤面积不会变小，根据进出口差压清灰，可以延长布袋使用寿命。

（3）停运 当本设备因各种原因须停运时，可按下列步骤进行：

① 关闭风机，切断烟道烟气，关闭各吸尘点阀门。

② 让清灰装置继续运行至少一个周期，彻底清灰后再关闭清灰系统。

③ 清灰系统停运后，让输灰系统继续工作，使灰斗内的积灰排空后再停运输灰系统设备。

④ 各系统设备停机必须先停前沿设备，再停后边设备。

⑤ 切断总的电源开关。

2. 袋式过滤机常见故障及处理

（1）袋式过滤机常见异常现象与处理方法（表5-1）

表5-1 袋式过滤机常见异常现象与处理方法

常见故障	原　因	处理方法
运行阻力大	(1)结露糊袋 (2)脉冲阀不工作 (3)灰斗堵灰 (4)喷吹管移位	(1)堵塞漏风,提高烟气温度,加强通风 (2)清理或更换滤袋 (3)检查喷吹管 (4)检查气路系统及空气压缩机
运行阻力小	(1)工艺系统不工作 (2)滤袋破损 (3)测压装置失灵	(1)恢复系统工作 (2)此时可见排放浓度增加,应更换或修补滤袋 (3)更换或修理测压装置
脉冲阀不工作	(1)电源断电或清灰控制器失灵 (2)脉冲阀内有杂物 (3)电磁阀线圈烧坏 (4)压缩空气压力太低	(1)恢复供电,修理清灰控制器 (2)仔细清理脉冲阀 (3)更换电磁阀线圈 (4)检查气路系统及空压机
提升阀不工作	(1)电源断电或清灰控制器失灵 (2)提升阀内有杂物 (3)电磁阀线圈烧坏 (4)压缩空气压力太低	(1)恢复供电,修理清灰控制器 (2)仔细清理提升阀 (3)更换电磁阀线圈 (4)检查气路系统及空压机

（2）日常维护保养

① 设专人对袋除尘器的运行和保养负责，负责人必须对袋式除尘器有相当的经验。操作人员须仔细挑选和培训，应对袋式除尘器系统的构造和功能充分了解。

② 操作人员必须每天对设备运行情况进行认真记录。

③ 运行过程中操作人员每班应对除尘器巡视一次，检查清灰系统的工作情况和其他可能出现的电气故障等。

技术评估

一、选择分离方法及设备

分离方法及设备的合理性需要考虑以下方面因素：

① 分离物系性质。本任务为气固物系分离，因此，采用气固物系分离方法及设备；

② 分离目的。本任务要求尾气符合环保排放要求，分离效率要求高；同时，分离收集的固体颗粒作为产品，考虑两方面的目的选用分离方法和高效的分离设备；

③ 固体颗粒性质。颗粒粒径、可燃性、密度等性质选用分离方法及设备；

④ 安全环保因素。考虑固体颗粒物的可燃性，分离后是否会产生二次废物等因素；

⑤ 经济因素。考虑综合分离效率、设备投资、运行成本、安装空间等因素。

二、编写操作规程

结合学校具备气固分离实训装置编制操作规程，参考《危险化学品岗位安全生产操作规程编写导则》（DB37/T 2401）编写，至少须包含以下内容：

① 岗位任务；

② 生产工艺：工艺原理、工艺流程、主要设备；

③ 工艺控制指标：原料质量指标、产品质量指标、工艺参数指标、分析指标；

④ 操作步骤：开车准备、开车、运行、正常停车、生产异常现象及处理措施。

在实训装置上实操验证操作规程的合理性、可行性、安全性，实操应规范、精心、精细，应文明操作。

技术应用与知识拓展

一、静电除尘器

静电除尘器的工作原理是利用高压电场使烟气发生电离，气流中的粉尘荷电，在电场作用下与气流分离。负极由不同断面形状的金属导线制成，叫放电电极。正极由不同几何形状的金属板制成，叫集尘电极。静电除尘器的性能受粉尘性质、设备构造和烟气流速等三个因素的影响。粉尘的比电阻是评价导电性的指标，它对除尘效率有直接的影响。比电阻过低，尘粒难以保持在集尘电极上，致使其重返气流。比电阻过高，到达集尘电极的尘粒电荷不易放出，在尘层之间形成电压梯度会产生局部击穿和放电现象。这些情况都会造成除尘效率下降。

二、静电除尘器的操作

（1）启动前的检查

① 查看常设遮栏、标示牌等处于正常状态。

② 所有设备部件齐全，并清楚正确，各结合面严密不漏、完整，照明充足。

③ 各振打装置的电动机、减速箱、联轴器、保险片、防护罩应完好，转动部无碰磨、卡涩现象，润滑油油位正常，油质合格。

④ 卸灰装置转动灵活，所有开关复位。

⑤ 所投入的电场除灰系统合格。

⑥ 高压硅整流变压器间隔内整洁无杂物、无漏油，油质合格，油位正常等，并保证所有高压开关位置正确，接触良好。

⑦ 所有仪表、电源开关保护装置、调节装置、温度巡测装置、报警信号、指示灯等完好、齐全、正常。

（2）启动前的准备工作

① 锅炉点火前 8h，投入高压绝缘子室，顶部大梁及阴极振打电瓷转轴等加热装置的温度巡测装置，观测热情况应正常，控制加热温度在 100～120℃ 之间。

② 锅炉点火前 12h，投入灰斗加热装置。

③ 锅炉点火前 2h 启动电极的振打装置，确认转动方向正确，工作情况良好。采用连续振打，等电场投入正常后改为定期振打。

④ 随着锅炉点火启动，随时注意在低烟温情况下的灰斗上灰及粒位指示，确保灰斗不堵。

（3）启动

① 在锅炉点火后期燃烧稳定，锅炉负荷达到额定的 70% 左右或者排烟温度达到 110℃ 时启动。

② 电除尘器高压柜合闸投入，依次投入四个电场。

③ 电除尘投运初期，二次电流电压控制在 100mA 以内，锅炉达到稳定负荷，可根据锅炉的负荷调整二次电流电压。

④ 在锅炉燃烧过程时不允许投入电场，只有在接到锅炉燃油停止的通知后才可投入电除尘器。

⑤ 电场正常投运后，振打、绝缘子室加热装置等均切换为自动控制。

（4）正常停运

① 锅炉机组负荷降低到 50% 以下时停止电除尘器运行。

② 当电除尘器入口烟温降低到 100℃ 以下时应停止电除尘器运行。

③ 锅炉机组故障灭火停炉，应立即停止电除尘器运行。

④ 除灰系统出现故障，短时间内不能恢复时，停止该电场运行。

任务二　含尘气体离心技术与操作

任务情景

本项目任务一的化工企业在采用布袋除尘器收集尾气中的染料粉尘过程中，发现其中含有部分大颗粒（>6μm）染料产品，造成布袋除尘器负荷过大，需要重新选用旋风分离器。作为车间技术员，请帮助企业完成选型任务。

1. 选择旋风分离器型号。
2. 编制旋风分离器的操作规程。

一、气固相离心沉降技术

当重相颗粒的直径小于 $75\mu m$ 时，在重力作用下的沉降非常缓慢。为加速分离，对此情况可采用离心沉降。

离心沉降是利用连续相与分散相在离心力场中所受离心力的差异使重相颗粒迅速沉降实现分离的操作。类似地，离心沉降速度是指重相颗粒相对于周围流体的运动速度。

当质量为 m 的物体做等角速度圆周运动时，若令：旋转半径为 r，m；转速为 n，r/s；旋转角速度为 ω，rad/s；切向速度为 u_t，m/s。则有 $\omega=2\pi n$，$u_t=\omega r$。

故不同区域中颗粒的离心沉降速度计算式为：

层流区
$$u_r=\frac{d_p^2(\rho_p-\rho)a}{18\mu}$$

过渡区
$$u_r=0.153\left[\frac{d_p^{1.6}(\rho_p-\rho)a}{\rho^{0.4}\mu^{0.6}}\right]^{1/1.4}$$

湍流区
$$u_r=1.74\sqrt{\frac{d_p(\rho_p-\rho)a}{\rho}}$$

进一步比较可知，对于在相同流体介质中的颗粒，离心沉降速度与重力沉降速度之比仅取决于离心加速度与重力加速度之比，亦即惯性离心力与重力之比，称为离心分离因数，以 K_C 表示，即

$$K_C=a/g=\frac{u_r^2}{rg}=\frac{\omega^2 r}{g}\qquad(5\text{-}7)$$

离心分离因数是反映离心沉降设备工作性能的主要参数。显然，旋转角速度越高，半径越大，K_C 将越高。故可通过人为调节离心加速度 a，从而获得不同的离心分离因数 K_C。因而离心沉降比重力沉降具有更强的适应能力和分离能力。

需要说明的是，虽然增大半径可以提高 K_C，但随半径的增加，转矩增加，会导致转动冲击力增加、平稳性下降、对设备的机械强度要求高等一系列不良后果，故一般不采用增大半径的方法来提高设备的分离因数，相反，对高速离心机往往则通过缩小半径来提高其机械性能。

重力沉降分离的基本缺点是沉降速度小，利用离心力的作用可以大大提高颗粒在流体中的沉降速度，所以采用离心沉降分离可以提高流体中颗粒的分离效果，减小设备的体积。

二、旋风分离设备

旋风分离器在工业上应用已有近百年的历史，由于它结构简单，造价低廉，操作方便，

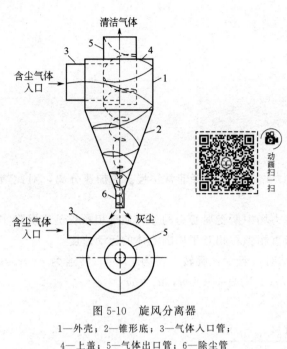

图 5-10　旋风分离器
1—外壳；2—锥形底；3—气体入口管；
4—上盖；5—气体出口管；6—除尘管

分离效率高，目前仍是化工、采矿、冶金动力、轻工等工业部门常用的分离和除尘设备。旋风分离器一般用来除去气体中粒径 $5\sim10\mu m$ 以上的颗粒。旋风分离器的两个主要性能指标是分离颗粒的效率与气体通过旋风分离器的压降，为了寻求压降小、效率高的旋风分离器，人们进行了大量研究，设计了多种形式的旋风分离器。

1. 结构

旋风分离器的基本结构与操作原理可以用标准式旋风分离器来说明（图 5-10）。它是最简单的一种旋风分离器，主体上部为圆筒，下部为圆锥筒；顶部侧面为切线方向的矩形进口，上面中心为气体出口，排气管下口低于进气管下沿；底部集灰斗处要密封。标准式旋风分离器各部位尺寸用圆筒直径的倍数来表示。

2. 工作过程

（1）气流动力规律——双层螺旋运动　含尘气体以 $20\sim30m/s$ 的流速从进气管沿切向进入旋风分离器，受圆筒壁的约束旋转，做向下的螺旋运动（外旋流），到底部后，由于底部没有出口，且直径较小，使气流以较小的旋转直径向上做螺旋运动（内旋流），最终从顶部排出，见图 5-10。

（2）分离原理——离心沉降　含尘气体做螺旋运动的过程中，在离心力的作用下，尘粒被甩向壁面，碰壁以后，失去动能，沿壁滑落，直接进入灰斗，底部间歇排灰。

实际上气体在旋风分离器中的流动是十分复杂的，内外旋流并没有分明的界线，在外旋流旋转向下的过程中不断地有部分气体转入内旋流。此外，进器的气流中有小部分沿筒体内壁旋转向上，达到上顶盖后转而沿中心气体出口管旋转向下，到达出口管下端后随上升的内旋流流出；中心上升的内旋流称为"气芯"，向上的轴向速度很大；中心部分为低压区，是旋流设备的一个特点，若中心低压区变为负压，则有可能从出灰口漏入空气而将分离下来的粉尘重新扬起。

3. 特点

旋风分离器的结构简单，没有运动部件，操作不受温度和压力的限制，分离效率可以高达 $70\%\sim90\%$，可以分离出小到 $5\mu m$ 的粒子，对 $5\mu m$ 以下的细微颗粒分离效率较低，可用后接袋滤器或湿法除尘器的方法来捕集。其缺点是气体在器内的流动阻力较大，对器壁的磨损较严重，分离效率对气体流量的变化较为敏感等。

对标准形式的旋风分离器加以改进，出现了一些新型的旋风分离器，其目的是降低阻力或提高分离效率。常见的有：CLT、CLT/A、CLP/A、CLP/B 等，其中 C 表示除尘器；L 表示离心式；A、B 为产品类别。

三、旋风分离器的性能参数

在满足气体处理量的前提下，评价旋风分离器性能的主要指标是尘粒的分离性能和气体经过旋风分离器的压强降。

1. 分离性能

分离性能的好坏常用理论上可以完全分离下来的最小颗粒尺寸：临界粒径 d_c 及分离效率 η 表示。

（1）临界粒径 d_c　指旋风分离器能 100％除去的最小颗粒直径。

假设：在器内颗粒与气流相对运动为层流；颗粒在分离器内的切线速度恒定且等于进气处的气速 u_i；颗粒沉降所穿过的最大距离为进气口宽度 B，导出临界粒径 d_c 的估算式：

$$d_c = (9\mu B/\pi N_e \rho_s u_i)^{1/2} \tag{5-8}$$

式中　B——旋风分离器进口管的宽度，标准型 $B=D/4$；

N_e——气流的有效旋转圈数，一般 $0.5\sim3$，标准型 $3\sim5$；

u_i——进口气体的速度，m/s；

μ——气体黏度，Pa·s；

ρ_s——固相的密度，kg/m³。

d_c 愈小，分离效率愈高，由估算式可见 d_c 随 D 的加大而增大，即效率随 D 增大而减小。当气体处理量很大又要求较高的分离效果时，常将若干小尺寸的旋风分离并联使用，称为旋风分离器组。黏度减小，进口气速提高有利于提高分离效率。

（2）分离效率　有两种表示方法。

① 总效率　指被除去的颗粒占气体进入旋风分离器时带入的全部颗粒的质量分数

$$\eta_0 = (C_1 - C_2)/C_1 \tag{5-9}$$

式中　C_1——旋风分离器入口气体含尘浓度，kg/m³；

C_2——旋风分离器出口气体含尘浓度，kg/m³。

总效率是工程上最常用的，也是最易测定的分离效率，其缺点是不能表明旋风分离器对不同粒子的不同分离效果。

② 粒级效率　粒级效率指按颗粒大小分别表示出其被分离的质量分数。

含尘气体中的颗粒通常是大小不均的，通过旋风分离器后，各种尺寸的颗粒被分离下来的百分数也不相同。通常把气流中所含颗粒的尺寸范围等分成几个小段，则其中平均粒径为 d_i 的第 i 小段范围颗粒的粒级效率定义为：

$$\eta_{pi} = (C_{1i} - C_{2i})/C_{1i} \tag{5-10}$$

不同粒径的颗粒，其粒级效率是不同的。根据临界粒径的定义，粒径大于或等于临界粒径 d_c 的颗粒，$\eta_p = 100\%$。粒级效率为 50％的颗粒直径称为分割直径。

$$d_{50} = 0.27[\mu D/u_i(\rho_s - \rho)]^{1/2} \tag{5-11}$$

式中　ρ——气体密度，kg/m³。

标准旋风分离器的 η_p 与 d/d_{50} 的关系：

$$总效率 \eta_0 = \Sigma x_i \eta_{pi}$$

x_i 为进口处第 i 段颗粒占全部颗粒的质量分数。

2. 旋风分离器的压强降

压强降可表示为进口气体动能的倍数：$\Delta p = \zeta \rho u_i^2/2$

ζ 为阻力系数，对于同一形式及相同尺寸比例的旋风分离器，ζ 为常数，标准型旋风分离器 $\zeta=8$，一般压强降为 $500\sim2000\text{Pa}$。

任务实施

一、旋风分离器选型

1. 旋风分离器的结构形式

旋风分离器的性能不仅受含尘气的物理性质、含尘浓度、粒度分布及操作条件的影响，还与设备的结构尺寸密切相关。只有各部分结构尺寸恰当，才能获得较高的分离效率和较低的压力降。

近年来，为提高分离效率并降低压降，旋风分离器的结构主要从以下几个方面进行改进：

（1）采用细而长的器身　减小器身直径可增大惯性离心力，增加器身长度可延长气体停留时间，所以，细而长的器身有利于颗粒的离心沉降，使分离效率提高。

（2）减小上涡流的影响　含尘气体自进气管进入旋风分离器后，有一小部分气体向顶盖流动，然后沿排气管外侧向下流动，当达到排气管下端时汇入上升的内旋气流中，这部分气流称为上涡流。上涡流中的颗粒也随之由排气管排出，使旋风分离器的分离效率降低。采用带有旁路分离室或采用异形进气管的旋风分离器，可以改善上涡流的影响。

（3）消除下旋流的影响　在标准旋风分离器内，内旋流旋转上升时，会将沉积在锥底的部分颗粒重新扬起，这是影响分离效率的另一重要原因。为抑制这种不利因素采用扩期式旋风分离器。

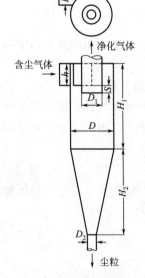

图 5-11　标准型旋风
分离器

（4）排气管和灰斗尺寸的合理设计提高除尘效率　目前我国对各种类型的旋风分离器已制定了系列标准，各种型号旋风分离器的尺寸和性能均可从有关资料和手册中查到。化工中几种常见的旋风分离器：

① 标准型　如图 5-11 所示，其主要工艺尺寸关系为：$h = D/2$、$B = D/4$、$D_1 = D/2$、$H_1 = 2D$、$H_2 = 2D$、$S = D/8$、$D_2 = D/4$，阻力系数 ζ 为 8。

② XLT/A 型　具有倾斜螺旋面进口，倾斜方向进气可在一定程度上减小涡流的影响，并使气流阻力较低，阻力系数 ζ 值可取 $5.0 \sim 5.5$。

③ XLP 型　XLP 型是带有旁路分离室的旋风分离器，采用蜗壳式进气口，其上沿较器体顶盖稍低。含尘气进入器内后即分为上、下两股旋流。"旁室"结构能迫使被上旋流带到顶部的细微尘粒聚集并由旁室进入向下旋转的主气流而得以捕集，对 $5\mu m$ 以上的尘粒具有较高的分离效果。根据器体及旁路分离室形状的不同，XLP 型又分为 A 和 B 两种形式，其阻力系数值可取 $4.8 \sim 5.8$。

④ 扩散式　主要特点是具有上小下大的外壳，并在底部装有挡灰盘（又称反射屏）。挡灰盘为倒置的漏斗型，顶部中央有孔，下沿与器壁底圈留有缝隙。沿壁面落下的颗粒经此缝隙降至集尘箱内，而气流主体被挡灰盘隔开，少量进入箱内的气体则经挡灰盘顶部的小孔返回器内，与上升旋流汇合经排气管排出。挡灰盘有效地防止了已沉下的细粉被气流重新卷起，因而使效率提高，尤其对 $10\mu m$ 以下的颗粒，分离效果更为明显。

几种旋风分离器的主要性能见表5-2。

2. 旋风分离器的选型

选择旋风分离器时，首先应根据具体的分离含尘气体任务，结合各型设备的特点，选定旋风分离器的形式，而后通过计算决定尺寸与个数。计算的主要依据有：含尘气的体积流量；要求达到的分离效率；允许的压力降。

表 5-2　几种旋风分离器的主要性能

类型	标准式	XLT/A	XLP/B	扩散式
适宜进口气速 u_i/(m/s)	10～20	10～18	12～20	12～16
阻力系数 ζ	8	10 以上	5.0～5.5	4.8～5.8
对粒度适应性/μm	10 以上	10 以上	5 以上	10 以下
对浓度适应性/(g/m³)		4.0～50	宽范围	1.7～200

二、旋风分离器的操作要点与维护

以天然气旋风分离器操作规程为例。

1. 旋风分离器的操作

（1）排污操作

① 将旋风分离器上下游阀门关闭，对分离器排污，应将排污压力值降至 1.0MPa（表压）；当排污系统串联安装球阀与截止阀时，应将排污球阀完全打开；

② 缓慢开启旋风分离器排污截止阀，将污物经排污管线排至排污池，排污过程中，操作人员应不离开排污阀，监听排污管内污物的流动或喷出声，当排污管内流体流动声音突变时，关闭排污截止阀；确认排污截止阀关闭后，及时关闭排污球阀；

③ 排污后，应及时确认排污阀门"关严"无内漏；在排污过程中出现渗漏、堵塞等异常情况要及时停止排污并做相应处理；

④ 待排污池液面或粉尘平稳后，计算排污量，及时对排出的污物进行处理；

⑤ 做好排污记录，分析输气管线内天然气含水、杂质的情况；

⑥ 对旋风分离器及排污设施进行检查，确认正常后方可离开现场。

（2）清洗操作

① 确认旋风分离器内压力为零时，将洁净水源引至旋风分离器，并与注水口安全连接；

② 关闭旋风分离器的进、出口截断阀，打开旋风分离器放空阀，放空旋风分离器内原有气体；

③ 打开排污阀门、水源阀门，向旋风分离器内注水，观察排出液体的清洁情况；

④ 排出液体清洁后停止注水，将旋风分离器内水排净，打开人孔增强通风，同时检查清洗效果；

⑤ 待旋风分离器干燥后，关闭人孔、放空阀、排污阀；

⑥ 缓慢开启上游截断阀，同时检查旋风分离器各部位有无渗漏现象；

⑦ 检查无异常现象后，先开启上游截断阀，再开启下游截断阀，使旋风分离器恢复正常运行状态；

⑧ 做好清洗记录。

2. 旋风分离器的维护

（1）日常检查

① 运行参数不应超出设计参数范围；

② 检查上下游压差；

③ 检查壳体焊缝有无裂纹、渗漏，尤其要注意 T 型接头部位、人孔及接管的焊缝；

④ 检查外表面是否腐蚀；

⑤ 检查紧固件是否齐全，是否松动；

⑥ 检查整体是否有漏气；

⑦ 检查设备基础是否下沉、倾斜、开裂，同时检查地脚螺栓、螺母是否有腐蚀，连接是否紧固；

⑧ 检查管道上的安全附件是否齐全、灵敏，其铅封是否完好并在有效期内；

⑨ 检查与之相关的管件是否完好；

⑩ 检查安全接地线是否连接紧固。

（2）定期检验

① 对旋风分离器的检验，应由具有相关资质的单位和人员进行，并做好相关资料的归档保存；

② 定期检验分为：内外部检验；全面检验；

③ 定期检验周期：内外部检验至少每三年一次；全面检验至少每六年一次。或执行《压力容器安全技术监察规程》；

④ 进行现场射线探伤时，应隔离出透照区，设置安全标志；

⑤ 检验及维护人员进入旋风分离器工作之前，应符合《在用压力容器检验规程》的要求，未达到要求时严禁人员入内；

⑥ 内部介质应采用氮气置换，不应采用空气置换；

⑦ 进行内部清理检查时，应同时打开内部下隔板上的手孔，排尽中间腔内的大颗粒后，关紧手孔；

⑧ 需进行缺陷评定处理的，应严格执行《压力容器安全技术监察规程》的有关规定办理；

⑨ 对于直径小于 600mm 的旋风分离器，由于无法进行内部检验，使用单位提出免检申请，地、市级安全监察机构审查同意后，报省级安全监察机构备案。

技术评估

一、选择旋风分离器型号

分离粒级效率要求：除去≥10μm 的固体颗粒，而现有旋风分离器的粒级效率达不到要求，需要分析以下方面原因后进行：

（1）入口流速　在一定范围内提高进气管流速，可以提高除尘效率。但入口流速太高，会把已分离的某些尘粒卷入内旋流重新带走，导致除尘效率下降。另外，压力损失与入口速度的平方成正比，入口流速过大，压力损失上升。因而，从技术和经验综合考虑，入口流速的合适范围，一般取 15~20m/s，不宜低于 12m/s，以防止入口管道积灰，降低分离效率。

（2）粉尘粒径与密度　由于尘粒所受离心力与粒径的三次方成正比，而所受径向气体阻力仅与粒径的一次方成正比，因而大粒径比小粒径更易捕集。除尘效率随着尘粒真密度的增大而提高。若本任务分离的染料颗粒的密度小，分离粒级效率不符合要求，须重新选型。

（3）气体温度　气体温度高，黏度大，而分割粒径又与黏度的平方根成正比，因而旋风除尘器的除尘效率随气体温度与黏度的增加而降低。

（4）旋风分离器下部的气密性　旋风分离器内部静压从外壁向中心逐渐降低，即使除尘在正压下运行，锥体底部也可能处于负压状态。若下部不严而漏入空气，会把已落入灰斗的粉尘重新带走，使除尘效率明显下降。

（5）旋风分离器结构、工艺尺寸　在入口流速符合要求，难以降低气体温度，旋风分离器下部的气密性正常的情况下，常用的旋风分离器结构改进措施：①进气通道由切向进气改为回转通道进气，通过改变含尘气体的浓度分布、减少短路流排尘量。回转通道在90°左右时阻力较小；②把传统的单进口改为多进口，有效地改进旋转流气流偏心，同时旋风器阻力显著下降；③延长锥体长度或在筒锥体上加排尘通道，防止到达壁面的粉尘二次返混；④锥体下部装有二次分离装置（反射屏或中间小灰斗），防止收尘二次返混；⑤在筒锥体分离空间加装减阻件降阻；⑥排气芯管上部加装二次分离器，利用排气强旋转流进行微细粉尘的二次分离，对捕集短路粉尘极为有效等。

（6）重新选型旋风分离器　选择筒体直径小一点的分离器，筒体直径愈小，在同样切线速度下，尘粒所受离心力愈大，粒级分离效率愈高；选择其他结构的旋风分离器，如带有旁路分离室的旋风分离器、扩散式旋风分离器等。

二、编写操作规程

结合学校旋风分离实训装置编制操作规程，参考《危险化学品岗位安全生产操作规程编写导则》（DB37/T 2401）编写，至少须包含以下内容：

① 岗位任务；

② 生产工艺：工艺原理、工艺流程、主要设备；

③ 工艺控制指标：原料质量指标、产品质量指标、工艺参数指标、分析指标；

④ 操作步骤：开车准备、开车、运行、正常停车、生产异常现象及处理措施。

在实训装置上实操验证操作规程的合理性、可行性、安全性，实操应规范、精心、精细，应文明操作。

技术应用与知识拓展

一、重力沉降室

重力沉降室是利用重力作用使尘粒从气流中自然沉降的除尘装置。其机理为含尘气流进入沉降室后，由于扩大了流动截面积而使得气流速度大大降低，使较重颗粒在重力作用下缓慢向灰斗沉降。重力沉降室除尘效率的计算决定于描述气流状态所作的假设，其简单模式是假定气流处于塞式流动状态，且尘粒在入口气体中均匀分布。实际沉降室内包含有湍流、某程度的混合和柱塞式流动的某些波动。为缩短尘粒必须降落的距离以提高除尘效率，可在沉降室内平行放置隔板，构成多层沉降室。多层沉降室排灰较困难，难以使各层隔板间气流均匀分布，处理高温气体时金属隔板容易翘曲。沉降室内的气流速度一般为 0.3～0.5m/s，压力损失为 50～130Pa，可除去 40μm 以上的尘粒。重力沉降室具有结构简单，投资少，压力损失小的特点，维修管理较容易，而且可以处理高温气体。但是体积大，效率相对低，一般只作为高效除尘装置的预除尘装置，来除去较大和较重的粒子。

二、重力沉降室的操作

（1）操作前的准备工作：

① 检查卷扬各部连接是否牢固可靠、部件齐全、工作可靠，减速机润滑油位是否正常；

② 检查钢丝绳是否有断丝、断股情况；

③ 检查遮断阀杆、压兰的磨损情况；

④ 检查各部位含尘气体管道是否有磨损现象；

⑤ 检查卸灰阀关闭情况。

⑥ 含尘气体放散阀、阀盖、阀座、密封圈磨损情况。

（2）放灰操作：

① 开螺旋绞刀电机；

② 开给料机；

③ 开卸灰球阀；

④ 开混合水阀门；

⑤ 视除尘灰干湿程度调节水截门。

（3）停止放灰操作：

① 关闭卸灰球阀；

② 关闭混合水阀门；

③ 关给料机；

④ 放净灰后停绞刀电机。

测试题

5-1 在层流区内，温度升高，同一固体颗粒在液体和气体中的沉降速度增大还是减小？为什么？

5-2 用降尘室处理含尘空气，假定尘粒作层流沉降。问下列情况下，降尘室的最大生产能力如何变化？

（1）要完全分离的最小粒径由 $60\mu m$ 降至 $30\mu m$；

（2）空气温度由 $10℃$ 升至 $200℃$；

（3）增加水平隔板数目，使沉降面积由 $10m^2$ 增至 $30m^2$。

5-3 在底面积为 $40m^2$ 的降尘室中回收气流中的固体颗粒，气体流量为 $3600m^3/h$，密度为 $1.128m^3/h$，黏度为 $1.91\times10^{-5}Pa\cdot s$。固体密度为 $2650m^3/h$。气流为 $40℃$ 的空气，试计算理论上完全被除去的最小颗粒直径。假设沉降在层流区。

5-4 某化工厂建有 4t 锅炉，由于一直不重视烟气净化，现被环保部门勒令停产整顿，作为该厂技术人员，请你为工厂提出合理的烟气净化方案。若工厂采用了该方案，请你培训相关操作人员。

5-5 查阅相关资料，自选一款用于气固分离的沉降分离器，编写其操作要点及常见事故处理方法。

5-6 查阅相关资料或进入企业调查，自选一款湿法除尘器，编写其操作要点及常见事故处理方法。

5-7 查阅相关资料或进入企业调查，自选一款静电除尘器，编写其操作要点及常见事故处理方法。

项目六

液液非均相分离技术与操作

知识要求

掌握液液混合物系分离设备的种类、结构、工作原理、特点、选用方法；液液分离典型设备，如油水分离器的操作及维护要领，包括设备启动操作、运行管理、监控及常见事故的处理方法等。

理解液液分离技术相关知识，如液液沉降分离技术、设备的应用等。

了解液液分离的旋液分离技术及设备，如旋液分离器的操作要领等。

能力要求

能根据液液物系特性及分离任务要求初步选择分离方式和分离设备；能进行油水分离器的基本操作，进行日常维护；能根据生产任务和设备特点制定油水分离器等装置的技术操作规程和安全操作方案。

素质要求

具有理论联系实际的思维方式和追求知识、独立思考、勇于创新的科学态度；具备理论上正确、技术上可行、操作上安全可靠、经济上合理的工程技术观念；具有敬业爱岗、勤学肯干的职业操守和精益、专注、创新的工匠精神和严格遵守操作规程的职业素质，具有团结协作、积极进取的团队合作精神，培具备安全生产、环保节能的职业意识。

项目导言

化工生产中还会经常遇到一种非均相物系——液液非均相物系，例如共沸精馏采用甲苯带水后的分水、萃取操作，有机合成中油性化合物中和水洗，油田注水采油的采出液，催化裂化装置的污水等。在这种液体里分散着不溶于水的、由许多分子集合而成的小液滴（油滴）。为了获得纯度更高的产品或达到环境保护要求，往往需要将液液非均相物系加以分离。

液液相物系分离技术主要是采用沉降分离技术。常用的液液沉降分离设备包括油水分离器、管式分离器、碟式分离器等。

任务　液液非均相沉降分离技术与操作

任务情景

某润滑油生产企业在油品精制工段产生约 2000t/a 含油废水，含油量为 15％（体积分数），其中的油可以回收作为燃料用，同时大大降低废水中 COD 的排放。公司准备建设一套回收装置，作为精制工段的技术员，提出建设方案。

工作任务

1. 选择油水分离设备。
2. 编制油水分离器的操作要点。

技术理论与必备知识

一、液液沉降分离原理

液液沉降分离是指在重力或离心力作用下，使物系中密度不同的两相发生相对运动而实现分离的操作。

重力沉降即分散相液滴在重力作用下，与周围液体发生相对运动，并实现分离的过程。当细小的液滴在重力作用下沉降速度非常缓慢时，人们为了加速分离，将液液混合物高速旋转，利用离心力的作用使液滴迅速沉降实现分离的操作称为离心沉降。

二、液液沉降分离设备

常用的液液沉降分离设备包括油水分离器、管式分离器、碟式分离器等。

1. 油水分离器

（1）结构　油水分离器是将油与水加以分离的设备。图 6-1 是箱式油水分离器示意图，

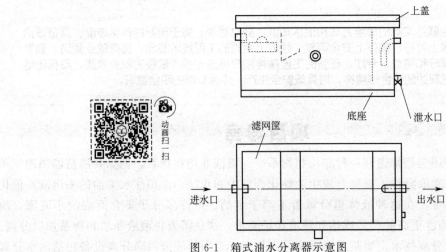

图 6-1　箱式油水分离器示意图

它主要由一个箱式壳体（分成左、右两个集油室）、底座、滤网及进出管口构成。图 6-2 是一种立式油水分离器示意图，它主要由一个圆柱筒体、内部导向挡板、旋流换向管、导液管、分液板及进出管口构成。

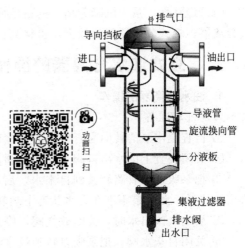

图 6-2　立式油水分离器示意图

（2）工作过程

① 箱式油水分离器　由污水泵将含油污水送入油水分离器，通过扩散喷嘴后，大颗粒油滴即上浮在左集油室顶部；含小油滴的污水进入下部分的波纹板聚结器，在此部分油滴聚合成较大的油滴至右集油室；含更小颗粒的油滴的污水通过细滤器，除去水中杂质，依次进入纤维聚合器，使细小油滴聚合成较大的油滴与水分离，上浮；分离后，清洁水通过排除口排除，左右集油室中污油通过电磁阀自动排除，而在纤维聚合器分离出去的污油，则通过手动阀排除。

② 立式油水分离器　由泵将含油废水送入立式油水分离器，通过挡板的导向作用，废水在油水分离器上部作向下的旋流运动，油滴随旋流向中心运动，相互碰撞集聚成较大的油滴，通过设置在筒体中间的旋流换向管向上运动，由上部的油出口排出；旋流外缘为水，由靠近筒壁的导液管向下流动至底部，为防止旋流对底部的废水产生扰动，在底部设置分液板，分油后的清水由底部排出。

（3）特点　油水分离器具有体积小，安装方便，成本较低；分离率高，自动排油，出水水质稳定等特点。立式油水分离器由于旋流作用，分离效率更高。箱式油水分离器广泛用于码头、油库、油田、餐饮业含油废水的分离；立式油水分离器广泛用于化工、炼油、轮船、油库的含油废水的分离，其旋流的原理应用于化工废水澄清塔，回收废水中液滴直径较小的有机物，用于萃取操作的澄清塔。

2. 管式分离器

参见项目四。

3. 碟式分离器

参见项目四。

任务实施

一、选择油水分离设备

选择油水分离设备可以从下列几个方面考虑：

（1）油水的性质　如果油滴直径小于 $50\mu m$，采用重力沉降设备需要长时间才能分离，要求较大的设备体积；如油含量小，采用重力沉降设备分离效果较差，或者花费很长时间；专用油水分离器分离效果较好。

（2）分离要求　重力沉降设备要求分离效果好，需要长时间静止；用管式分离器、蝶式分离器可以达到较好分离效果。

（3）处理能力　重力沉降分离器处理能力直接与其体积相关，油水分离器处理能力可以根据处理量大小选择不同型号。

（4）经济性　重力沉降分离器的占地面积大，立式油水分离器要有一定的安装空间；管式分离器、蝶式分离器能耗较大，价格高。

二、立式油水分离器的操作方法及常见故障处理方法

1. 油水分离器的操作

（1）开车准备

① 检查废水泵的转向是否正确，并检查各仪表、仪器是否完好。

② 关闭装置上的水出口阀、油出口阀，打开排气阀。

③ 把泵吸入口管路转接到自来水，启动泵向装置中泵入清水，油水分离器内的空气被排出。注意：此时泵不准在无水状态下运转。

④ 当放气阀出水时，关闭放气阀，停泵。

⑤ 关闭自来水阀，把泵吸口转到吸含油污水。

（2）开车

① 打开水出口阀。

② 启动泵，向油水分离器中泵入含油废水。

③ 视镜观察油层液位，油层液位高于油出口管开启出口阀。

④ 检查出水情况，调节出水阀开度，维持油水分层面稳定。

（3）停车

① 关闭含油废水进水阀，停止废水泵。

② 关闭出水阀，出油口不出油后打开排气阀。

③ 打开出水管路旁路阀，将分离器中废水打回含油废水储罐。

④ 废水排尽后，打入清水，冲洗油水分离器中的油，冲洗水作为含油废水收集。

⑤ 停泵。

2. 油水分离器常见故障和处理方法

油水分离器常见异常现象与处理方法　见表6-1。

表 6-1　油水分离器常见异常现象与处理方法

常见故障	原因	处理方法
出水浑浊	(1)油水分离效果不良,旋流不充分 (2)出水阀开度过大	(1)开大废水进口阀,加大废水进口速率 (2)关小出水阀
出油浑浊	(1)油水分离效果不良,分离时间太短 (2)分离器内油水界面过高	(1)关小废水进水阀门 (2)开大出水阀
泵泄漏	(1)泵密封损坏 (2)泵进出口法兰垫片损坏 (3)出口阀门损坏	(1)更换密封 (2)更换法兰垫片 (3)更换阀门

技术评估

一、选择油水分离设备

选型油水分离设备应全面分析油水的性质、分离要求、处理能力、经济性等因素，结合产品样本所提供的技术指标，合理选择合适的油水分离设备。

二、编写操作规程

结合学校具备气固分离实训装置编制操作规程，参考《危险化学品岗位安全生产操作规程编写导则》(DB37/T 2401)编写，至少包含以下内容：

① 岗位任务；

② 生产工艺：工艺原理、工艺流程、主要设备；

③ 工艺控制指标：原料质量指标、产品质量指标、工艺参数指标、分析指标；

④ 操作步骤：开车准备、开车、运行、正常停车、生产异常现象及处理措施。

在实训装置上实操验证操作规程的合理性、可行性、安全性。实操应规范、精心、精细，应文明操作。

技术应用与知识拓展

一、旋液分离技术

旋液分离技术亦称旋流分离技术，是在常用旋风分离技术的基础上发展起来的，是广泛应用于液固、液液、气液、气液固多相体系和气固混合物分离的高效分离技术。旋液分离技术的工业应用见表6-2。

表 6-2　旋液分离技术的工业应用

工业领域	应用范围
淀粉工业	(1)粗分离去除皮屑、胚芽；(2)去除沙子；(3)去除蛋白质、纤维；(4)脱水
食品及饮料	(1)去除啤酒中大部分酵母、澄清麦芽汁；(2)去除牛奶中固形杂质、脱脂；(3)食用油脱水澄清；(4)葡萄酒生产中洗涤回收品种；(5)制糖时清净糖汁
石油化工	(1)含油废水的去油；(2)原油脱水；(3)原油、气去砂；(4)脱气、脱硫；(5)催化剂回收；(6)聚合物洗涤；(7)粒度分级；(8)热交换系统中去除固体；(9)添加剂的去除和回收；(10)过滤器助滤剂预涂；(11)水中去酚(碳酸)；(12)结晶回收；(13)塑料粒子脱沫；(14)石灰乳去杂；(15)污水除固
造纸工业	(1)去砂、去杂或去粗料；(2)纸张涂料的制备；(3)造纸废水的处理
洗涤、选矿	(1)去杂质；(2)分选；(3)脱水；(4)回填料操作中的分级与脱水
高岭土、水泥工业	(1)洗涤去杂；(2)旋流分级；(3)脱水；(4)污水处理
三废处理	(1)薯类生产酒精蒸馏糟液处理；(2)生化厂、食品厂等工业,生活废水；(3)烟气脱硫除尘；(4)废渣洗涤与回收有用成分
钢铁工业	(1)浓缩悬浮液；(2)去除废气中固体杂质；(3)轧钢废水处理
其他	(1)净化回收切削液、冷却液；(2)磨料分级去末；(3)压缩机进气去水等

二、旋液分离器

旋液分离器，又称水力旋风分离器或水力旋流器，是用以分离以液体为主的悬浮液或乳浊液的设备，工作原理与旋风分离器大致相同。料液由圆筒部分以切线方向进入，做旋转运动而产生离心力，下行至圆锥部分更加剧烈。料液中的固体粒子或密度较大的液体受离心力的作用被抛向器壁，并沿器壁按螺旋线下流至出口（底流）。澄清的液体或液体中携带的较细粒子则上升，由中心的出口溢流而出。

旋液分离器的特点是：构造简单，无活动部分；体积小，占地面积也小；生产能力大；分离的颗粒范围较广，但分离效率较低。常采用几级串联的方式或与其他分离设备配合应用，以提高其分离效率。

以石油工业中污水处理应用为例说明旋液分离器的操作特点。

国内石化企业污水处理一般仍采用"老三套"技术，即"沉降、隔油-浮选-生化"。该技术的优点是造价较低；缺点是占地面积大，油水分离效果差，对污水中溶解油、乳化油和分散油不能有效去除。随着重质、劣质原油掺炼比例不断提高、含油污水乳化程度加剧，该设施已不能满足清洁生产要求。

油水旋流分离技术是一种高效节能分离技术，其关键部分是水力旋流器，可分离几微米以上的油水混合物。与其他除油设备相比，水力旋流器具有结构紧凑、体积小、重量轻、除油效率高、无运动部件、使用寿命长、流程密闭无污染等优点。在处理量和除油性能相同的条件下，其重量仅为其他除油设备的 1/10，体积是其他设备的 1/15，工程建设投资降低50%左右，与二级气浮相比较，一次性投资仅为二级气浮（包括浮渣处理设备）的 50%，占地面积仅为二级气浮的 1/25，可广泛用于油田、炼油厂、化工、机械等行业的含油污水处理工程。

在进行污水处理时，污水先经过油水分离器，再经离心泵增压后进入水力旋流器入口，经旋流处理后的净化水经流量计计量后排向污水汽提装置；从溢流口出来的富油液流经流量计计量后返回装置油水分离器上部。旋流油水分离器的处理量由泵的变频调速根据油水分离器的液位控制。

测试题

6-1 在炼油厂废水中回收油滴，采用哪种分离方法？试选用分离设备类型。

6-2 在苯酚生产过程中，磺化反应器的尾气经冷凝后回收苯；碱熔后在稀释冷却器中产生碱雾；然后分离苯酚钠与亚硫酸钠悬浮液，试分别选用分离设备类型。

6-3 聚氯乙烯生产中，聚合物的分离，试选用分离设备类型。

6-4 查阅相关资料或进入企业调查，自选一款油水分离器（船用 CYSC-1 型油水分离器除外），编写其操作要点及常见事故处理方法。

6-5 查阅相关资料或进入企业调查，自选一款管式分离器，编写其操作要点及常见事故处理方法。

6-6 查阅相关资料或进入企业调查，自选一款碟式分离器，编写其操作要点及常见事故处理方法。

附录

一、计量单位换算

1. 质量

kg	t(吨)	lb(磅)
1	0.001	2.20462
1000	1	2204.62
0.4536	4.536×10^{-4}	1

2. 长度

m	in(英寸)	ft(英尺)	yd(码)
1	39.3701	3.2808	1.09361
0.025400	1	0.073333	0.02778
0.30480	12	1	0.33333
0.9144	36	3	1

3. 力

N	kgf	lbf	dyn
1	0.102	0.2248	1×10^5
9.80665	1	2.2046	9.80665×10^5
4.448	0.4536	1	4.448×10^5
1×10^{-5}	1.02×10^{-6}	2.248×10^{-6}	1

4. 流量

L/s	m^3/s	gal(美)/min	ft^3/s
1	0.001	15.850	0.03531
0.2778	2.778×10^{-4}	4.403	9.810×10^{-3}
1000	1	1.5850×10^{-4}	35.31
0.06309	6.309×10^{-5}	1	0.002228
7.866×10^{-3}	7.866×10^{-6}	0.12468	2.778×10^{-4}
28.32	0.02832	448.8	1

5. 压力

Pa	bar	kgf/cm^2	atm	mmH_2O	mmHg	lbf/in^2
1	1×10^{-5}	1.02×10^{-5}	0.99×10^{-5}	0.102	0.0075	14.5×10^{-5}
1×10^5	1	1.02	0.9869	10197	750.1	14.5
98.07×10^3	0.9807	1	0.9678	1×10^4	735.56	14.2
1.01325×10^5	1.013	1.0332	1	1.0332×10^4	760	14.697
9.807	9.807×10^{-5}	0.0001	0.9678×10^{-4}	1	0.0736	1.423×10^{-3}
133.32	1.333×10^{-3}	0.136×10^{-2}	0.00132	13.6	1	0.01934
6894.8	0.06895	0.703	0.068	703	51.71	1

6. 功、能和热

J（即 N·m）	kgf·m	kW·h	hp·h （英制马力·时）	kcal	Btu （英热单位）	lbf·ft [英尺·磅（力）]
1	0.102	2.778×10^{-7}	3.725×10^{-7}	2.39×10^{-4}	9.485×10^{-4}	0.7377
9.8067	1	2.724×10^{-6}	3.653×10^{-6}	2.342×10^{-3}	9.296×10^{-3}	7.233
3.6×10^{6}	3.671×10^{5}	1	1.3410	860.0	3413	2655×10^{3}
2.685×10^{6}	273.8×10^{3}	0.7457	1	641.33	2544	1980×10^{3}
4.1868×10^{3}	426.9	1.1622×10^{-3}	1.5576×10^{-3}	1	3.963	3087
1.055×10^{3}	107.58	2.930×10^{-4}	3.926×10^{-4}	0.2520	1	778.1
1.3558	0.1383	0.3766×10^{-6}	0.5051×10^{-6}	3.239×10^{-4}	1.285×10^{-3}	1

7. 动力黏度（简称黏度）

Pa·s	P	cP	lb/(ft·s) [磅/（英尺·秒）]	kgf·s/m²
1	10	1×10^{3}	0.672	0.102
1×10^{-1}	1	1×10^{2}	0.6720	0.0102
1×10^{-3}	0.01	4	6.720×10^{-4}	0.102×10^{-3}
1.4881	14.881	1488.1	1	0.1519
9.81	98.1	9810	6.59	1

8. 运动黏度

m²/s	cm²/s	ft²/s （英尺²/秒）
1	1×10^{4}	10.76
10^{-4}	1	1.076×10^{-3}
92.9×10^{-3}	929	1

9. 功率

W	kgf·m/s	Lbf·ft/s [英尺·磅（力）/秒]	hp （英制马力）	kcal/s	Btu/s [英热单位（秒）]
1	0.10197	0.7376	1.341×10^{-3}	0.2389×10^{-3}	0.9486×10^{-3}
9.8067	1	7.23314	0.01315	0.2342×10^{-2}	0.9293×10^{-2}
1.3558	0.13825	1	0.0018182	0.3238×10^{-3}	0.12851×10^{-2}
745.69	76.0375	550	1	0.17803	0.70675
4186.8	426.85	3087.44	5.6135	1	3.9683
1055	107.58	778.168	1.4148	0.251996	1

10. 表面张力

N/m	kgf/m	dyn/cm	lbf/ft
1	0.102	103	6.854×10^{-2}
9.81	1	9807	0.6720
10^{-3}	1.02×10^{-4}	1	6.854×10^{-5}
14.59	1.488	1.459×10^{4}	1

11. 温度

$$\mathrm{^\circ C}=(\mathrm{^\circ F}-32)\times\frac{5}{9}$$

$$\mathrm{^\circ F}=\mathrm{^\circ C}\times\frac{9}{5}+32$$

$$\mathrm{K}=273.3+\mathrm{^\circ C}$$

$$\mathrm{^\circ R}=460+\mathrm{^\circ F}$$

$$\mathrm{K}=\mathrm{^\circ R}\times\frac{9}{5}$$

12. 气体常数

$$R=8.314\mathrm{kJ/(kmol\cdot K)}$$

$$=8.48\mathrm{kg\cdot m/(kmol\cdot K)}$$

$$=82.06\mathrm{atm\cdot cm^3/(gmol\cdot K)}$$

$$=0.08206\mathrm{atm\cdot m^3/(kmol\cdot K)}$$

$$=1.987\mathrm{kcal/(kmol\cdot K)}$$

$$=1.987\mathrm{Btu/(lbmol\cdot {}^\circ R)}$$

$$=1545\mathrm{ft\cdot lb(lbmol\cdot {}^\circ R)}$$

$$=10.73(\mathrm{lbf/in^2})\cdot\mathrm{ft^3/(lbmol\cdot {}^\circ R)}$$

二、某些气体的重要性质

1. 重要性质（1）

名　称	化学式	摩尔质量 /(kg/kmol)	密度(0℃,101.3kPa) /(kg/m³)	定压比热容 /[kJ/(kg·K)]	黏度 /μPa·s
空气	—	28.95	1.293	1.009	17.3
氧	O_2	32	1.429	0.653	20.3
氮	N_2	28.02	1.251	0.745	17.0
氢	H_2	2.016	0.0899	10.13	8.42
氦	He	4.00	0.1786	3.18	18.8
氩	Ar	39.94	1.7820	0.322	20.9
氯	Cl_2	70.91	3.217	0.355	12.9(15°)
氨	NH_3	17.03	0.771	0.67	9.18
一氧化碳	CO	28.01	1.250	0.754	16.6
二氧化碳	CO_2	44.01	1.976	0.653	13.7
二氧化硫	SO_2	64.07	2.927	0.502	11.7
二氧化氮	NO_2	46.01	—	0.615	—
硫化氢	H_2S	34.08	1.539	0.804	11.66
甲烷	CH_4	16.04	0.717	1.70	10.3
乙烷	C_2H_6	30.07	1.357	1.44	8.50
丙烷	C_3H_8	44.1	2.020	1.65	7.95(18°)
丁烷(正)	C_4H_{10}	58.12	2.673	1.73	8.10
戊烷(正)	C_5H_{12}	72.15	—	1.57	8.74
乙烯	C_2H_4	28.05	1.261	1.222	9.85
丙烯	C_3H_6	42.08	1.914	1.436	8.35(20°)
乙炔	C_2H_2	28.04	1.171	1.352	9.35
氯甲烷	CH_3Cl	50.49	2.308	0.582	9.89
苯	C_6H_6	78.11	—	1.139	7.2

2. 重要性质（2）

名　　称	化学式	沸点(101.3kPa) /℃	汽化潜热 (101.3kPa) /(kJ/kg)	临　界　点		热导率 (0℃,101.3kPa) /[W/(m·K)]
				温度/℃	压力/kPa	
空气	—	−195	197	−140.7	3768.4	
氧	O_2	−132.98	213	−118.82	5036.6	0.0244
氮	N_2	−195.78	199.2	−147.13	3392.5	0.0240
氢	H_2	−252.75	454.2	−239.9	1296.6	0.0228
氦	He	−258.95	19.5	−267.96	228.94	0.163
氩	Ar	−185.87	163	−122.44	4862.4	0.144
氯	Cl_2	−33.8	305	+144.0	7708.9	0.0173
氨	NH_3	−33.4	1373	+132.4	11295.0	0.0072
一氧化碳	CO	−191.48	211	−140.2	3497.9	0.0215
二氧化碳	CO_2	−78.2	574	+31.1	7384.8	0.0226
二氧化硫	SO_2	−10.8	394	+157.5	7879.1	0.0137
二氧化氮	NO_2	+21.2	712	+158.2	10130	0.0077
硫化氢	H_2S	−60.2	548	+100.4	19136	0.0400
甲烷	CH_4	−161.58	511	−82.15	4619.3	0.0131
乙烷	C_2H_6	−88.50	486	+32.1	4948.5	0.0300
丙烷	C_3H_8	−42.1	427	+95.6	4355.0	0.0180
丁烷（正）	C_4H_{10}	−0.5	385	+152	3798.8	0.0148
戊烷（正）	C_5H_{12}	−36.08	151	+197.1	3342.9	0.0135
乙烯	C_2H_4	+103.7	481	+9.7	5135.9	0.0128
丙烯	C_3H_6	−47.7	440	91.4	4599.0	0.0164
乙炔	C_2H_2	−83.66(升华)	829	+35.7	6240.0	−0.0184
氯甲烷	CH_3Cl	−24.1	406	+148	6685.8	0.0085
苯	C_6H_6	+80.2	394	+288.5	4832.0	0.0088

三、某些液体的重要物理性质

1. 物理性质（1）

名　　称	化学式	摩尔质量 /(kg/kmol)	密度(20℃) /(kg/m³)	沸点(101.3kPa) /℃	汽化热(101.3kPa) /(kJ/kg)
水	H_2O	18.02	998	100	2258
盐水(25%NaCl)	—	—	1185(25°)	107	—
盐水(25%$CaCl_2$)	—	—	1228	107	—
硫酸(98%)	H_2SO_4	98.08	1831	340(分解)	—
硝酸	HNO_3	63.02	1513	86	481.1
盐酸(30%)	HCl	36.47	1149		
二硫化碳	CS_2	76.13	1262	46.3	352
戊烷	C_5H_{12}	72.15	626	36.07	357.4
己烷	C_6H_{14}	86.17	659	68.74	335.1
庚烷	C_7H_{16}	100.20	684	98.43	316.5
辛烷	C_8H_{18}	114.22	703	125.67	306.4
三氯甲烷	$CHCl_3$	119.38	1489	61.2	253.7
四氯化碳	CCl_4	153.82	1594	76.8	195
1,2-二氯乙烷	$C_2H_4Cl_2$	98.96	1253	83.6	324
苯	C_6H_6	78.11	879	80.10	393.9
甲苯	C_7H_8	92.13	867	110.63	363
邻二甲苯	C_8H_{10}	106.16	880	144.42	347
间二甲苯	C_8H_{10}	106.16	864	139.10	343
对二甲苯	C_8H_{10}	106.16	861	138.35	340
苯乙烯	C_8H_8	104.1	911(15.6°)	145.2	(352)
氯苯	C_6H_5Cl	112.56	1106	131.8	325

2. 物理性质（2）

名　　称	化学式	比热容(20℃) /[kJ/(kg·K)]	黏度(20℃) /mPa·s	热导率(20℃) /[W/(m·K)]	体积膨胀系数 (20℃)$\beta \times 10^4$/℃$^{-1}$	表面张力(20℃) $\sigma \times 10^3$/(N/m)
水	H_2O	4.183	1.005	0.599	1.82	72.8
盐水(25%NaCl)	—	3.39	2.3	0.57(30°)	(4.4)	
盐水(25%CaCl$_2$)	—	2.89	2.5	0.57	(3.4)	
硫酸(98%)	H_2SO_4	1.47(98%)	23	0.38	(5.7)	
硝酸	HNO_3		1.17(10°)			
盐酸(30%)	HCl	2.25	2(31.5%)	0.42		
二硫化碳	CS_2	1.005	0.38	0.16	12.1	32
戊烷	C_5H_{12}	2.24(15.6°)	0.229	0.113	15.9	16.2
己烷	C_6H_{14}	2.31(15.6°)	0.313	0.119		18.2
庚烷	C_7H_{16}	2.21(15.6°)	0.411	0.123		20.1
辛烷	C_8H_{18}	2.19(15.6°)	0.540	0.131		21.8
三氯甲烷	$CHCl_3$	0.992	0.58	0.138(30°)	12.6	28.5(10°)
四氯化碳	CCl_4	0.850	1.0	0.12		26.8
1,2-二氯乙烷	$C_2H_4Cl_2$	1.260	0.83	0.14(50°)		30.8
苯	C_6H_6	1.704	0.737	0.148	12.4	28.6
甲苯	C_7H_8	1.70	0.675	0.138	10.9	27.9
邻二甲苯	C_8H_{10}	1.74	0.811	0.142		30.2
间二甲苯	C_8H_{10}	1.70	0.611	0.167	10.1	29.0
对二甲苯	C_8H_{10}	1.704	0.643	0.129		28.0
苯乙烯	C_8H_8	1.733	0.72			
氯苯	C_6H_5Cl	1.298	0.85	0.14(30°)		32

四、空气的重要物理性质（$P = 101.3$kPa）

温度/℃	密度/(kg/m^3)	定压比热容 /[kJ/(kg·K)]	热导率 /[W/(m·K)]	黏度 /μPa·s	运动黏度 /10^{-3}(m^2/s)
−50	1.548	1.013	0.0204	14.6	9.23
−40	1.515	1.013	0.0212	15.2	10.04
−30	1.453	1.013	0.0220	15.7	10.80
−20	1.395	1.009	0.0228	16.2	12.79
−10	1.342	1.009	0.0236	16.7	12.43
0	1.293	1.005	0.0244	17.2	13.28
10	1.247	1.005	0.0251	17.7	14.16
20	1.205	1.005	0.0259	18.1	15.06
30	1.165	1.005	0.0267	18.6	16.00
40	1.128	1.005	0.0276	19.1	16.96
50	1.093	1.005	0.0283	19.6	17.95
60	1.060	1.005	0.0290	20.1	18.97
70	1.029	1.009	0.0297	20.6	20.02
80	1.000	1.009	0.0305	21.1	21.09
90	0.972	1.009	0.0313	21.5	22.10
100	0.946	1.009	0.0321	21.9	23.13
120	0.898	1.009	0.0334	22.9	25.45
140	0.854	1.013	0.0349	23.7	27.80
160	0.815	1.017	0.0364	24.5	30.09
180	0.779	1.022	0.0378	25.3	32.49
200	0.746	1.026	0.0393	26.0	34.85
250	0.674	1.038	0.0429	27.4	40.61

温度/℃	密度/(kg/m³)	定压比热容 /[kJ/(kg·K)]	热导率 /[W/(m·K)]	黏度 /μPa·s	运动黏度 /10⁻³(m²/s)
300	0.615	1.048	0.0461	29.7	48.33
350	0.566	1.059	0.0491	31.4	55.46
400	0.524	1.068	0.0521	33.0	63.09
500	0.456	1.093	0.0576	36.2	79.38
600	0.404	1.114	0.0622	39.1	96.89
700	0.362	1.135	0.0671	41.8	115.4
800	0.329	1.156	0.0718	44.3	134.8
900	0.301	1.173	0.0763	46.7	155.1
1000	0.277	1.185	0.0804	49.0	177.1

五、水的重要物理性质

温度 /℃	外压 /100kPa	密度 /(kg/m³)	焓 /(kJ/kg)	比热容 /[kJ/(kg·K)]	热导率 /[W/(m·K)]	黏度 /mPa·s	运动黏度 /10⁻²(m²/s)	体积膨胀系数 (×10³)/℃⁻¹	表面张力 /(mN/m)
0	1.013	999.9	0	4.212	0.551	1.789	0.1789	−0.063	75.6
10	1.013	999.7	42.04	4.191	0.575	1.305	0.1306	+0.070	74.1
20	1.013	998.2	83.90	4.183	0.599	1.005	0.1006	0.182	72.7
30	1.013	995.7	125.8	4.174	0.618	0.801	0.0805	0.321	71.2
40	1.013	992.2	167.5	4.174	0.634	0.653	0.659	0.387	69.6
50	1.013	988.1	209.3	4.174	0.648	0.549	0.0556	0.449	67.7
60	1.013	983.2	251.1	4.178	0.669	0.470	0.0478	0.511	66.2
70	1.013	977.8	293.0	4.187	0.668	0.406	0.0415	0.570	64.3
80	1.013	971.3	334.9	4.195	0.675	0.355	0.0365	0.632	62.6
90	1.013	965.3	377.0	4.208	0.680	0.315	0.0326	0.695	60.7
100	1.013	958.4	419.1	4.220	0.683	0.283	0.0295	0.752	58.8
110	1.433	951.0	461.3	4.223	0.685	0.259	0.0272	0.808	56.9
120	1.986	943.1	503.7	4.250	0.686	0.237	0.0252	0.864	54.8
130	2.702	934.8	546.4	4.266	0.686	0.218	0.0233	0.919	52.8
140	3.624	926.1	589.1	4.287	0.685	0.201	0.0217	0.972	50.7
150	4.761	917.0	632.2	4.312	0.684	0.186	0.0203	1.03	48.5
160	6.181	907.4	675.3	4.346	0.683	0.173	0.0191	1.07	46.6
170	7.924	897.3	719.3	4.385	0.679	0.163	0.0181	1.13	45.3
180	10.03	886.9	763.3	4.417	0.675	0.153	0.0173	1.19	42.3
190	12.55	876.0	807.6	4.459	0.670	0.144	0.0165	1.26	40.0
200	15.54	863.0	852.4	4.505	0.663	0.136	0.0158	1.33	37.7
210	19.07	852.8	897.6	4.555	0.655	0.139	0.0153	1.41	35.4
220	23.20	840.3	943.7	4.614	0.645	0.124	0.0148	1.48	33.1

温度 /℃	外压 /100kPa	密度 /(kg/m³)	焓 /(kJ/kg)	比热容 /[kJ/(kg·K)]	热导率 /[W/(m·K)]	黏度 /mPa·s	运动黏度 /10⁻²(m²/s)	体积膨胀系数 (×10³)/℃⁻¹	表面张力 /(mN/m)
230	27.98	827.3	900.2	4.681	0.637	0.120	0.0145	1.59	31.0
240	33.47	813.6	1038	4.756	0.628	0.115	0.0141	1.68	28.5
250	39.77	799.0	1086	4.844	0.618	0.110	0.0137	1.81	26.2
260	46.93	784.0	1135	4.949	0.604	0.106	0.0135	1.97	23.8
270	55.03	767.9	1185	5.070	0.590	0.102	0.0133	2.16	21.5
280	64.15	750.7	1237	5.229	0.575	0.098	0.0131	2.37	19.1
290	74.42	732.3	1290	5.485	0.558	0.094	0.0129	2.62	16.9
300	85.81	712.6	1345	5.736	0.540	0.091	0.0128	2.92	14.4
310	98.76	691.1	1402	6.071	0.523	0.088	0.0128	3.29	12.1
320	113.0	667.1	1462	6.573	0.506	0.085	0.0128	3.82	9.81
330	128.7	640.2	1526	7.24	0.484	0.081	0.0127	4.33	7.57
340	146.1	610.1	1595	8.16	0.457	0.077	0.0127	5.34	5.67
350	165.3	674.4	1671	9.50	0.43	0.073	0.0126	6.68	3.81

六、水的饱和蒸气压（−20～100℃）

温度/℃	压力 /mmHg	压力 /Pa	温度/℃	压力 /mmHg	压力 /Pa
−20	0.772	102.93	−1	4.216	562.11
−19	0.850	113.33	0	4.579	610.51
−18	0.935	124.66	1	4.93	657.31
−17	1.027	136.93	2	5.29	705.31
−16	1.128	150.40	3	5.69	758.64
−15	1.238	165.06	4	6.10	813.31
−14	1.357	180.93	5	6.54	871.97
−13	1.486	198.13	6	7.01	934.64
−12	1.627	216.93	7	7.51	1001.30
−11	1.780	237.33	8	8.05	1073.30
−10	1.946	259.46	9	8.61	1147.96
−9	2.125	283.32	10	9.21	1227.96
−8	2.321	309.46	11	9.84	1311.96
−7	2.532	337.59	12	10.52	1402.62
−6	2.761	368.12	13	11.23	1497.28
−5	3.008	401.05	14	11.99	1598.61
−4	3.276	436.79	15	12.79	1705.27
−3	3.566	475.45	16	13.63	1817.27
−2	3.876	516.78	17	14.53	1937.27

温度/℃	压力		温度/℃	压力	
	/mmHg	/Pa		/mmHg	/Pa
18	15.48	2063.93	47	79.60	10612.98
19	16.48	2197.26	48	83.71	11160.96
20	17.54	2338.59	49	88.02	11735.61
21	18.65	2486.58	50	92.51	12333.43
22	19.83	2643.7	51	97.20	12959.57
23	21.07	2809.24	52	102.12	13612.88
24	22.38	2983.90	53	107.2	14292.86
25	23.76	3167.89	54	112.5	14999.50
26	25.21	3361.22	55	118.0	15732.81
27	26.74	3565.21	56	123.8	16505.12
28	28.35	3779.87	57	129.8	17306.09
29	30.04	4005.20	58	136.1	18146.06
30	31.82	4242.53	59	142.6	19012.70
31	33.70	4493.18	60	149.4	19919.34
32	35.66	4754.51	61	156.4	20852.64
33	37.73	5030.50	62	163.8	21839.27
34	39.90	5319.82	63	171.4	22852.57
35	42.18	5623.81	64	179.3	23905.87
36	44.56	5941.14	65	187.5	24999.17
37	47.07	6275.79	66	196.1	26414.58
38	49.65	6619.78	67	205.0	27332.42
39	52.44	6991.77	68	214.2	28559.05
40	55.32	7375.75	69	223.7	29825.67
41	58.34	7778.41	70	233.7	31158.96
42	61.50	8199.73	71	243.9	32518.92
43	64.80	8639.71	72	254.6	33945.54
44	68.26	9101.03	73	265.7	35425.49
45	71.88	9583.68	74	277.2	36958.77
46	75.65	10086.33	75	289.1	38545.38

七、饱和水蒸气表（以温度排列）

温度 /℃	绝对压力 /kPa	蒸汽比体积 /(m³/kg)	蒸汽密度 /(kg/m³)	液体焓 /(kJ/kg)	蒸汽焓 /(kJ/kg)	汽化热 /(kJ/kg)
0	0.61	206.5	0.00484	0	2491.3	2491.3
5	0.87	147.1	0.00680	20.94	2500.9	2480.0
10	1.23	106.4	0.00940	41.87	2510.5	2468.6
15	1.71	77.9	0.01283	62.81	2520.6	2457.8
20	2.33	57.8	0.1719	83.74	2530.1	2446.3
25	3.17	43.40	0.02304	104.68	2538.5	2433.9
30	4.25	32.93	0.03036	125.60	2549.5	2423.7
35	5.62	25.25	0.03960	146.55	2559.1	2412.6

续表

温度 /℃	绝对压力 /kPa	蒸汽比体积 /(m³/kg)	蒸汽密度 /(kg/m³)	液体焓 /(kJ/kg)	蒸汽焓 /(kJ/kg)	汽化热 /(kJ/kg)
40	7.37	19.55	0.06114	167.47	2568.7	2401.1
45	9.68	15.28	0.06643	188.42	2577.9	2389.5
50	14.98	12.054	0.0830	209.34	2587.6	2378.1
55	15.74	9.589	0.1043	230.29	2596.8	2368.5
60	19.92	7.687	0.1301	251.21	2606.3	2355.1
65	25.01	5.209	0.1611	272.16	2615.6	2343.4
70	31.16	6.052	0.1979	293.08	2624.4	2331.2
75	38.5	4.139	0.2416	314.03	2629.7	2315.7
80	47.4	3.414	0.2928	334.94	2642.4	2307.3
85	57.9	2.832	0.3531	356.90	2651.2	2295.2
90	70.1	2.365	0.4229	376.81	2650.0	2283.1
95	84.5	1.985	0.5039	397.77	2688.8	2271.0
100	101.3	1.675	0.5970	418.68	2677.2	2258.4
105	120.8	1.421	0.7036	439.64	2685.1	2245.5
110	143.3	1.212	0.8254	450.97	2693.5	2232.4
115	120.0	1.038	0.9635	481.51	2702.5	2221.0
120	198.6	0.893	1.1199	503.67	2708.9	2205.2
125	232.1	0.7715	1.296	523.38	2716.5	2193.1
130	270.2	0.6693	1.494	546.38	2725.9	2177.6
135	313.0	0.5831	1.715	565.25	2731.2	2166.0
140	361.4	0.5098	1.962	589.08	2737.8	2148.7
145	415.6	0.4469	2.238	507.12	2744.6	2137.5
150	476.1	0.3933	2.543	632.21	2750.7	2118.5
160	618.1	0.3075	3.262	675.75	2762.9	2087.1
170	792.4	0.2431	4.113	719.29	2773.3	2054.0
180	1003	0.1944	5.145	763.25	2782.8	2019.5
190	1255	0.1568	6.378	807.63	2790.1	1982.5
200	1564	0.1276	7.840	852.01	2795.6	1948.5
210	1917	0.1045	9.568	897.23	2799.3	1902.1
220	2320	0.0862	11.600	942.45	2801.0	1858.5
230	2797	0.07155	13.98	988.50	2800.1	1811.6
240	3347	0.05967	16.76	1034.56	2796.8	1762.2
250	3976	0.04998	20.01	1081.46	2790.1	1708.6
260	4693	0.04199	23.82	1128.76	2780.9	1652.1
270	5503	0.03538	28.27	1176.91	2760.3	1591.4
280	6220	0.02988	33.47	1225.48	2752.0	1526.5
290	7442	0.02525	39.60	1274.46	2732.3	1467.8
300	8591	0.02131	46.93	1325.54	2708.0	1382.5
310	9876	0.01799	55.59	1378.71	2680.0	1301.3
320	11300	0.01516	65.85	1436.07	2648.2	1212.1
330	12880	0.01273	78.53	1446.78	2610.5	1163.7
340	14510	0.01064	93.98	1562.93	2588.8	1025.9
350	16530	0.00884	113.2	1632.20	2516.7	884.5

八、水的黏度 （0～100℃）

温度/℃	黏度/mPa·s	温度/℃	黏度/mPa·s	温度/℃	黏度/mPa·s	温度/℃	黏度/mPa·s
0	1.7921	10	1.3077	20	1.0050	29	0.8180
1	1.7313	11	1.2713	20.2	1.0000	30	0.8007
2	1.6728	12	1.2363	21	0.9810	31	0.7840
3	1.6191	13	1.2028	22	0.9579	32	0.7679
4	1.5674	14	1.1709	23	0.9359	33	0.7523
5	1.5188	15	1.1404	24	0.9142	34	0.7371
6	1.4728	16	1.1111	25	0.8937	35	0.7225
7	1.4284	17	1.0828	26	0.8737	36	0.7085
8	1.3860	18	1.0559	27	0.8545	37	0.6947
9	1.3462	19	1.0299	28	0.8360	38	0.6814

温度/℃	黏度/mPa·s	温度/℃	黏度/mPa·s	温度/℃	黏度/mPa·s	温度/℃	黏度/mPa·s
39	0.6685	55	0.5064	71	0.4006	87	0.3276
40	0.6560	56	0.4985	72	0.3952	88	0.3239
41	0.6439	57	0.4907	73	0.3900	89	0.3202
42	0.6321	58	0.4832	74	0.3849	90	0.3165
43	0.6207	59	0.4759	75	0.3799	91	0.3130
44	0.6097	60	0.4688	76	0.3750	92	0.3095
45	0.5988	61	0.4618	77	0.3702	93	0.3060
46	0.5883	62	0.4550	78	0.3655	94	0.3027
47	0.5782	63	0.4483	79	0.3610	95	0.2994
48	0.5683	64	0.4418	80	0.3565	96	0.2962
49	0.5588	65	0.4355	81	0.3521	97	0.2930
50	0.5494	66	0.4293	82	0.3478	98	0.2899
51	0.5404	67	0.4233	83	0.3436	99	0.2868
52	0.5315	68	0.4174	84	0.3395	100	0.2838
53	0.5229	69	0.4117	85	0.3355		
54	0.5146	70	0.4061	86	0.3315		

九、液体黏度共线图和密度

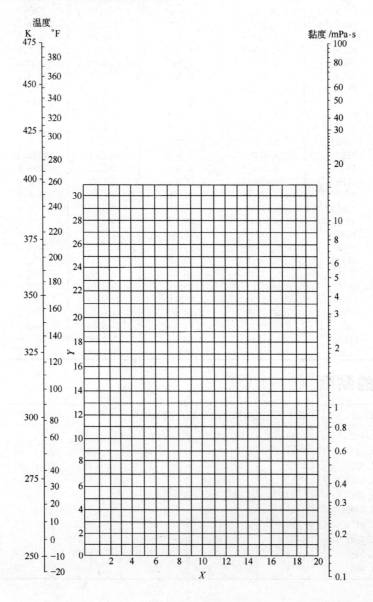

液体黏度共线图的坐标值及液体的密度列于下表：

序号	液 体	X	Y	密度(293K) /(kg/m³)	序号	液 体	X	Y	密度(293K) /(kg/m³)
1	醋酸100%	12.1	14.2	1049	26	氟利昂-11	14.4	9.0	1494(290K)
2	70%	9.5	17.0	1069		(CCl_3F)			
3	丙酮 100%	14.5	7.2	792	27	氟利昂-21	15.7	7.5	1426(273K)
4	氨100%	12.6	2.0	817(194K)		(CHC_2F)			
5	26%	10.1	13.9	904	28	甘油 100%	2.0	30.0	1261
6	苯	12.5	10.9	880	29	盐酸 31.5%	13.0	16.6	1157
7	氯化钠盐 25%	10.2	16.6	1186(298K)	30	异丙醇	8.2	16.0	789
8	溴	14.2	13.2	3119	31	煤油	10.2	16.9	780~820
9	丁醇	8.6	17.2	810	32	水银	18.4	16.4	13546
10	二氧化碳	11.6	0.3	1101(236K)	33	萘	7.8	18.1	1145
11	二硫化碳	16.1	7.5	1263	34	硝酸 95%	12.8	13.8	1493
12	四氯化碳	12.7	13.1	1595	35	80%	10.8	17.0	1367
13	甲酚(间位)	2.5	20.8	1034	36	硝基苯	10.5	16.2	1205(288K)
14	二溴乙烷	12.7	15.8	2495					
15	二氯乙烷	13.2	12.2	1258	37	酚	6.9	20.8	1071(298K)
16	二氯甲烷	14.6	8.9	1336	38	钠	16.4	13.9	970
17	乙酸乙酯	13.7	9.1	901	39	氢氧化钠 50%	3.2	26.8	1525
18	乙醇 100%	10.5	13.8	789	40	二氧化硫	15.2	7.1	1434(273K)
19	95%	9.8	14.3	804	41	硫酸 110%	7.2	27.4	1980
20	40%	6.5	16.6	935		98%	7.0	24.8	1836
21	乙苯	13.2	11.5	867		60%	10.2	21.3	1498
22	氯乙烷	14.8	6.0	917(279K)	42	甲苯	13.7	10.4	866
23	乙醚	14.6	5.3	708(298K)	43	醋酸乙烯	14.0	8.8	932
24	乙二醇	6.0	23.6	1113	44	水	10.2	13.0	998.2
25	甲酸	10.7	15.8	220	45	二甲苯(对位)	13.9	10.9	861

十、气体的黏度共线图

气体黏度共线图的坐标值列于下表：

序 号	气 体	X	Y	序 号	气 体	X	Y
1	醋酸	7.7	14.3	21	氦	10.9	20.5
2	丙酮	8.9	13.0	22	己烷	8.6	11.8
3	乙炔	9.8	14.9	23	氢	11.2	12.4
4	空气	11.0	20.0	24	$3H_2+N_2$	11.2	17.2
5	氨	8.4	16.0	25	溴化氢	8.8	20.9
6	苯	8.5	13.2	26	氯化氢	8.8	18.7
7	溴	8.9	19.2	27	硫化氢	8.0	18.0
8	丁烯	9.2	13.7	28	碘	9.0	18.4
9	二氧化碳	9.5	18.7	29	水银	5.3	22.9
10	一氧化碳	11.0	20.0	30	甲烷	9.9	15.5
11	氯	9.0	18.4	31	甲醇	8.5	15.6
12	乙烷	9.1	14.5	32	一氧化氮	10.9	20.5
13	乙酸乙酯	8.5	13.2	33	氮	10.6	20.0
14	乙醇	9.2	14.2	34	氧	11.0	21.3
15	氯乙烷	8.5	15.6	35	丙烷	9.7	12.9
16	乙醚	8.9	13.0	36	丙烯	9.0	13.8
17	乙烯	9.5	16.1	37	二氧化硫	9.6	17.0
18	氟	7.3	23.8	38	甲苯	8.6	12.4
19	氟里昂-11	10.6	15.1	39	水	8.0	16.0
20	氟里昂-21	10.8	15.3				

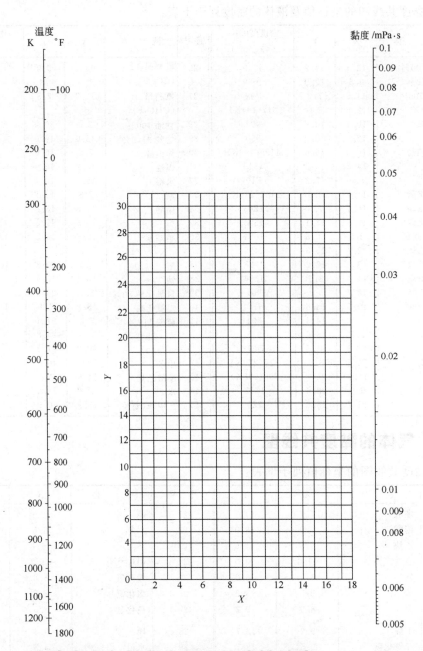

十一、铁碳合金在某些介质中的腐蚀速率

介　质	温度/K	腐蚀速率/(mm/a)	介　质	温度/K	腐蚀速率/(mm/a)
HNO_3（3%~18%）	298	1.0~1.5	HAc（13%~18%）	293	1.0~1.5
（73%~83%）	298	1.5~2.0	（13%~18%）	沸点	＞10
H_2SO_4（13%~23%）	293	2.0~3.0	NaOH 稀溶液	293	＜0.01
（13%~23%）	323	1.0~1.5	中等浓度溶液	293	0.01~0.05
（78%~88%）	293	0.1~0.5	磷酸（23%~28%）	291~333	＞10
HCl（8%~13%）	293~298	3~6	甲酸（18%~23%）	293	6~8
（18%~37%）	369~373	＞10	（28%~33%）	293	＞10

介　质	温度/K	腐蚀速率/(mm/a)	介　质	温度/K	腐蚀速率/(mm/a)
硝酸钾饱和溶液	353～沸点	3～6	氨水浓溶液	293	0.01～0.1
硫酸铵饱和溶液	358～沸点	3～6	硫酸钠稀溶液	358～沸点	0.01～0.1
氯化铵饱和溶液	358～沸点	1.2～2.0	SO_2饱和溶液	293～313	3～5
稀溶液	293	0.1～0.5	Cl_2饱和溶液	293～313	>10
碳酸铵稀溶液	293	<0.01			

十二、管子规格

1．无缝钢管规格简表（摘自 YB 231—70）

公称直径/mm	实际外径/mm	管壁厚度/mm						
		$P_g=15$	$P_g=25$	$P_g=40$	$P_g=64$	$P_g=100$	$P_g=160$	$P_g=200$
15	18	2.5	2.5	2.5	2.5	3	3	3
20	25	2.5	2.5	2.5	2.5	3	3	4
25	32	2.5	2.5	2.5	3	3.5	3.5	5
32	38	2.5	2.5	3	3	3.5	3.5	6
40	45	2.5	3	3	3.5	3.5	4.5	6
50	57	2.5	3	3.5	3.5	4.5	5	7
70	76	3	3.5	3.5	4.5	6	6	9
80	89	3.5	4	4	5	6	7	11
100	108	4	4	4	6	7	12	13
125	133	4	4	4.5	6	9	13	17
150	159	4.5	4.5	5	7	10	17	—
200	219	6	6	7	10	13	21	—
250	273	8	7	8	11	16	—	—
300	325	8	8	9	12	—	—	—
350	377	9	9	10	13	—	—	—
400	426	9	10	12	15	—	—	—

2．水、煤气输送钢管（即有缝钢管）规格（摘自 YB 234—63）

公　称　直　径		外径/mm	壁　厚/mm	
in(英寸)	mm		普通级	加强级
1/4	8	13.50	2.25	2.75
3/8	10	17.00	2.25	2.75
1/2	15	21.25	2.75	3.25
3/4	20	26.75	2.75	3.60
1	25	33.50	3.25	4.00
$1^{1/4}$	32	42.25	3.25	4.00
$1^{1/2}$	40	48.00	3.50	4.25
2	50	60.00	3.50	4.50
$2^{1/2}$	70	75.00	3.75	4.50
3	80	88.50	4.00	4.75
4	100	114.00	4.00	6.00
5	125	140.00	4.50	5.50
6	150	165.00	4.50	5.50

3. 承插式铸铁管规格（摘自 YB 428—64）

低压管,工作压力≤0.44MPa

公称直径/mm	内径/mm	壁厚/mm	公称直径/mm	内径/mm	壁厚/mm
75	75	9	300	302.4	10.2
100	100	9	400	403.6	11
125	125	9	450	453.8	11.5
150	151	9	500	504	12
200	201.2	9.4	600	604.8	13
250	252	9.8	800	806.4	14.8

普通管,工作压力≤0.735MPa

公称直径/mm	内径/mm	壁厚/mm	公称直径/mm	内径/mm	壁厚/mm
75	75	9	500	500	14
100	100	9	600	600	15.4
125	125	9	700	700	16.5
150	150	9	800	800	18.0
200	200	10	900	900	19.5
250	250	10.8	1100	997	22
300	300	11.4	1100	1097	23.5
350	350	12	1200	1196	25
400	400	12.8	1350	1345	27.5
450	450	13.4	1500	1494	30

十三、常用离心泵的规格（摘录）

1. IS 型单级单吸离心泵

型　号	流量/(m³/h)	扬程/m	转速/(r/min)	汽蚀余量/m	泵效率	功率/kW 轴功率	功率/kW 配带功率	泵口径/mm 吸入	泵口径/mm 排出
IS 50-32-125	7.5		2900				2.2		
	12.5	20	2900	2.0	60%	1.13	2.2	50	32
	15		2900				2.2		
IS 50-32-160	7.5		2900				3		
	12.5	32	2900	2.0	54%	2.02	3	50	32
	15		2900				3		
IS 50-32-200	7.5	52.5	2900	2.0	38%	2.62	5.5		
	12.5	50	2900	2.0	48%	3.54	5.5	50	32
	15	48	2900	2.5	51%	3.84	5.5		
IS 50-32-250	7.5	82	2900	2.0	28.5%	5.67	11		
	12.5	80	2900	2.0	38%	7.16	11	50	32
	15	78.5	2900	2.5	41%	7.83	11		
IS 65-50-125	15		2900				3		
	25	20	2900	2.0	69%	1.97	3	65	50
	30		2900				3		
IS 65-50-160	15	35	2900	2.0	54%	2.65	5.5		
	25	32	2900	2.0	65%	3.35	5.5	65	50
	30	30	2900	2.5	66%	3.71	5.5		
IS 65-40-200	15	53	2900	2.0	49%	4.42	7.5		
	25	50	2900	2.0	60%	5.67	7.5	65	40
	30	47	2900	2.5	61%	6.29	7.5		
IS 65-40-250	15		2900				15		
	25	80	2900	2.0	53%	10.3	15	65	40
	30		2900				15		

型 号	流量 /(m³/h)	扬程/m	转速 /(r/min)	汽蚀余量 /m	泵效率	功率/kW		泵口径/mm	
						轴功率	配带功率	吸入	排出
IS 80-65-125	30	22.5	2900	3.0	64%	2.87	5.5		
	50	20	2900	3.0	75%	3.63	5.5	80	65
	60	18	2900	3.5	74%	3.93	5.5		
IS 80-65-160	30	36	2900	2.5	61%	4.82	7.5		
	50	32	2900	2.5	73%	5.97	7.5	80	65
	60	29	2900	3.0	72%	6.59	7.5		
IS 80-50-200	30	53	2900	2.5	55%	7.87	15		
	50	50	2900	2.5	69%	9.87	15	80	50
	60	47	2900	3.0	71%	10.8	15		
IS 80-50-250	30	84	2900	2.5	52%	13.2	22		
	50	80	2900	2.5	63%	17.3	22	80	50
	60	75	2900	3.0	64%	19.2	22		
IS 100-80-125	60	24	2900	4.0	67%	5.86	11		
	100	20	2900	4.5	78%	7.00	11	100	80
	120	16.5	2900	5.0	74%	7.28	11		
IS 100-80-160	60	36	2900	3.5	70%	8.42	15		
	100	32	2900	4.0	78%	11.2	15	100	80
	120	28	2900	5.0	75%	12.2	15		
IS 100-65-200	60	54	2900	3.0	65%	13.6	22		
	100	50	2900	3.6	76%	17.9	22	100	65
	120	47	2900	4.8	77%	19.9	22		

2. Sh 型单级双吸离心泵

型 号	流量 /(m³/h)	扬程/m	转速 /(r/min)	汽蚀余量 /m	泵效率	功率/kW		泵口径/mm	
						轴功率	配带功率	吸入	排出
100S90	60	95			61%	23.9			
	80	90	2950	2.5	65%	28	37	100	70
	95	82			63%	31.2			
150S100	126	102			70%	48.8			
	160	100	2950	3.5	73%	55.9	75	150	100
	202	90			72%	62.7			
150S78	126	84			72%	40			
	160	78	2950	3.5	75.5%	46	55	150	100
	198	70			72%	52.4			
150S50	130	52			72.0%	25.4			
	160	50	2950	3.9	80%	27.6	37	150	100
	220	40			77%	27.2			
200S95	216	103			62%	86			
	280	95	2950	5.3	79.2%	94.4	132	200	125
	324	85			72%	96.6			
200S95A	198	94			68%	72.2			
	270	87	2950	5.3	75%	82.4	110	200	125
	310	80			74%	88.1			
200S95B	245	72	2950	5	74%	65.8	75	200	125
200S63	216	69			74%	55.1			
	280	63	2950	5.8	82.7%	59.4	75	200	150
	351	50			72%	67.8			

续表

型　号	流量 /(m³/h)	扬程/m	转速 /(r/min)	汽蚀余量 /m	泵效率	功率/kW 轴功率	功率/kW 配带功率	泵口径/mm 吸入	泵口径/mm 排出
200S63A	180	54.5	2950	5.8	70%	41	55	200	150
	270	46			75%	48.3			
	324	37.5			70%	51			
200S42	216	48	2950	6	81%	34.8	45	200	150
	280	42			84.2%	37.8			
	342	35			81%	40.2			
200S42A	198	43	2950	6	76%	30.5	37	200	150
	270	36			80%	33.1			
	310	31			76%	34.4			
250S65	360	71	1450	3	75%	92.8	160	250	200
	485	65			78.6%	108.5			
	612	56			72%	129.6			
250S65A	342	61	1450	3	74%	76.8	132	250	200
	468	54			77%	89.4			
	540	50			65%	98			

3．D型节段式多级离心泵

型　号	流量 /(m³/h)	扬程/m	转速 /(r/min)	汽蚀余量 /m	泵效率	功率/kW 轴功率	功率/kW 配带功率	泵口径/mm 吸入	泵口径/mm 排出
D6-25×3	3.75	76.5	2950	2	33%	2.37	5.5	40	40
	6.3	75		2	45%	2.86			
	7.5	73.5		2.5	47%	3.19			
D6-25×4	3.75	102	2950	2	33%	3.16	7.5	40	40
	6.3	100		2	45%	3.81			
	7.5	98		2.5	47%	4.26			
D6-25×5	3.75	127.5	2950	2	33%	3.95	7.5	40	40
	6.3	12.5		2	45%	4.77			
	7.5	122.5		2.5	47%	5.32			
D12-25×2	12.5	50	2950	2.0	54%	3.15	5.5	50	40
D12-25×3	7.5	84.6	2950	2.0	44%	3.93	7.5	50	40
	12.5	75		2.0	54%	4.73			
	15.0	69		2.5	53%	5.32			
D12-25×4	7.5	112.8	2950	2.0	44%	5.24	11	50	40
	12.5	100		2.0	54%	6.30			
	15	92		2.5	53%	7.09			
D12-25×5	7.5	141	2950	2.0	44%	6.55	11	50	40
	12.5	125		2.0	54%	7.88			
	15.0	115		2.5	53%	8.86			
D12-50×2	12.5	100	2950	2.8	40%	8.5	11	50	50
D12-50×3	12.5	150	2950	2.8	40%	12.75	18.5	50	50
D12-50×4	12.5	200	2950	2.8	40%	17	22	50	50
D12-50×5	12.5	250	2950	2.8	40%	21.7	30	50	50
D12-50×6	12.5	300	2950	2.8	40%	25.5	37	50	50

型 号	流量 /(m³/h)	扬程/m	转速 /(r/min)	汽蚀余量 /m	泵效率	功率/kW		泵口径/mm	
						轴功率	配带功率	吸入	排出
D16-60×3	10	186	2950	2.3	30%	16.9	22	65	50
	16	183		2.8	40%	19.9			
	20	177		3.4	44%	21.9			
D16-60×4	10	248	2950	2.3	30%	22.5	37	65	50
	16	244		2.8	40%	26.6			
	20	236		3.4	44%	29.2			
D16-60×5	10	310	2950	2.3	30%	28.2	45	65	50
	16	305		2.8	40%	33.3			
	20	295		3.4	44%	36.5			
D16-60×6	10	372	2950	2.3	30%	33.8	45	65	50
	16	366		2.8	40%	39.9			
	20	354		3.4	44%	43.8			
D16-60×7	10	434	2950	2.3	30%	39.4	55	65	50
	16	427		2.8	40%	46.6			
	20	413		3.4	44%	51.1			

4. F型耐腐蚀离心泵

型 号	流量 /(m³/h)	扬程/m	转速 /(r/min)	汽蚀余量 /m	泵效率	功率/kW		泵口径/mm	
						轴功率	配带功率	吸入	排出
25F-16	3.60	16.00	2960	4.30	30.00%	0.523	0.75	25	25
25F-16A	3.27	12.50	2960	4.30	29.00%	0.39	0.55	25	25
25F-25	3.60	25.00	2960	4.30	27.00%	0.91	1.50	25	25
25F-25A	3.27	20.00	2960	4.30	26%	0.69	1.10	25	25
25F-41	3.60	41.00	2960	4.30	20%	2.01	3.00	25	25
25F-41A	3.27	33.50	2960	4.30	19%	1.57	2.20	25	25
40F-16	7.20	15.70	2960	4.30	49%	0.63	1.10	40	25
40F-16A	6.55	12.00	2960	4.30	47%	0.46	0.75	40	25
40F-26	7.20	25.50	2960	4.30	44%	1.14	1.50	40	25
40F-26A	6.55	20.00	2960	4.30	42%	0.87	1.10	40	25
40F-40	7.20	39.50	2960	4.30	35%	2.21	3.00	40	25
40F-40A	6.55	32.00	2960	4.30	34%	1.63	2.20	40	25
40F-65	7.20	65.00	2960	4.30	24%	5.92	7.50	40	25
40F-65A	6.72	56.00	2960	4.30	24%	4.28	5.50	40	25
50F-103	14.4	103	2900	4	25%	16.2	18.5	50	40
50F-103A	13.5	89.5	2900	4	25%	13.2		50	40
50F-103B	12.7	70.5	2900	4	25%	11		50	40
50F-63	14.4	63	2900	4	35%	7.06		50	40
50F-63A	13.5	54.5	2900	4	35%	5.71		50	40
50F-63B	12.7	48	2900	4	35%	4.75		50	40
50F-40	14.4	40	2900	4	44%	3.57	7.5	50	40
50F-40A	13.1	32.5	2900	4	44%	2.64	7.5	50	40
50F-25	14.4	25	2900	4	52%	1.89	5.5	50	40
50F-25A	13.1	20	2900	4	52%	1.37	5.5	50	40
50F-16	14.4	15.7	2900	4	62%	0.99		50	40
50F-16A	13.1	12	2900	4	62%	0.69		50	40

型　　号	流量/(m³/h)	扬程/m	转速/(r/min)	汽蚀余量/m	泵效率	功率/kW 轴功率	功率/kW 配带功率	泵口径/mm 吸入	泵口径/mm 排出
65F-100	28.8	100	2900	4	40%	19.6		65	50
65F-100A	26.9	89	2900	4	40%	15.9		65	50
65F100B	25.3	77	2900	4	40%	13.3		65	50
65F-64	28.8	64	2900	4	57%	9.65	15	65	50
65F-64A	26.9	55	2900	4	57%	7.75	18.5	65	50
65F-64B	25.3	48.5	2900	4	57%	6.43	18.5	65	50

5. Y型离心油泵

型　　号	流量/(m³/h)	扬程/m	转速/(r/min)	汽蚀余量/m	泵效率	功率/kW 轴功率	功率/kW 配带功率	泵口径/mm 吸入	泵口径/mm 排出
50Y60	7.5	71		2.7	29%	5.00			
	13.0	67	2950	2.9	38%	6.24	7.5	50	40
	15.0	64		3.0	40%	6.55			
50Y60A	7.2	56		2.9	28%	3.92			
	11.2	53	2950	3.0	35%	4.68	7.5	50	40
	14.4	49		3.0	37%	5.20			
65Y60	15	67		2.4	41%	6.68			
	25	60	2950	3.05	50%	8.18	11	65	50
	30	55		3.5	57%	8.90			
65Y60A	13.5	55		2.3	40%	5.06			
	22.5	49	2950	3.0	49%	5.13	7.5	65	50
	27	45		3.3	50%	5.61			
65Y100	15	115		3.0	32%	14.7			
	25	110	2950	3.2	40%	18.8	22	65	50
	30	104		3.4	42%	20.2			
65Y100A	14	96		3.0	31%	11.8			
	23	92	2950	3.1	39%	14.75	18.5	65	50
	28	87		3.3	41%	16.4			
80Y100	30	110		2.8	42.5%	21.1			
	50	100	2950	3.1	51%	26.6	37	80	65
	60	90		3.2	52.5%	28.0			
80Y100A	26	91		2.8	42.5%	15.2			
	45	85	2950	3.1	52.5%	19.9	30	80	65
	55	78		3.1	53%	22.4			
80Y100B	25	78		2.8	42%	12.65			
	40	73	2950	2.9	52%	15.3	18.5	80	65
	55	62		3.1	55%	16.85			
100Y60	60	67		3.3	58%	18.85			
	100	63	2950	4.1	70%	24.5	30	100	80
	120	59		4.8	71%	27.7			
100Y60A	54	54		3.4	54%	14.7			
	90	49	2950	4.5	64%	18.9	22	100	80
	108	45		5.0	65%	20.4			
100Y60B	48	42		3.0	54%	10.15			
	79	38	2950	3.5	65%	12.55	15	100	80
	95	34		4.2	66%	13.3			

十四、 4-72-11 型离心式通风机的规格

机 号	转速/(r/min)	全 风 压		流量/(m³/h)	效 率	所需功率/kW
		/mmH₂O	/Pa			
6C	2240	248	2432.1	15800	91%	14.1
	2000	198	1941.8	12950	91%	9.65
	1800	160	1569.1	12700	91%	7.3
	1250	77	755.1	8800	91%	2.53
	1000	49	480.5	7030	91%	1.39
	800	30	294.2	5610	91%	0.73
8C	1800	285	2795	29900	91%	30.8
	1250	137	1343.6	20800	91%	10.3
	1000	88	863.0	16600	91%	5.52
	630	35	343.2	10480	91%	1.5
10C	1250	227	2226.2	41300	94.3%	32.7
	100	145	1422.0	32700	94.3%	16.5
	800	93	912.1	26130	94.3%	8.5
	500	36	353.1	16390	94.3%	2.34
6D	1450	104	1020	10200	91%	4
	950	45	441.3	6720	91%	1.32
8D	145	200	1961.4	20130	89.5%	14.2
	730	50	490.4	10150	89.5%	2.06
16B	900	300	2942.1	121000	94.3%	127
20B	710	290	2844.0	186300	94.3%	190

参 考 文 献

[1] 刘承先, 张裕萍. 流体输送与非均相分离技术. 2 版. 北京: 化学工业出版社, 2014.

[2] 王志魁, 向阳, 王宇. 化工原理. 5 版. 北京: 化学工业出版社, 2018.

[3] 陆美娟, 张浩勤. 化工原理. 3 版. 北京: 化学工业出版社, 2012.

[4] 蒋维钧, 余立新. 化工原理: 流体流动与传热. 北京: 清华大学出版社, 2005.

[5] 蔡尔辅. 石油化工管道设计. 北京: 化学工业出版社, 2002.

[6] 中国石化集团上海工程有限公司. 化工工艺设计手册. 4 版. 北京: 化学工业出版社, 2009.

[7] 杨祖荣. 化工原理. 3 版. 北京: 化学工业出版社, 2014.

[8] 陈敏恒, 等. 化工原理. 4 版. 北京: 化学工业出版社, 2015.

[9] 何潮洪, 等. 化工原理操作型问题的分析. 北京: 化学工业出版社, 1998.

[10] 夏青, 陈常贵, 等. 化工原理: 下册. 2 版. 天津: 天津大学出版社, 2005.

[11] 张国俊, 等. 化工原理 800 例. 北京: 国防工业出版社, 2005.

[12] GB 150—2011 压力容器.

[13] 付家新, 等. 化工原理课程设计. 2 版. 北京: 化学工业出版社, 2016.

[14] 袁一. 化学工程师手册. 北京: 机械工业出版社, 2002.

[15] 贺匡国. 化工容器及设备简明设计手册. 2 版. 北京: 化学工业出版社, 2002.

[16] 崔克清. 化工单元运行安全技术. 北京: 化学工业出版社, 2006.

[17] 郑津洋, 董其伍, 桑芝富. 过程设备设计. 3 版. 北京: 化学工业出版社, 2010.

[18] 厉玉鸣. 化工仪表及自动化. 6 版. 北京: 化学工业出版社, 2019.

[19] 刘玉梅. 过程控制技术. 2 版. 北京: 化学工业出版社, 2013.

[20] GB 50058—2014 爆炸危险环境电力装置设计规范.

[21] 时钧. 化学工程手册. 2 版. 北京: 化学工业出版社, 1990.

[22] 廖传华, 周勇军, 周玲. 输送过程与设备. 北京: 中国石化出版社, 2008.

[23] 程群. 常用气力输送系统的优化设计 (二). 新世纪水泥导报, 2001, 2: 22-26.

[24] 中国机械工程学会设备与维修工程分会. 输送设备维修问答. 北京: 机械工业出版社, 2004.

[25] 刘春玲, 于月明. 物料输送与传热. 北京: 化学工业出版社, 2012.

[26] 孙洪波, 张丽华, 等. 化工生产装置中真空系统的工艺设计. 石油化工设计, 2004, 21 (2).

[27] 达道安. 真空设计手册. 3 版. 北京: 国防工业出版社, 2017.

[28] 崔继哲. 化工机器与设备检修技术. 北京: 化学工业出版社, 2000.

[29] DB37/T 2401 危险化学品岗位安全生产操作规程编写导则.

[30] SH/T 3143—2012 石油化工往复压缩机工程技术规范.

[31] GB/T 25357—2010 石油、石化及天然气工业流程用容积式回转压缩机.

[32] SH/T 3144—2012 石油化工离心、轴流压缩机工程技术规范.

[33] SH/T 3035—2007 石油化工企业工艺装置管径选择导则.

[34] GB50074—2014 石油库设计规范.

[35] GB 13348—2009 液体石油产品静电安全规程.

[36] GB50316—2008 工业金属管道设计规范.

[37] HG20646—1999 化工装置管道材料设计规定.

[38] SH/T 3161—2011 石油化工非金属管道技术规范.

[39] GB 50235—2010 工业金属管道工程施工规范.

[40] GB50184—2011 工业金属管道工程质量检验评定标准.

[41] SH/T 3007—2014 石油化工储运系统罐区设计规范.

[42] AQ 3036—2010 危险化学品重大危险源 罐区现场安全监控装备设置规范.

[43] AQ 3053—2015 立式圆筒形钢制焊接储罐安全技术规范.